高职高专计算机类专业系列教材

计算机网络实用技术

（第二版）

主　编　林庆松

副主编　刘利民　陈　雷　谢镒全　钟永全

西安电子科技大学出版社

内 容 简 介

本书由长年从事计算机网络理论和实践技能教学的教师编写，主要介绍了计算机网络实用技术。全书共 8 章，内容包括计算机网络的基础知识，网络的组成、拓扑结构及通信协议，网络互联和网络常用设备，Windows 服务器的特点、功能及安装步骤，网络组件的安装、管理和维护，WiFi 6 无线网络技术，家庭宽带路由器的使用以及 NAS 服务器的安装等。

本书叙述简明扼要，图文并茂，具有很强的实用性，适合作为中职及高职院校相关课程的教材和教学参考书，同时也可供计算机网络爱好者和技术人员阅读参考。

图书在版编目（CIP）数据

计算机网络实用技术 / 林庆松主编. —2 版. —西安：西安电子科技大学出版社，2023.2
ISBN 978-7-5606-6685-3

Ⅰ.①计⋯　Ⅱ.①林⋯　Ⅲ.①计算机网络—高等职业教育—教材　Ⅳ.①TP393

中国版本图书馆 CIP 数据核字(2022)第 185104 号

策　　划　陈婷
责任编辑　陈婷
出版发行　西安电子科技大学出版社(西安市太白南路 2 号)
电　　话　(029)88202421　88201467　　邮　　编　710071
网　　址　www.xduph.com　　　　电子邮箱　xdupfxb001@163.com
经　　销　新华书店
印刷单位　陕西天意印务有限责任公司
版　　次　2023 年 2 月第 2 版　　2023 年 2 月第 1 次印刷
开　　本　787 毫米×1092 毫米　1/16　印　张　11.5
字　　数　268 千字
印　　数　1～3000 册
定　　价　30.00 元
ISBN 978-7-5606-6685-3 / TP
XDUP 6987002-1
如有印装问题可调换

前　言

当今世界，计算机网络的重要性不言而喻，计算机网络已被各高等职业学校列为基础必修课。作者自 2010 年从事高职计算机网络技术的课程教学以来，一直都在寻找一本适合高职学生使用的教材。现行不少高职教材都是以本科教材为蓝本改编的，理论知识偏多偏深，而高职学生的特点是喜欢动手和操作，对生活和工作中遇到的知识比较感兴趣，而提到理论学习就意兴阑珊，基于此作者编写了本书。

本书第一版出版至今已经有 6 年了，其间计算机网络技术有了长足的进步，本书作为高职高专教材需要紧跟科技的发展，将这些新技术新知识加进去，而且国家关于高职高专的教育大纲也在不断改进。由此，作者对书稿进行了修订和补充，就有了现在读者手上的这本《计算机网络实用技术(第二版)》。

第二版的主要修订内容如下：第 1 章增加了计算机网络的组成和计算机网络的性能指标两节；第 2 章增加了对子网掩码应用的讲解；第 3 章增加了交换机寻址的知识点；第 4 章增加了 WiFi 6 和 5G 频段信道的知识点；第 5 章将服务器操作系统升级为 Windows Server 2016；第 6 章增加了星链计划的介绍；第 7 章增加了黑客种类的介绍；第 8 章增加了 Windows 10 和安卓系统屏幕投射以及无线 mesh 组网技术、私有云存储服务器搭建等内容。除了以上的内容升级，本书所有章节的实训所使用的操作系统也全部升级成了 Windows 10，另外尚有一些技术、网络产品、应用软件的升级在书中也有所体现，未在这里一一列出。

本书有配套的课件 PPT、电子教案等，读者可登录西安电子科技大学出版社官网(www.xduph.com)下载。

本书能够顺利出版，要感谢各位作者的精诚合作和西安电子科技大学出版社相关编辑的指导，感谢家人给予我生活和工作上的无私支持。

由于编者水平有限，书中可能还有不足之处，恳请各位读者不吝指正。

林庆松

2022 年 9 月

目　　录

第1章　计算机组网技术基础

　　试想一下，如果某天突然没有了计算机网络，你的生活和现在会有什么不同？早上醒来你打开手机想看看今天的新闻，但是因为没有网络，APP 更新不了最新的新闻，你只能去看报纸；吃过早餐，你来到公司打开电脑想看看今天领导给你安排了什么工作，但是因为没有网络你收不到任何电子邮件，今天的工作也就没法进行了；中午饿了，你想点个午餐，发现没有网络，外卖 APP 也用不了，你只能打电话给店家，花了 5 分钟才说清楚你的午餐要的是什么菜；晚上回到家你想追追昨晚的剧集，这时的机顶盒因为联不上网而变成一块什么也看不了的"砖头"；……以上种种状况会让人很不适应。网络已经深入生活的方方面面，我们获取信息的方式、娱乐的方式以及餐饮业甚至电商产业、人工智能等无一不是得益于计算机网络技术的发展。生活在当今世界的我们已习惯了一个事实，就是网络一直都是存在的。其实计算机网络的发明是在 20 世纪 60 年代，是在计算机发明之后才出现的。正如两次工业革命将人类带入现代文明社会一样，计算机和计算机网络(互联网)的发明将人类社会推进到资讯化、智能化时代，但实际上两者的发明最初都是基于军事战争目的的。计算机网络诞生于计算机出现之后，但是自从有了网络之后，计算机技术的发展一直依托于网络，两者相辅相成、互相促进，只是终端形式从开始单一的 PC 发展成今天的各种手机、平板电脑等，传输媒介也从最早低速的有线电缆发展成今天的高速无线电波。

1.1　计算机网络的定义及分类

1.1.1　计算机网络的定义

　　普遍认为，现代的计算机网络技术起源于 20 世纪 60 年代美国政府一个基于军事目的的项目——ARPA 网络(也就是互联网的前身)。计算机网络是计算机技术和通信技术相结合的产物，利用通信设备和线路将地理位置分散、功能独立的多个计算机系统互相连接起来，在网络操作系统和通信协议的管理协调下实现资源共享及信息传递。

1.1.2　计算机网络的分类

　　计算机网络的分类有多种方法：按照交换方式，分为电路交换网、报文交换网和分组交换网；按照组网模式，分为对等网和客户机/服务器网；按照网络覆盖范围，分为个域网、局域网、城域网和广域网。下面介绍常用的按网络覆盖范围的分类。

1. 个域网

　　个域网(Personal Area Network，PAN)是随着近几年智能穿戴设备的兴起，利用蓝牙、红外无线技术组成的服务于个人的网络。个域网可实现个人的各种智能终端之间的数据传输，覆盖距离较短(1～10 m)，速度较慢。

2．局域网

局域网(Local Area Network，LAN)的规模较小，覆盖范围在 10 km 之内，通常是指布置在一个房间、一个建筑物或者一个单位内的计算机网络，也是最常见、应用最广的一种网络。小型家庭网络就是一个典型的局域网。

3．城域网

城域网(Metropolitan Area Network，MAN)的覆盖范围为 10～100 km，通常是指部署在一个城市内的计算机网络，它将一个城市内不同城区里的多个局域网连接起来，规模介于局域网和广域网之间。

4．广域网

广域网(Wide Area Network，WAN)通常是指实现城际甚至国际远程连接的计算机网络，它将众多的城域网、局域网连接起来，覆盖距离在 100 km 以上。互联网(Internet)就是世界上规模最大的广域网。

1.2　计算机网络的发展

纵观计算机网络发展的历史和趋势，大致可分为面向终端的网络、主机互联网络、标准化网络、高速互联网和移动互联网 5 个阶段。

1．面向终端的网络

面向终端的网络的网络中心是一台计算机主机，地理上分散的多个终端通过低速的通信线路连接到网络中心主机，构成面向终端的计算机网络。这里的"终端"和我们现在经常提到的计算机终端不同，它没有独立处理能力，只有显示器和输入设备，计算都是由中心主机完成的，终端只负责输入数据和显示运算结果。所以，这样的网络不算是严格意义上的计算机网络，但已具备了网络的雏形。随着远程终端的增多，在主机前增加了前端处理机(FEP)或者通信控制器(CCU)。图 1.2.1 所示即为一个典型的面向终端的网络。

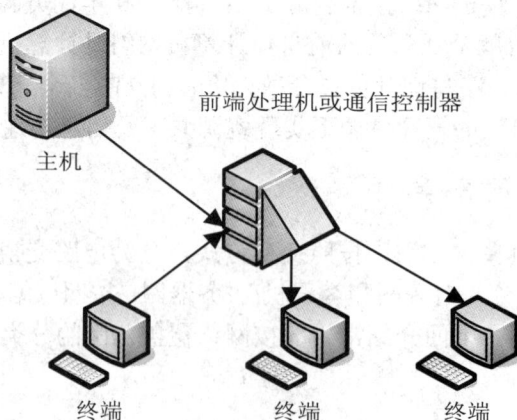

图 1.2.1　面向终端的网络

2. 主机互联网络

到了 20 世纪 60 年代，计算机网络以多个独立主机使用通信线路互联起来，为用户服务。当时美国国防部联合几所大学开发了一个名为 ARPAnet 的项目(如图 1.2.2 所示)，标志着真正意义上的计算机网络的诞生。其中使用的诸多技术、概念对后续计算机网络的发展有着深远的影响，特别是 TCP/IP 协议一直沿用发展至今。

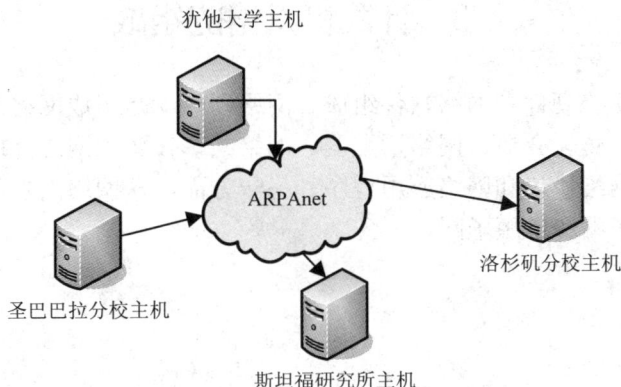

图 1.2.2　典型的主机互联网络——ARPAnet

此后，各大计算机公司根据 ARPAnet 的技术标准开发属于自己的计算机网络产品规范，如 IBM 公司的 SNA 和 DEC 公司的 DNA。这两个规范的推出，极大地推动了网络的发展，以后凡是按 SNA 网络体系结构组建的网络都称为 SNA 网，而凡是按 DNA 网络体系结构组建的网络都称为 DNA 网。

3. 标准化网络

各大公司推出的计算机网络产品都遵从属于本公司自有的网络规范，这些规范互不兼容，使得不同网络之间的互联十分困难。国际标准化组织(ISO)意识到这个问题，于是开始着手制定关于计算机网络的国际标准，在 1984 年正式颁布了 OSI 参考模型(开放式系统互连参考模型)，同时在 ARPAnet 项目中所采用的 TCP/IP 协议也逐渐得到厂商认可，发展成了一个实际应用的协议模型，这些都为计算机网络的标准化奠定了基础。

4. 高速互联网

当确定了计算机网络的开放式标准之后，各大厂商开始生产标准化的、互相兼容的产品，用户的选择面更广，促进了行业之间的竞争，计算机网络也得到了飞速的发展，而光纤、高速交换等新技术产品的出现，使网络传输速度的量级从当初的比特每秒(b/s)提高到了现在的吉比特每秒(Gb/s)。同时 Internet 得到了广泛应用，成为人类经济社会的一部分，信息高速公路到达"地球村"的每个角落。今天我们所熟知的网上购物、用微信聊天、远程视频会议等，在没有高速网络之前是不可想象的。

5. 移动互联网

我们现在正步入移动互联网时代，层出不穷的网络新技术让人欣喜，如同其他 IT 产业的发展规律一样，计算机网络也进入指数级的增长阶段，IPv6、云计算、5G、物联网等新名词让我们眼花缭乱。随着 IPv6 逐步替代地址日渐枯竭的 IPv4，计算机网络的规模增长不再受限制，其对移动终端有更好的支持，还有高速无线网络技术的应用使得人们接入网络摆脱了线缆的限制。云计算、云存储等云技术正是融合了分布式网络技术，让普通用户使用计算机不再局限于本机的性能。

我国的物联网技术更是对互联网的延伸和扩展，其用户端可以是家用电器等任何物品，从而提高了所有行业和产品的智能化、网络化。

1.3　计算机网络的组成

计算机网络由网络硬件和网络软件组成。网络硬件就是组成网络的物理实体，通常包括服务器、客户机、传输介质、网络适配器、网络共享设备和网络互联设备；网络软件包括网络操作系统、网络协议和网络应用程序。另一方面，从网络的功能上分，计算机网络也可以划分成通信子网和资源子网。

1.3.1　网络硬件

1．服务器

服务器通常又称为主机，也就是一台配置较为高端的计算机，集中提供网络中各种用户需要的资源和服务。

2．客户机

客户机通常又称为终端、工作站，是一台具有独立功能的计算机。接入网络之后，用户可以通过操作客户机来访问网络中的共享资源，和网络中的其他用户进行通信。

3．传输介质

传输介质是连接各种网络设备的通信介质，是网络信号传输的通道，通常又分为有线介质和无线介质。

4．网络适配器

网络适配器也就是网卡，网卡提供接口，使计算机可以通过连接传输介质来接入网络。根据传输介质种类不同，网络适配器可以分为有线网卡和无线网卡。

5．网络共享设备

网络共享设备是网络中提供给用户共享使用的设备，例如共享打印机，这样网络中其他用户要打印的时候就不必每人都配备一台打印机了。

6．网络互联设备

网络互联设备是将用户计算机和服务器接入网络的中间设备，也可以通过与其他网络互联设备连接起来以扩展网络的规模，例如常见的家庭用无线路由器将用户计算机、手机接入家庭网络，并提供互联网接入。

1.3.2　网络软件

1．网络操作系统

与传统的操作系统相比，具有网络通信功能是网络操作系统的明显特征，例如 Windows

系列面向普通用户的操作系统从 Windows 95 才开始具有网络功能。现在世界上用得最多的网络操作系统是微软的 Windows 10。在手机和移动终端方面，谷歌的 Android 和苹果的 iOS 遥遥领先于 Windows mobile。在服务器方面，UNIX、Linux、Solaris、BSD 等非 Windows 系列的网络操作系统一直占市场主导地位。

2．网络协议

网络协议是指网络通信所需要遵循的规则集合，正如我们与外国人交流需要选择一个大家都会的语言，比如英语，在网络中，各种设备、程序要通信也必须遵守一套共同的规则约定，通常每种网络协议支撑相应的网络服务，例如网站提供的网页浏览服务需要 HTTP 协议的支持。

3．网络应用程序

网络应用程序是基于网络使用的各种应用程序和软件，通常安装在网络操作系统中，针对用户不同的需求提供不同的功能，在日常生活中我们都是通过各种网络应用程序(APP) 直接感知互联网的，如朋友聊天可以使用腾讯 QQ、微信，上网浏览网页可以使用 IE 浏览器，发电子邮件可以使用 Outlook 2010 电子邮件软件，购物可以使用淘宝、京东等。

1.4 计算机网络的拓扑结构

正如建一栋大楼首先需要一张建筑设计图一样，组建一个计算机网络也需要一个网络拓扑图。网络拓扑是指通过点和线来表达网络中节点和传输介质之间的逻辑结构关系，节点可以是用户计算机、服务器或者其他的网络设备。网络拓扑在计算机网络中是个重要的概念，使用什么样的网络拓扑结构决定网络中使用哪种介质访问控制方法。

1．总线型结构

总线型结构是指所有网络节点共用一条物理传输线路，其中一个节点发送数据，网络中其他节点都能接收到，如图 1.4.1 所示。这种网络拓扑结构简单，在早期使用同轴电缆作为共享传输介质的局域网中很流行，但由于同轴电缆价格较高，安装麻烦，而且该网络结构易造成单点故障(即线路中的一个断点就有可能造成全网无法连接)，因此已渐渐被舍弃。

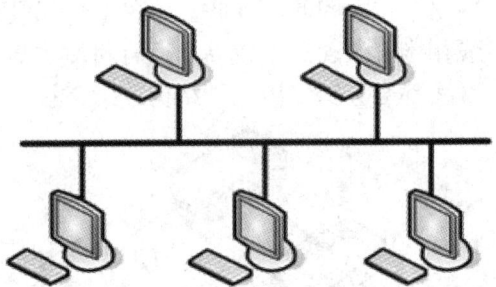

图 1.4.1 总线型结构

2．环型结构

环型结构类似于总线型结构，只是传输线路首尾相连形成一个环。环型结构使用令牌访问机制，保证任一时刻网络中只有一个节点可以发送数据，如图 1.4.2 所示。FDDI(光纤分布式数据接口)网络就是采用这种网络结构。这种网络结构可以使用光纤，所以网络速度较快，加上使用的线缆长度相对较短，因而节省成本。但该结构同样具有因网络内某一节点故障引起全网瘫痪，并难以隔离故障的缺陷，且使用令牌传输机制，使得实际的传送效率较低。

3. 星型结构

星型结构是目前局域网内常用的网络结构，网络中央有个节点，其他外围节点都连接到这个中央节点上形成一个辐射型的结构，如图 1.4.3 所示。中央节点通常是一台网络互联设备，其他任意两个节点之间的通信都需要经过中央节点的转发。星型网络结构方便架设，各个节点的故障不会造成全网问题，故障诊断容易，但中央节点设备负担较大，易成为整个网络的通信瓶颈。

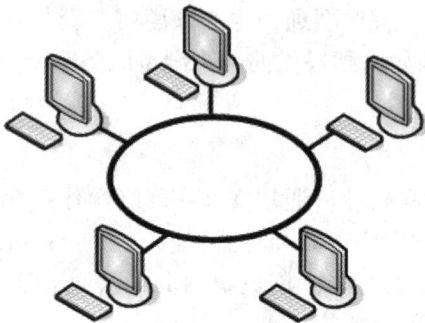

图 1.4.2　环型结构　　　　　　　　图 1.4.3　星型结构

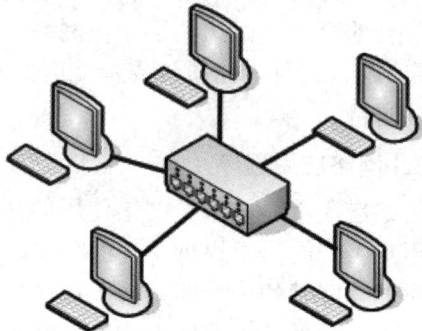

4. 树型结构

树型结构其实就是星型结构的扩展，将多个星型结构的网络分层次互联起来就形成了一个树型结构的网络。树型网络结构继承了星型网络结构的优缺点，安装方便，扩展容易，但根节点的设备是全网核心，一旦发生故障全网就无法通信。图 1.4.4 所示就是一个简单的树型结构网络。

5. 网状结构

网状结构就是通过增加网络中节点互联的复杂度来提高网络可靠性的组网方式，通常网络节点之间两两互联，如图 1.4.5 所示。网状结构是几种网络拓扑结构里最可靠的，但布线相当麻烦，成本较高，运行机制也较为复杂，管理技术要求较高。一般规模较大的商业网络都会选择使用这种结构。

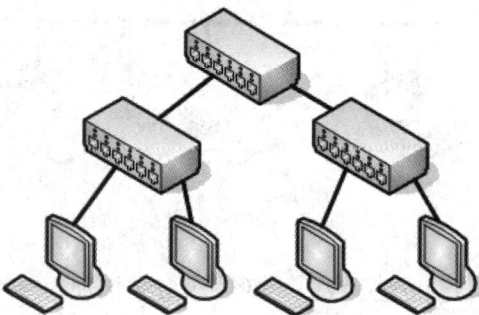

图 1.4.4　树型结构　　　　　　　　图 1.4.5　网状结构

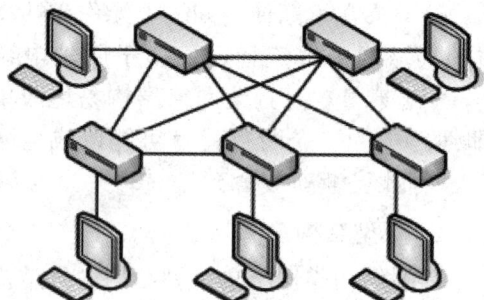

1.5　大型计算机网络构成

大型传输网络构成较为完整，可能混用多种网络拓扑结构，通常分为网络边缘(Network

Edge)、接入网络(Access Network)和网络核心(Network Core)三个部分，如图 1.5.1 所示。

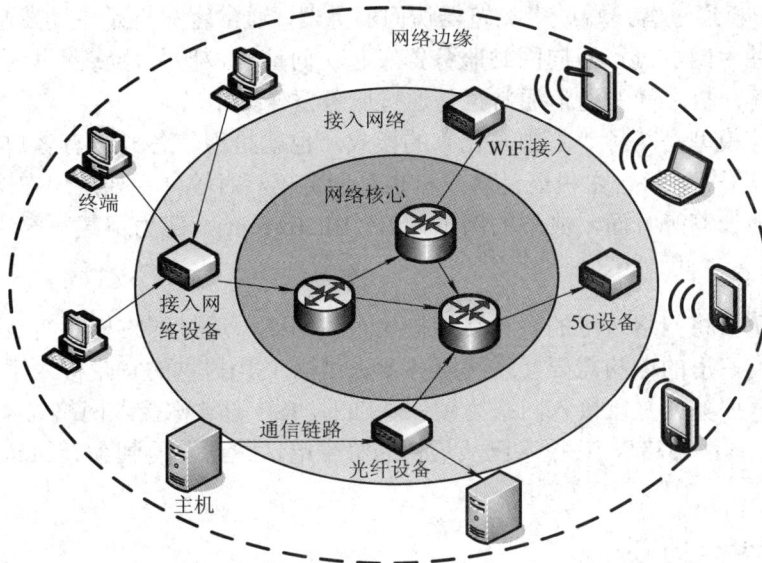

图 1.5.1　大型网络结构(互联网)

1. 网络边缘

网络边缘是指布置在网络边缘的各种主机和终端，运行着分布式的网络应用，包括计算机、服务器、手机、摄像头、平板电脑等，它们之间的通信方式按照应用模型可分为客户机/服务器(C/S)和对等网(P2P)两类，如图 1.5.2 所示。

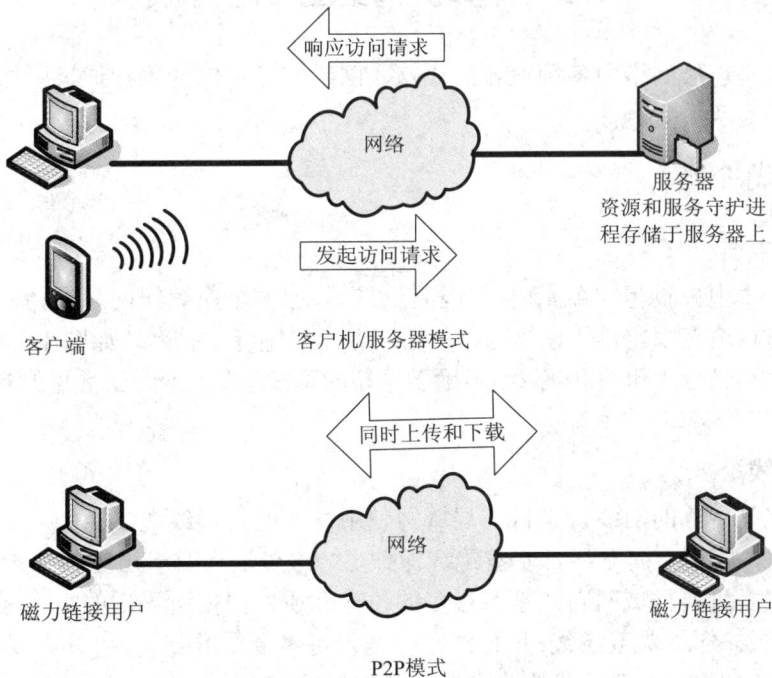

图 1.5.2　两类通信应用模型

客户机/服务器是典型的网络应用模型，大部分的网络应用如万维网、微信都是基于此通信模型。客户机通过客户端或者浏览器访问服务器，通常客户机是主动发起通信的一方。例如，客户机使用网页浏览器向网站服务器发起访问请求，服务器将网页内容发回客户机的浏览器端。客户机之间的通信通常也是通过服务器作为中转。

对等网通信模型是一种"去中心化"的模式，也就是通信各方没有客户机和服务器的区别，彼此地位平等，每台主机既是客户机也是服务器。对等网主要应用在网络即时通信、文件交换、分布计算等方面，典型的例子如 BT(Bit Torrent)、磁力下载、区块链应用等。

2. 接入网络

接入网络负责将网络边缘的各种终端接入大型网络，通过网络核心实现完整的全网通信。例如，我们家里的电脑需要互联网服务器提供商(ISP)提供的宽带接入服务才能上网，这里的宽带接入服务就是以接入网络为硬件基础的。ISP 通常称接入网络为本地网络的"最后一公里"或"本地环路"，其技术已从最初的窄带电话线路发展到今天的高速光纤和无线网络。

3. 网络核心

网络核心也就是大型网络的传输骨干。网络核心由高速传输链路和网络中间设备组成，网络中间设备包括分组式交换机、路由器和网桥等，所以网络核心的功能不仅是完成全网的核心传输功能，还具有关键的分组高速交换和路由选择功能。通过网络核心，网络中传输的数据才能被准确地发送和接收。互联网的网络核心通常就是 ISP 的骨干传输网。

1.6　计算机网络的传输介质

传输介质是连接网络中各种设备的线路、网络信号传输的物理通道，根据其物理形态分为有线和无线两大类。

1.6.1　有线介质

1. 同轴电缆

同轴电缆由中央较粗的金属内导体和包裹在外层的金属编织网外导体构成，内外导体之间由绝缘材料填充固定，外导体的最外面还有一层绝缘保护套，如图 1.6.1 所示。同轴电缆根据线径大小又分为粗缆和细缆，多用于早期的总线型局域网，如常见的有线电视 CATV 电缆为宽带同轴电缆。

2. 双绞线

双绞线就是俗称的网线，是目前局域网使用最多的传输线缆，由四对两两相互缠绕的金属导线组成，每根金属导线都套着绝缘保护层，最外层还有一层塑料保护套，如图 1.6.2 所示。双绞线是目前局域网布线使用最多的传输介质。根据所采用的技术标准的不同，双绞线分为 3 类、5 类、6 类双绞线；根据线芯外是否包裹金属屏蔽层，可分为屏蔽双绞线(STP)和非屏蔽双绞线(UTP)。双绞线传输距离通常不超过 100 m。

图 1.6.1　同轴电缆

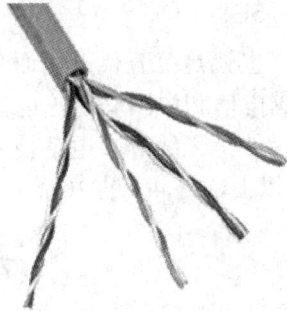

图 1.6.2　双绞线

3. 光纤

光纤由内到外由传播光信号的玻璃纤芯、涂敷层和外层塑料保护套构成,如图 1.6.3 所示。根据所传播光信号的不同,光纤分为单模光纤和多模光纤。光信号的传播不同于电脉冲在金属导体里的传播,光信号不会产生电磁干扰,

图 1.6.3　光缆内的光纤

因此光纤的传输距离通常较远,速度也较高,常用于城域网和高速局域网的主干传输链路。在当今高速网络时代,光纤被越来越多地用于普通宽带用户的接入线路。多束光纤聚合在一起,外面再包裹较厚的橡胶保护套便构成了光缆。

1.6.2　无线介质

用于计算机网络传输的无线介质主要是无线电磁波,通常使用 2.4 GHz 和 5 GHz 两种频率。无线电磁波早期用来充当有线局域网的延伸,但现在无线网络正在成为潮流,由此诞生了许多主流的无线网络标准,如图 1.6.4 所示。下面介绍蓝牙、WiFi 和第五代无线通信技术(5G)。

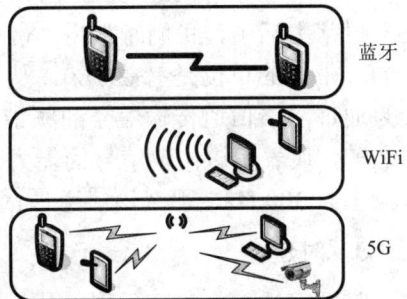

蓝牙

WiFi

5G

图 1.6.4　常见的无线网络标准

1. 蓝牙

蓝牙(Blue Tooth)是一种支持设备短距离通信(一般 10 m 内)的无线电技术,主要用在移动电话、PDA、无线耳机、笔记本电脑、相关外设等设备之间进行无线信息交换。其特点是采用分散式网络结构以及快跳频和短包技术,抗干扰能力强,工作在全球通用的 2.4 GHz (即工业、科学、医学)频段,数据速率为 1 Mb/s。

2. WiFi

WiFi 技术主要用于组建无线局域网,其标准主要由电气与电子工程师学会(IEEE)制定,早期的标准有 IEEE 802.11b、IEEE 802.11a、IEEE 802.11g、IEEE 802.11n,目前市场主流使用的标准是 IEEE 802.11ac 和 IEEE 802.11ax,使用 2.4 GHz 和 5 GHz 频段,采用多路输入/多路输出(MIMO)和正交频分(OFDM)技术,支持多天线,无线传输速度达到 1 Gb/s 以上,超过了有线网络的速度。

3．5G

5G 也就是第五代无线通信技术，与 WiFi 使用的 5G 频率不是同一概念。现在中国移动、中国电信和中国联通等运营商已经上线了 5G 通信服务。不同于上面提到的蓝牙和 WiFi，5G 采用的是无线蜂窝电话技术，主要用来进行无线城域网的覆盖。5G 无线传输速度达到 1 Gb/s 以上，是 4G 的 10 倍以上，为车联网、物联网的实现提供了网络基础。

1.7　计算机网络的性能指标

1.6 节提到了各种有线和无线网络传输介质的数据传输速率，该参数是衡量网络性能的指标之一，其他的性能指标还有带宽、时延、吞吐量等，下面一一介绍这几个指标。

1．速率

速率又称为速度、数据传输速率、比特率等，是衡量网络性能最重要的指标之一，和网络所采用的传输介质种类有着密切关系。数据在主机中存储的最基本的度量单位是比特(bit)，所以主机发送和接收数据也以比特为单位。速率的定义为单位时间内网络传输的数据位数，描述该指标的单位有 b/s(比特/秒)、kb/s(千比特/秒)、Mb/s(兆比特/秒)、Gb/s(吉比特/秒)。注意这里的 b 特指 bit，只能是小写，如果用大写的 B 就是另外一个单位 Byte/s(字节/秒，缩写为 B/s)了。

2．带宽

日常生活中，我们时常将"带宽"这个概念等同于"速率"，其实两者的度量单位完全不同。带宽的单位是赫兹(Hz)，从这个单位就可以看出带宽这个参数描述的是频率，其定义为通过网络信道传输信号的频带宽度，也就是通过该信道传输信号的最高频率和最低频率之差，代表信道传输信号的能力。例如，某信道传输语音信号的最高频率为 3.4 kHz，最低频率为 300 Hz，那么该信道带宽就是 $3400 - 300 = 3.1$ kHz。

3．时延

时延(Delay)又称为延迟。我们评价一个网络的性能通常需要考虑数据从源节点到达目标节点所需的时间，而这个时间通常是四类时延的总和，这四类时延分别是节点处理时延、排队时延、传播时延和传输时延。下面介绍其中比较关键的传播时延和传输时延。

传播时延就是信号在信道上传输所需要的时间，其公式为传播时延 = 信道长度 ÷ 信号速度。不同信号(如电信号和光信号)其速度也不同。

传输时延是指数据分组在信道上完成发送整个过程所需的时间，也就是数据分组的第一个比特发送开始到最后一个比特发送完成所需的时间，其公式为传输时延 = 数据分组长度(bit) ÷ 信道速率(b/s)。

4．吞吐量

实际工作中，往往通过吞吐量这个指标来评价某个网络真正传输数据的能力，其定义为单位时间内网络实际传输的数据量，该指标的单位和速率指标的单位一样，也是 b/s、kb/s、Mb/s 和 Gb/s。受电磁干扰、采用的网络协议等多方面因素的影响，网络的吞吐量往往小于网络的速率，例如使用双绞线组成的以太网速率是 100 Mb/s，但由于使用 CSMA/CD 机制，吞吐量可能只有 30 Mb/s。

1.8　计算机网络的功能和应用

1.8.1　计算机网络的功能

从本章的计算机网络定义可以看出，计算机网络的主要功能有两项：信息传递和资源共享。信息传递很容易理解，例如日常使用手机上的微信互相发送信息，替代了以往通信需要经过邮局投递纸质的信件。而资源共享则包括如下三个方面。

1．硬件资源共享

通过计算机网络不仅可以实现高效率的信息发送和接收，还可以实现各种资源的共享。例如，在日常办公中，出于节约成本的考虑，不会给每个员工的电脑都配备打印机，但是每个员工都可能有打印的需求，这时可以通过计算机网络共享一台打印机，供整个部门员工使用，每个人就像使用自己的打印机一样方便，这就是典型的通过计算机网络实现硬件资源共享的例子。当然不限于此，互联网上的云计算、云存储也都是将云端的硬件计算资源和硬盘资源共享给用户使用的例子。

2．软件资源共享

最早的软件资源共享就是文件服务器，共享文件保存在服务器上，供用户下载或者授权上传。随着计算机网络速度和带宽的发展，主机可以实现远程实时访问服务器，使用服务器上安装的大型软件或数据库系统，而且无明显时延，从而为企业节约了大量在本地主机布置软件的费用。这样的做法逐渐发展成后来软件销售的趋势，用户不用再购买软件，而改为向提供商租用基于 Web 的软件来管理企业经营活动，且无须对软件进行维护。服务提供商会全权管理和维护软件，软件厂商在向客户提供互联网应用的同时，也提供软件的离线操作和本地数据存储，让用户随时随地都可以使用其订购的软件和服务，这就是所谓的"软件即服务"（Software as a Service，SaaS）。对于广大中小型企业来说，SaaS 是采用先进技术实施信息化的最好途径，但 SaaS 绝不仅仅适用于中小型企业，所有规模的企业都可以从 SaaS 中获利。

3．信息资源共享

目前互联网已经成为各种用户发布信息的主要平台，包括传统的媒体、企业、政府甚至个人。互联网上充满各种各样的信息，已成为全球最大的信息资源共享平台，我们可以主动地从这个平台获取、检索、分享这些信息，这彻底改变了以往只能被动接收传统媒体信息的信息传递方式。

1.8.2　计算机网络的应用

在信息化时代，计算机网络已经应用在人类经济社会的方方面面，下面介绍几个常见的应用领域。

1. 企业信息化

企业信息化建设有硬件和软件两方面。硬件方面包括企业办公大楼综合布线、IT 机房建设、数据中心架构、无线网络布置、员工终端和远程办公的接入、分支机构联网等；软件方面包括将企业所有的经营信息，如企业雇员、日常办公事务、客户关系、财务薪酬和成本利润等信息进行系统集成，在计算机网络系统支撑下，实现办公自动化(OA)、财务电算化和产品销售的电子商务化等，这样企业能高效运作，各种生产要素包括人力资源可以得到合理的优化配置，时刻保持对市场需求变化的敏感，以求最大的经济效益。

2. 电子商务

电子商务是依托互联网，将传统商业贸易的各个环节网络化、电子化，包括企业信息上网、产品网络销售、网络购物、电子货币交易、联机事务处理和物流配送等。随着无线网络技术的发展，特别是 5G 的推出，电子商务越来越移动化，在手机上动动手指就能满足生活中的一切需要，这样的情景在以前根本不可想象。电子商务在我国的快速发展不仅改变了我们的生活方式，还带动了一系列产业链的发展，成为新兴的经济增长支柱。

3. 校园网

学校园区网的建设已成为教育行业信息化的重要部分，包括学校网站、教职工互联网接入、学生数字校园、校园一卡通系统、论文教学成果和图书馆书库的资源共享以及与CERNET(中国教育与科研计算机网)的互联。校园网内丰富的教育资源，提高了学生的学习自主性和教师教学的工作效率，开阔了教师的视野，使教学手段更加多样化，科研能力得到了提升，同时一卡通系统也方便了教师和学生的日常生活。图 1.8.1 为一个典型的校园网络拓扑图。

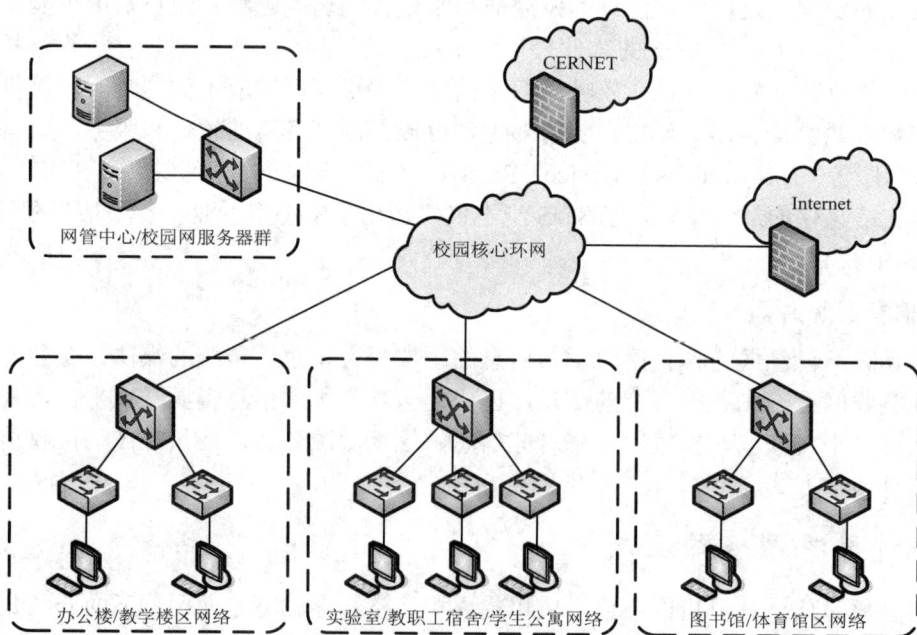

图 1.8.1　校园网络拓扑图

4．智能楼宇

随着各地房地产的持续强劲开发，智能楼宇这个概念进入了人们的视野。智能楼宇是将原来大厦内的弱电系统集成化、智能化，包括楼宇的结构化综合布线、视频监控系统、安防报警系统、楼宇对讲系统、门禁一卡通系统、火灾报警系统、有线电视和卫星电视系统等，使现代居住办公环境更舒适、更人性化和更智能化。

5．远程视频

高速网络技术的发展，使得远程视频通信成为现实。远程视频不仅应用在企事业单位的会议系统里，还应用在远程教育、远程医疗协助等领域，同时视频终端也趋向移动化，人们之间不再仅仅满足于语音通信，也实现了画面的即时传送。

1.9　本章实训——网线的制作

1．工具准备

制作网线需要用到的工具有：双绞线压线钳(如图 1.9.1 所示)、RJ45 网线接头(如图 1.9.2 所示)、超 5 类双绞线(如图 1.9.3 所示)、网线测线器(如图 1.9.4 所示)等。

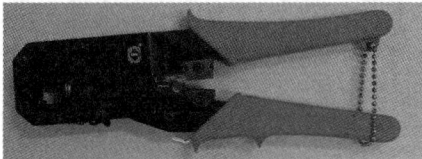

图 1.9.1　双绞线压线钳

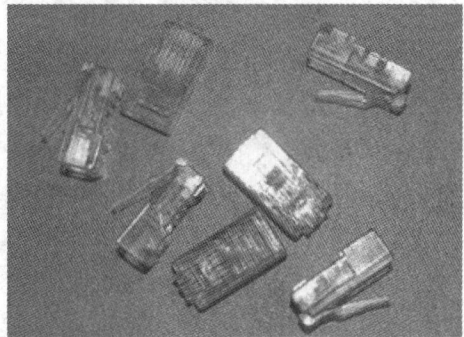

图 1.9.2　RJ45 网线接头(又称水晶头)

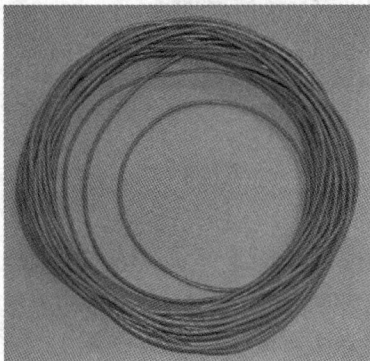

图 1.9.3　超 5 类双绞线

图 1.9.4　网线测线器

前面提到，双绞线分为屏蔽双绞线(STP)和非屏蔽双绞线(UTP)，目前局域网多使用非屏蔽双绞线作为布线的传输介质进行组网，所以本实训也以 UTP 的制作为例。双绞线由 8

根不同颜色的线分成 4 对绞合在一起，成对扭绞的作用是尽可能减少电磁辐射与外部电磁干扰的影响。

2．制作方法

(1) 直通网线：双绞线两边都按照 EIAT/TIA 568B 标准连接水晶头。

(2) 交叉网线：双绞线一边按照 EIAT/TIA 568A 标准连接水晶头，另一边按照 EIAT/TIA 568B 标准连接水晶头。

两种标准的线序如图 1.9.5 所示。

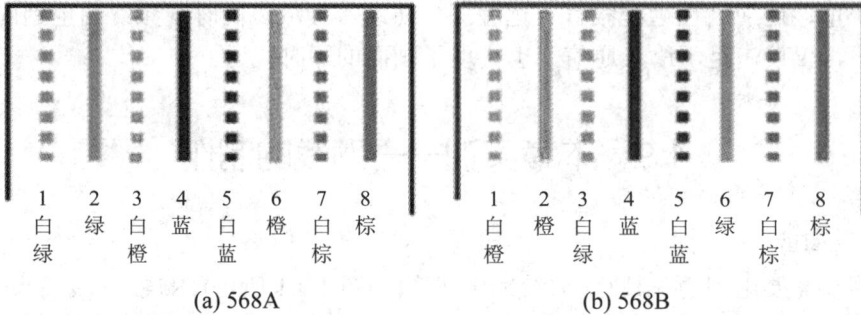

1	2	3	4	5	6	7	8
白绿	绿	白橙	蓝	白蓝	橙	白棕	棕

(a) 568A

1	2	3	4	5	6	7	8
白橙	橙	白绿	蓝	白蓝	绿	白棕	棕

(b) 568B

图 1.9.5　568A 和 568B 的网线线缆排序

直通网线和交叉网线的应用规则为：不同类型设备间的连接使用直通线，同类型设备间的连接使用交叉线。例如，计算机与交换机、交换机与路由器间的连接使用直通线，而计算机与计算机、交换机与交换机间连接则使用交叉线。

3．制作步骤

(1) 用双绞线剥线器将双绞线的外皮除去 2 cm 左右，如图 1.9.6 所示。

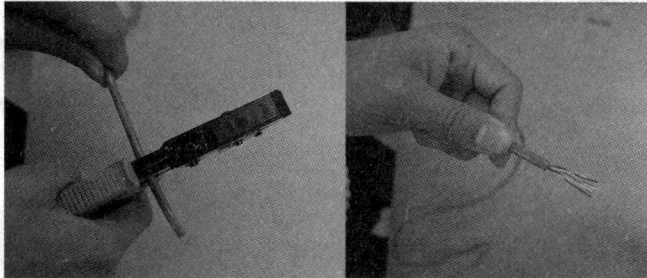

图 1.9.6　剥掉网线外层绝缘皮

(2) 将裸露的双绞线中的橙色对线拨向自己的左方，棕色对线拨向右方，绿色对线拨向前方，蓝色对线拨向后方(左橙、前绿、后蓝、右棕)，如图 1.9.7 所示。小心剥开每一对线，按 568B 的标准排列好。需要特别提醒的是，绿色条线必须跨越蓝色对线。这里最容易犯错的地方就是将白绿线与绿线相邻放在一起，这样会造成串扰，使传输效率降低。

(3) 如图 1.9.8 所示，把线码整齐，将裸露出的双绞线用专用钳剪下，只剩约 14 mm 的长度，并剪齐线头。将双绞

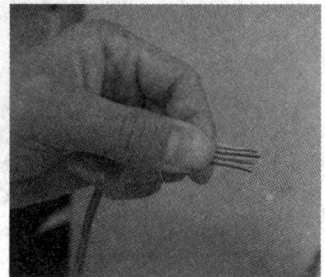

图 1.9.7　按标准排好线序

线的每一根线依序放入 RJ45 接头的引脚内，第一只引脚内应该放白橙色的线，其余类推。

图 1.9.8　剪线并将网线插入水晶头

(4) 确定双绞线的每根线已经放置正确，并查看确保每根线进入水晶头的底部位置。然后用 RJ45 压线钳压接 RJ45 接头，把水晶头里的 8 块小铜片压下去后，使每一块铜片的尖角都触到一根铜线，这样就完成了一个 RJ45 接头的制作，如图 1.9.9 所示。

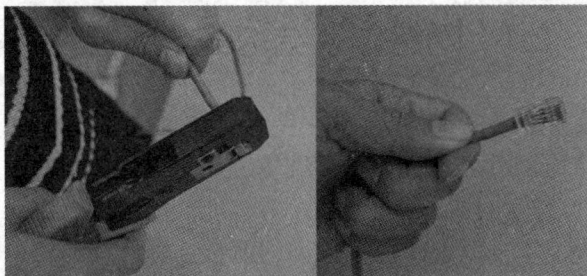

图 1.9.9　压制网线 RJ45 接头

(5) 用同样方法完成另一端的 RJ45 接头的制作。

(6) 使用网线测线器测试网线的连通性，如果网线制作正确，则测线器的 8 个灯会依次闪亮，如图 1.9.10 所示。

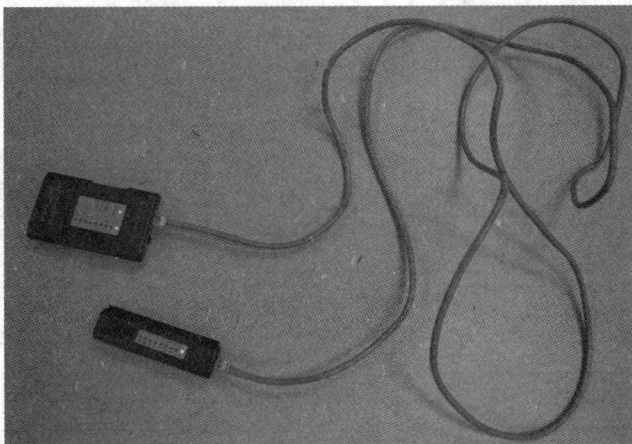

图 1.9.10　测试网线连通性

以上是直通网线的制作方法，交叉网线的制作方法相同，只是网线两端的线缆排序方式有所不同，一端按 568B 的标准，另一端按 568A 的标准。

第 2 章　网络体系结构和 IP 地址

计算机网络体系结构是计算机网络理论和软件的核心，是计算机网络层次模型里各层次的结构与其协议的集合。网络模型的分层将在下面进行讲解，而协议这一概念在第 1 章中已经提到，就是在彼此开始通信前，我们会建立共同的规则来管理会话，同时必须遵守这些规则(即协议)，才能成功传递和理解消息。

2.1　网络体系结构的分层特性

计算机网络系统具有复杂的结构，而其中两台计算机之间的通信具有更加复杂的流程，例如我们现实生活的网购经历，快递包裹的寄收就是要经过这样一个复杂的过程，如图 2.1.1 所示。从包裹的接收到分拣，然后运输到客户所在地的网点进行派送，直至客户签收，经过了这一系列的工作环节才完成整个包裹快递的流程。因此，要解决计算机网络如此复杂的通信问题，一个简单的方法就是分层，每层就如包裹快递流程中的每个环节，这样复杂的问题就简单化了。分层的好处还有各层间相互独立，某一层的变化不会影响其他层，相邻层之间的上下通信只需要提供接口就可以了，这样厂商在生产网络产品的时候可以专注于某一层的开发和模块设计。下面先解析几个基本的定义，再进一步分析计算机网络体系的分层结构。

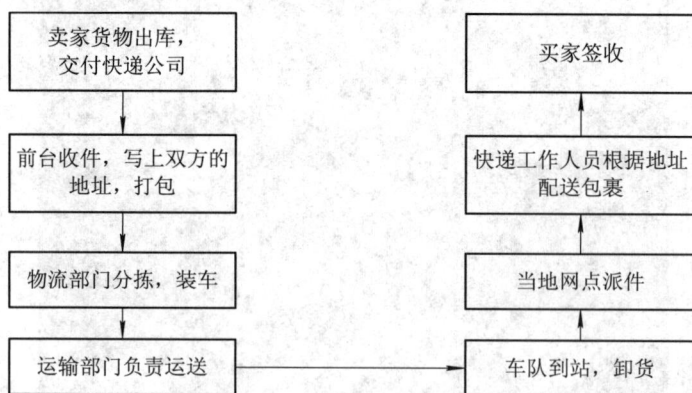

图 2.1.1　包裹快递流程

2.1.1　网络体系结构的基本定义

1. 实体

在计算机通信中，任何接收和发送数据的硬件或者软件进程都可以称为实体，实体是计算机通信的基本元素。

2．对等层

在网络分层体系结构中，每一层都是由若干个通信实体组成的，实体既可以是软件实体(如一个进程)，也可以是硬件实体(如智能输入/输出芯片)。假设两个网络节点遵循同一网络体系结构，它们相互之间的成功通信是依靠在同一层里具有相同功能的实体完成，那么这里的同一层便是对等层。

3．协议数据单元

在网络分层体系结构中，每一层都建立属于该层的协议数据单元(PDU)，包含了上层传递下来的协议数据和当前层的实体信息。协议数据单元在 OSI 不同的层里由于数据封装的结构不同，故有特定的称谓，例如在传输层里称为数据段，在网络层里称为数据包，在链路层里称为数据帧。

4．虚通信和实通信

在网络分层体系结构中，对于用户来说，只接触到应用层的程序。例如使用 QQ 发信息给朋友，对方也是通过 QQ 收到了信息，表面上看大家都只通过 QQ 这个程序就可以成功地互相通信了，但实际上这只是个虚通信，真正的数据发送和接收都要编码成电信号或光信号，然后通过物理层的信道传输，这就是实通信。也就是说，在网络分层结构里，除了最底层的物理层，其余各层之间的对等通信都是虚通信。

5．服务

在网络分层结构里的服务是指下一层通过层与层之间的接口向上一层提供的功能调用。

2.1.2　计算机网络的层次模型

计算机网络都采用分层的体系结构，又因为涉及多个实体间的通信，所以通常都是垂直的层次化模型，如图 2.1.2 所示。

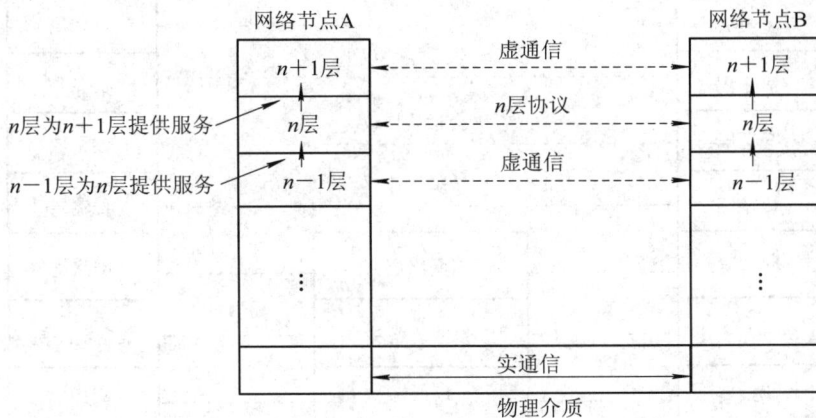

图 2.1.2　计算机网络的层次模型

从图 2.1.2 的分层模型可以看到，除了物理介质上的通信是实通信外，两个网络节点之间的其他对等层的通信都是虚通信；对等层之间的成功通信必须使用同一协议；下一层为上一层提供服务。

计算机网络层次化体系结构一般都需要遵循以下原则：

(1) 每一层的功能明确，且相互独立。

(2) 上下层之间通过接口联系，接口的操作清晰简洁，某一层变化不会影响到其他层。

(3) 合适的分层数。层次过多，系统会变得复杂，层之间功能容易互相重叠；层次太少，则每层负担的功能太多，实现起来较困难，每层的协议也会变得过多。

世界上第一个计算机网络体系结构就是前文提到的，IBM 公司于 1974 年开发的 SNA(系统网络体系结构)。最早该体系结构用于公司内部网络，之后抢占了早期的计算机网络市场，导致多个公司也效仿推出自己的计算机网络体系结构标准，于是造成了不同体系结构的协议和产品不兼容的局面。鉴于这种情况，ISO 提出了一个理想化的让世界上所有计算机互联互通的标准通信框架，即开放式系统互连(OSI)参考模型。

2.2　开放式系统互连(OSI)参考模型

OSI 的设计初衷就是要打造一个开放的、标准化的计算机网络体系框架，各个厂商开发的产品不管是硬件或软件，只要遵循这个框架的标准，都可以互相通信。不过由于该模型的层协议开发周期过长等种种原因，在后来与 TCP/IP 协议模型的市场竞争中，渐渐处于下风，所以现在基于 OSI 模型的协议大多已经不再使用，不过对于学习网络的人士来说，该网络模型还是一个基本的知识参考。

2.2.1　OSI 的结构

OSI 标准化计算机网络体系结构定义了一个七层的模型，自上至下依次是应用层、表示层、会话层、传输层、网络层、数据链路层和物理层，如图 2.2.1 所示。

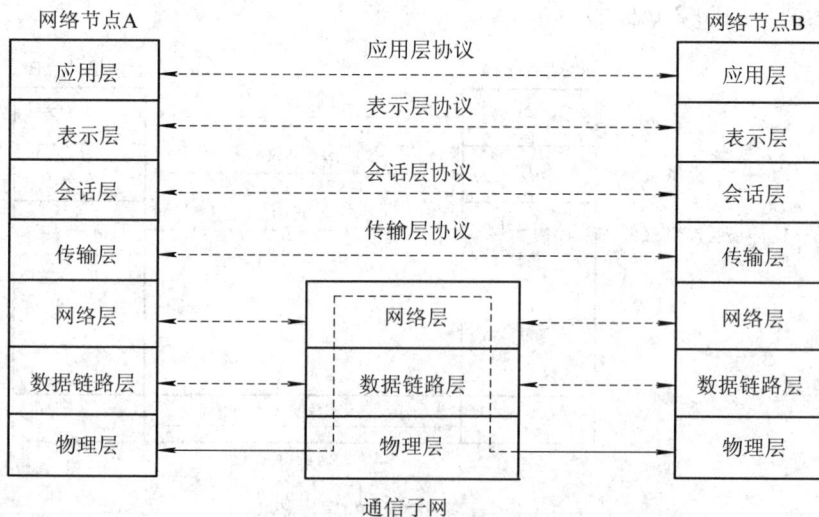

图 2.2.1　OSI 参考模型

根据此模型，我们可以试着描述两个网络节点之间的数据发送和接收过程。

(1) 网络节点 A 在应用层生成要传输的数据，可能是图片或文本等，这些应用层数据向下传递至表示层，表示层根据本层的协议对这些数据进行格式化或者加密等操作，再往下传递至会话层，会话层在表示层传递下来的数据基础上添加两个网络节点协商，保持会话的参数，再往下传递至传输层，传输层又在这些经过上三层处理过的数据上附加本层协议控制信息，接着又向下传递至网络层，在这层添加传收双方的逻辑地址信息，再传递到数据链路层，数据链路层又会在网络层的数据上添加本地的网络硬件地址信息。我们可以看到，这个过程自上至下，传输的数据到达每一层，该层都在上层数据的基础上附加上本层的协议控制信息，这就是所谓数据传输的封装过程。

(2) 封装好的数据到达最下层的物理层后，会根据物理层的协议和介质种类的不同进行各种调制和编码操作，然后转换为表示比特流的电信号或光信号进行传输。

(3) 当这些信号到达网络节点 B 的时候，经过一个跟上述过程相反的解封装操作，还原成应用层程序能识别的原始数据，这样，用户才可以看得到原来的图片或者文本等。

对于以上描述的整个过程的理解参考图 2.2.2，可以看到对于节点 A 每层的封装只有节点 B 对应的层才能解读，数据封装的意义在于可以对原始数据添加协议控制信息、分段编号、地址、差错检测纠正等。

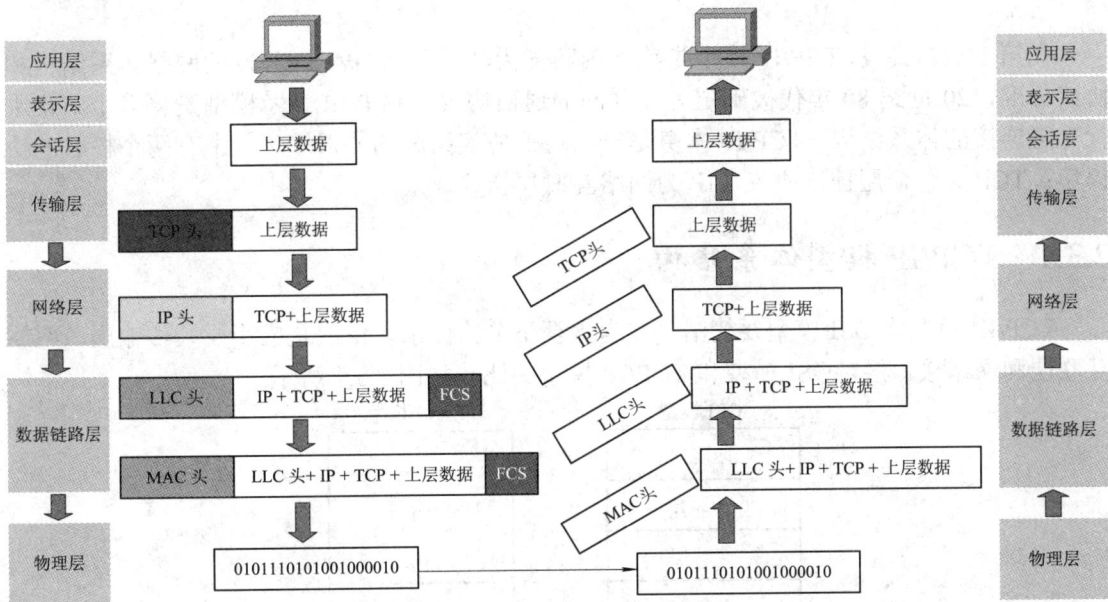

图 2.2.2　两个节点的通信过程和数据的封装/解封装

2.2.2　OSI 各层功能

下面按照自上至下的顺序简单阐述 OSI 各层的功能。

(1) 应用层(Application Layer)：通过层里大量的应用协议来支撑用户的各种应用程序，是 OSI 模型的最高层，是直接面对用户的层。

(2) 表示层(Presentation Layer)：为应用层的数据提供各种表示形式，例如数据的加密和压缩，或者哪些数据是图片哪些是文本。

(3) 会话层(Session Layer)：管理数据发送和接收双方之间的会话进程，例如建立、维持、终止会话，同时还有数据传输同步功能。

(4) 传输层(Transport Layer)：负责将上层数据分段并编号，然后根据协议的种类提供可靠或不可靠的传输，到达目的地后再重组数据。

(5) 网络层(Network Layer)：负责源端到目的端数据传输的路由选择及数据包的逻辑编址。

(6) 数据链路层(Data Link Layer)：负责本地网络数据帧传输的物理编址，并提供在不可靠链路上传输的数据的纠错功能。

(7) 物理层(Physical Layer)：负责网络设备在各种物理介质上传输比特流，并规定了各种物理传输介质、接口的机械特性和电气特性，是 OSI 模型的最底层。

从上述内容可以看出，OSI 模型过于理想化且分层过多，不少层的功能相互重叠，且 OSI 模型对异构网支持不足，协议开发周期过长等，因此各大厂商逐渐转向支持 TCP/IP 模型。

2.3　TCP/IP 模型及相关协议

在第 1 章提到过，TCP/IP 模型是美国国防部为其项目 ARPAnet 开发的网络体系结构和协议标准，20 世纪 80 年代被确定为互联网的通信协议。TCP/IP 参考模型是将多个网络进行无缝连接的体系结构。TCP/IP 本身是一组通信协议组成的协议簇，其中有两个核心的协议集：TCP 为传输层控制协议，IP 为网络互联层协议。

2.3.1　TCP/IP 模型体系结构

TCP/IP 模型比 OSI 模型要简洁，其自上至下分为四层，依次是应用层、传输层、网络互联层和网络接口层。OSI 模型和 TCP/IP 模型的比较如图 2.3.1 所示。

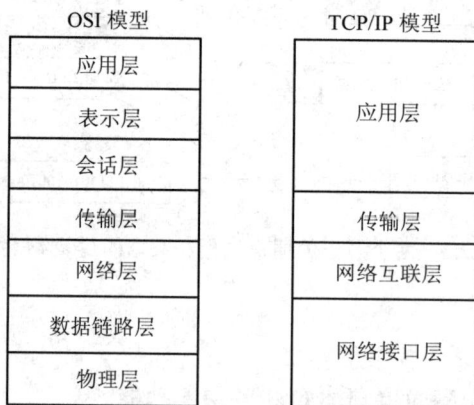

图 2.3.1　OSI 模型和 TCP/IP 模型的比较

从图 2.3.1 可以看出，OSI 模型中的应用层、表示层和会话层三层的功能被合并到了 TCP/IP 模型的应用层，同样地，数据链路层和物理层的功能被合并到了 TCP/IP 模型的网络接口层，虽然两个模型的层名称有所差别，但实际功能大致一样，只是 TCP/IP 模型有许多在用的协议和产品支持，成了当今计算机网络体系事实上的标准。下面介绍 TCP/IP 协议簇一些具体的协议。

2.3.2 TCP/IP 协议簇

前面已经提到，TCP/IP 协议是 TCP/IP 协议簇里的核心协议，是互联网最常用的网络协议，这从计算机网卡的本地连接属性里可以看到。除此之外，TCP/IP 协议簇里还有一些常用的网络协议，详见图 2.3.2。

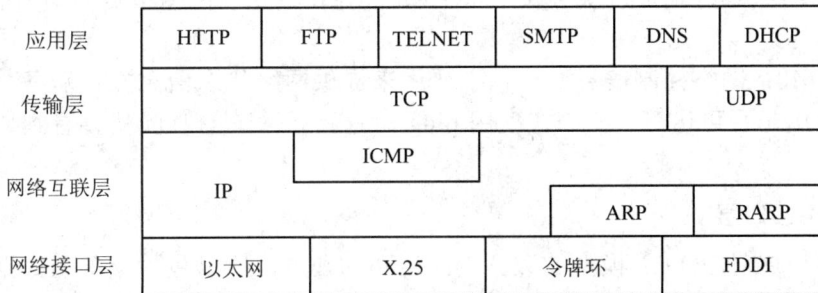

应用层	HTTP	FTP	TELNET	SMTP	DNS	DHCP
传输层	TCP				UDP	
网络互联层	IP	ICMP			ARP	RARP
网络接口层	以太网	X.25		令牌环	FDDI	

图 2.3.2 TCP/IP 协议簇

图 2.3.2 描述了 TCP/IP 协议簇各协议之间的关系和所在的模型层，下面按层介绍里面具体的网络协议。

1．应用层

应用层为 TCP/IP 模型最高层，也是直接面对用户的层，所以这些高层协议都对应着常见的网络应用。

(1) HTTP：超文本传输协议，是一种检索和发布 Web 服务器网页的协议。当用户在浏览器里输入一个网站的网址时，浏览器将通过 HTTP 协议与服务器建立连接。

(2) FTP：文件传输协议，是一种用于客户端/服务器模式进行文件传输的协议。

(3) DNS：域名解析服务协议，用于将难以记忆的数字形式的 IP 地址与简单易记的英文域名建立对应的映射关系。

(4) TELNET：远程终端登录协议，是协议簇里面最早的应用层协议，现在多数应用在远程网络设备管理方面。

(5) SMTP：简单邮件传输协议，主要应用于邮件从客户端到邮件服务器的传输过程，与之对应有 POP 协议。

(6) DHCP：动态主机配置协议，该协议允许当终端接入网络的时候，由服务器负责自动分配 IP 地址，从而方便了网络的管理。

2．传输层

传输层负责端到端之间可靠或不可靠的传输连接，对应这两种传输方式，传输层定义了 TCP 和 UDP 两种协议。

(1) TCP：传输控制协议，是一种面向连接的协议，依靠三次握手和确认重传机制来提供端对端可靠的传输服务，也因此产生了额外的传输开销。

(2) UDP：用户数据报协议，是一种简单的无连接协议，采用"尽力而为"的传输机制，尽管减少了传输开销，但无法确保数据能准确传送给对方。

3. 网络互联层

(1) IP：网络互联协议，提供数据包编址和路由选择服务，也是一种无连接的协议。目前使用的是第4版本的IP协议，也就是IPv4，即将被第6版本的IP协议(IPv6)替代。

(2) ARP：地址转换协议，提供将网络节点的逻辑地址(IP地址)转换到物理地址(MAC地址)的服务。

(3) RARP：逆向地址转换协议，和ARP相反，提供将网络节点的物理地址转换到逻辑地址的服务。

(4) ICMP：网络控制信息协议，主要用来提供网络状态信息报告服务，比如网络是否联通，路由是否可达等。我们在使用ping命令测试网关的时候就会看到这个协议显示的信息。

4. 网络接口层

网络接口层对应OSI模型的数据链路层和物理层，所以包含众多的数据链路层和物理层的协议，比如SLIP、PPP和X.25、以太网等。由于该层实际上并不属于TCP/IP协议模型的一部分，只是TCP/IP协议簇与各种物理传输介质的接口，所以这里不再赘述这层的协议。

2.4　OSI 参考模型与 TCP/IP 模型的比较

OSI参考模型与TCP/IP模型都是将计算机网络分层的模型，差别在于层数不同；OSI参考模型是一种理想化的标准模型，适合于各种协议集，而TCP/IP模型只适合采用TCP/IP协议的网络；OSI参考模型只提供了面向连接的传输服务，造成了网络连通性差的情况，而TCP/IP模型强调面向连接和无连接的服务；TCP/IP模型一开始就考虑到多种异构网的互联问题，并将网络协议IP作为TCP/IP的重要组成部分，但OSI参考模型只使用一种标准的公用数据网将各种不同的系统互联在一起。

2.5　IP 地 址

现实生活中，我们要去拜访一个朋友，首先要知道这个朋友住在哪个地方，也就是他的地址，同样网络上的主机也有相应的网络地址，这样才能互相访问。IP协议一个重要作用就是解决了网络上的主机地址标识问题，所以称之为IP地址。由于目前使用的IP协议版本是第4版本，所以称IP地址为IPv4地址。

IPv4地址是由32位二进制数字组成的，每个字节用点号隔开，如11000000.10101000.00000001.00001010。但这样的二进制数字不符合人们的使用习惯，难以记忆，所以通常我们将其转成十进制数字来表示。例如，上面那串二进制数字的IP地址转成十进制数字表示即是192.168.1.10，如图2.5.1所示。像这样用十进制数字形式来表示IP地址的方法我们称为"点分十进制"表示法。

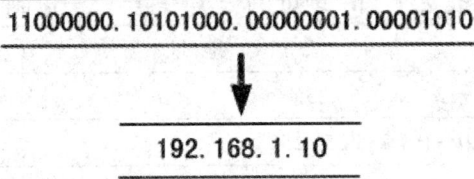

11000000. 10101000. 00000001. 00001010

↓

192. 168. 1. 10

图 2.5.1　IP 地址二进制与十进制转换示例

　　假设有位朋友住在"广西壮族自治区北海市北京路 5 号",如果我们要去找他,首先要找到"广西壮族自治区北海市北京路"这条具体的路,再在这条路上找到门牌号码为"5号"的房子。网络上根据 IP 地址的寻址过程也是相似的,首先找到具体的网络,再在这个网络上找到特定的主机,这个具体的网络称为 IP 地址的网络号,网络上特定的主机就是 IP 地址的主机号。也就是说,IP 地址由两部分组成:网络号＋主机号,如图 2.5.2 所示。

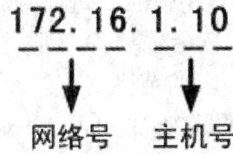

172. 16. 1. 10

网络号　主机号

图 2.5.2　IP 地址的网络号和主机号

　　需要说明的是,同一个网络的 IP 地址的网络号必须相同,例如"172.16.1.10"和"172.16.2.1"两个 IP 地址属于同一个网络。至于如何知道一个 IP 地址的网络号和主机号在哪一位数字上,这就是下面要介绍的内容——IP 地址的分类。

2.5.1　IP 地址的分类

　　在实际的网络应用中,如果一个网络的 IP 地址分配给了一个机构,例如 172.16.0.0 这个网络的 IP 地址分配给了一家公司,那么 172.16.0.0 这个网络里所有的 IP 地址(网络号为172.16 的 IP 地址)就不能再分配给其他机构使用。因此,为了避免 IP 地址的浪费,要根据不同的机构实际需要的地址数量进行分配。图 2.5.3 所示为适应不同网络规模而对 IP 地址进行的分类。

A类地址　| 0 | 网络号 | 主机号 |
　　　　　　　8位　　　　　　24位

B类地址　| 1 0 | 网络号 | 主机号 |
　　　　　　　16位　　　　　16位

C类地址　| 1 1 0 | 网络号 | 主机号 |
　　　　　　　24位　　　　　8位

D类地址　| 1 1 1 0 | 组播地址 |

E类地址　| 1 1 1 1 0 | 保留 |

图 2.5.3　IP 地址的分类

如果读者还没有习惯二进制的表示方法，可以参考表 2-1。

表 2-1　IP 地址的分类——点分十进制

分　类	地　址　范　围
A	0.0.0.0～127.255.255.255
B	128.0.0.0～191.255.255.255
C	192.0.0.0～223.255.255.255
D	224.0.0.0～239.255.255.255
E	240.0.0.0～254.255.255.255

图 2.5.3 中的二进制数字如何转换成表 2-1 中的十进制数字，读者可自行回顾之前学过的知识。读者需要熟悉常用的 A、B、C 类地址，D 类之后的 IP 地址属于组播和实验地址，已超出要求的范围。

根据图 2.5.3 和表 2-1 显示，A 类地址的第一个 8 位数字为网络号，后面 3 个 8 位数字为主机号，其网络数量可以从网络号数字值的范围推算出来。从第一个网络 0.0.0.0 到最后一个网络 127.0.0.0，一共有 128 个 A 类网络，而每个 A 类网络里有多少个 IP 地址呢？我们通过二进制推算更容易理解，即每个网络里包含 IP 地址的数量可以从这个网络的主机号的位数计算出来。A 类网络的主机号数字为后面 3 个 8 位，也就是说，主机号位数为 24 位，这 24 位二进制数字每一位有两种值(1，0)，所以这 24 位二进制数字一共有 2^{24} 个值。如果每个值代表一个 IP 地址，那么 A 类地址每个网络的 IP 地址的数量就是 2^{24}，如果算上主机 IP 地址(可以配置在主机网卡上的 IP 地址)，主机号数字值全为 0 和全为 1 规定不可用作主机地址，那么每个 A 类网络里的主机 IP 地址数量为 $2^{24} - 2 = 16\,777\,214$ 个，这样一个 A 类地址适合分配给一个大型规模的包含 16 777 214 个主机的网络。最早的 A 类地址都只是分配给几个公司和机构(多数为早期的互联网推动者)使用，例如通用电气公司分配到了 3.0.0.0/8，IBM 公司分配到了 9.0.0.0/8，这也是 IPv4 地址很快就被耗尽的原因之一。

参考图 2.5.3，B 类地址的第一个和第二个 8 位数字为网络号，第三和第四个 8 位数字为主机号，按同样方法推出 B 类地址的网络数量为 2^{14} 个，而 B 类地址每个网络里包含的主机地址数量为 $2^{16} - 2$ 个，适合一个大中型的网络。C 类地址的网络数量为 2^8，而 C 类地址每个网络里包含的主机地址数量为 $2^8 - 2 = 254$，所以 C 类网络适合分配给小型机构的网络使用。

2.5.2　特殊的 IP 地址

除 D 类和 E 类之外，在 A、B、C 类的 IP 地址里还保留了一些地址用作特殊的用途，下面分别介绍。

(1) 全网地址：IP 地址为 0.0.0.0 的地址，代表全部的网络，通常在路由选择时候作为默认路由使用。

(2) 网络地址：主机号全为 0 的地址，代表本网络，例如 172.16.0.0 这个地址就代表 172.16 这个网络。

(3) 全网广播地址：和全网地址相反，是一个 32 位二进制数全为 1 的地址，也就是

255.255.255.255，这个地址在所有网络里都是一个广播地址，也就是说，如果有数据要发送到这个地址，其实就是发送给所有网络里的所有主机。

(4) 本网广播地址：主机号全为 1 的地址，代表本网络内的所有主机，例如 172.16.255.255 这个地址代表 172.16 网络里的所有主机。

(5) 私有地址：不在公网(Internet)上使用的 IP 地址，只提供给私有网络的内部主机使用，这样的地址有 10.0.0.0～10.255.255.255、172.16.0.0～172.31.255.255、192.168.0.0～192.168.255.255。不同机构的内部网络可以反复使用这些地址，从而节省了 IPv4 地址资源。

(6) 环回测试地址：指 127.0.0.0～127.255.255.255 这段地址，主要用来测试主机自身的网卡或 IP 协议是否工作正常，例如在命令模式下输入 ping 127.1.1.1，如果接收到正确的反馈信息，则证明主机的 OSI 网络层以下的配置工作正常。

(7) 链路本地地址：指 169.254.0.0～169.254.255.255 这段地址，当网络上的主机启动之后，无法获得正确的 IP 地址，操作系统自动将这段地址的其中一个分配给主机使用。

2.5.3　子网掩码

上面提到的将 IP 地址进行分类是一种传统的、机械的 IP 地址分配方法，已不适应现代计算机网络的发展。例如，某个机构的网络主机数量为 300 台，这样的网络规模介于 B 类网络和 C 类网络之间，那应该分配多个 C 类地址还是一个 B 类地址？无论哪种分配方法都可能造成 IP 地址的浪费，因此提出了子网掩码这个概念，使得 IP 地址的分配更具灵活性，更能适应实际的网络情况。

子网掩码就是不再局限于传统的 IP 地址分类所规定的网络号和主机号的位置，而是通过一个同样是 32 位的二进制值来直接标识，掩码中值为 1 的位对应的 IP 地址的位为网络号，值为 0 的位对应的 IP 地址的位为主机号。例如，A 类网络地址 1.0.0.0 的二进制表示为 00000001.00000000.00000000.00000000，由于 A 类地址第一个字节是网络号，根据上面的描述并结合图 2.5.4，可以看到子网掩码二进制值默认为 11111111.00000000.00000000.00000000，十进制值就是 255.0.0.0。再比如 B 类地址 129.1.0.0 的子网掩码就是 255.255.0.0，如图 2.5.4 所示。根据前面提到的子网掩码用途，我们不用固守传统的地址分类，例如可以将第一个地址的子网掩码值改成 11111111.11110000.00000000.00000000，如图 2.5.5 所示，那么这个地址的网络号位数变成前面的 12 位，而根据主机位数推算，这个 1.0.0.0(子网掩码十进制值 255.240.0.0)的子网将适合分配给一个介于 A 类和 B 类之间的大型网络。继续参考图 2.5.5，第二个网络地址 129.1.0.0 子网掩码值改成 255.255.254.0，那么这个子网的主机地址数量为 $2^9 - 2 = 510$，这就可以解决本节第一段中案例的 IP 地址需求。这里提到了"子网"这个概念，由于涉及子网划分的讲解，限于本书的难度要求这里不再赘述。

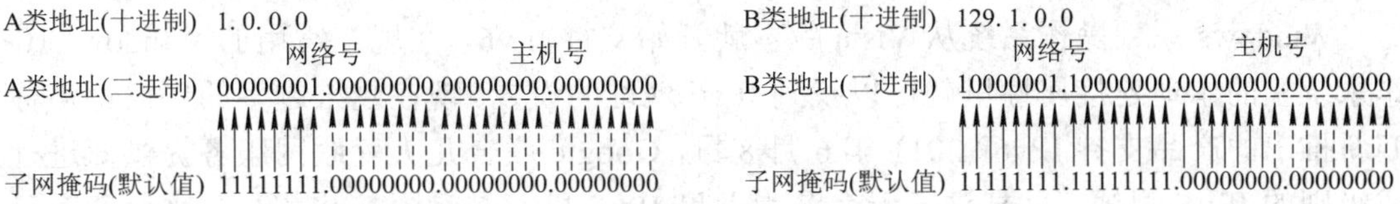

A类地址(十进制)　1.0.0.0

　　　　　　　　　　　网络号　　　　　　　主机号

A类地址(二进制)　00000001.00000000.00000000.00000000

子网掩码(默认值)　11111111.00000000.00000000.00000000

B类地址(十进制)　129.1.0.0

　　　　　　　　　　　网络号　　　　　　　主机号

B类地址(二进制)　10000001.10000000.00000000.00000000

子网掩码(默认值)　11111111.11111111.00000000.00000000

图 2.5.4　传统 IP 地址分类的子网掩码

A类地址(十进制)　1.0.0.0　　　　　　　　　　　　　　B类地址(十进制)　129.1.0.0
　　　　　　　　网络号　　　　　主机号　　　　　　　　　　　　　　　网络号　　　　　主机号
A类地址(二进制)　00000001.00000000.00000000.00000000　　B类地址(二进制)　10000001.10000000.00000000.00000000

子网掩码(修改后)　11111111.11100000.00000000.00000000　　子网掩码(默认值)　11111111.11111111.11111110.00000000

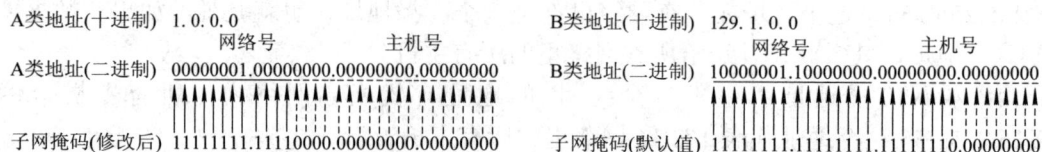

图 2.5.5　传统 IP 地址分类的子网掩码

综上所述，正是由于子网掩码的重要性，所以现在要正确地表达一个 IP 地址，必须写出该地址的子网掩码才算完整。

网络前缀也是一种表示 IP 地址网络号位置的方法，可以说是子网掩码的另外一种表示方法。例如，A 类地址 1.1.1.1 默认的网络前缀为 8，也就是说 1.1.1.1 这个地址的第一个八位为网络号，所以通常又会写成 1.1.1.1/8。

2.6　IPv6 简介

随着 IPv4 的地址资源日渐枯竭，IPv6 已经逐步投入使用。IPv6 在当初开发的时候称为 IPng——下一代的 IP 地址。IPv6 拥有取之不尽的地址资源、简化的报文结构和协议运行方式、更好的移动网络设备支持，而且考虑到全球尚有众多 IPv4 网络在运行，IPv6 还设计了多种灵活的过渡技术，可以预想，不久的将来 IPv6 将完全代替 IPv4。

由于 IPv6 是 128 位的二进制值，就算转换成十进制，仍然是一串很长的数字，所以 IPv6 使用了十六进制表示法，如 2031:0000:130F:0000:0000:09C1:886B:130A。通过第 1 章的学习可知，二进制转换成十六进制，就是 4 位二进制数转成 1 位十六进制数，所以上面就是一个 32 位的十六进制 IPv6 地址，每 4 位为一字段，每段用冒号分隔。这种表示法还支持简写，字段 0000 可简写为 0，连续的零字段可用两个冒号(::)表示，例如上面这个地址可简写为 2031:0:130F::09C1:886B:130A，这样原来 128 位的 IPv6 地址经过转换之后就简单多了。

由于 IPv6 的地址使用 128 位二进制值，相对于 32 位的 IPv4 地址来说，理论上拥有用不尽的地址资源，不用再担心地址分配问题，所以 IPv6 地址不再使用子网掩码，也不再使用像 IPv4 那样传统的 A、B、C 分类，而是使用新的分类方法，也就是分为单播、多播、任播三类地址。单播地址用于一对一的通信，可作为源地址和目的地址；多播地址用于一对多的通信，只能作为数据包的目的地址，类似于 IPv4 的组播地址；任播地址是 IPv6 一个创新的地址种类，用于一对一个组中的某个成员，任播地址也是标识一个任播组，也只能作为数据包的目的地址。当源主机向一个任播地址发送数据包时，只有标识为这个任播地址组里的某个成员能收到该数据包，通常是距离源主机最近的那个组成员。

Windows 系列操作系统从 Vista 版本就开始支持 IPv6，在现在常用的 Windows 10 操作系统里的本地连接属性里就可以找到 IPv6 地址的设置。现在越来越多的厂商都声称他们新推出的产品支持 IPv6。2011 年 6 月 8 日，Google 联合几大互联网服务提供商进行全球级别的 IPv6 测试，并把这一天命名为世界 IPv6 日。在我国，几大互联网运营商已经开始将自己的网络逐步升级至 IPv6，而 CERNET 更是早在 2004 年就开始建设纯 IPv6 的网络，并将其运用到 CERNET2 项目中。自 2010 年起，全球 IPv6 互联网高峰会议每年都在北京召开。从 2017 年 11 月我国发布《推进互联网协议第六版(IPv6)规模部署行动计划》以来，政府部门积极推动 IPv6 升级改造的落地实施。在网络基础设施方面，截止到 2019 年，我国三大 ISP 的骨干网络直联点全部完成了 IPv6 的升级；在网络应用方面，截至 2020 年 1 月，全国 91 家省部级政府网站有 79 家支持 IPv6，占比 87%，96 家中央企业门户网站有 86 家支持 IPv6，占比 89%；在产品方面，截止到 2019 年，市场上所有新申请进网的移动终端的出厂默认配置已支持 IPv4/IPv6 双栈；另外截至 2020 年 1 月，我国已申请了 47851 块(/32)IPv6 地址，位居世界第二。

2.7　常见问题

如何判断两个 IP 地址是否在同一个网络内？

这里以 IPv4 传统分类的地址来讨论。我们知道，在一个网络内通常一个 IP 地址代表一台主机，所以两台主机同在一个物理网络内，如果要实现互相访问，它们所配置的 IP 地址也必须在一个逻辑网络内。那么如何判断两个 IP 地址是否同在一个网络内呢？下面以 192.168.1.2/24 和 192.168.1.3/24 这两个地址为例。

(1) 确定两个 IP 地址的网络号数字。

可以看到第一个 IP 地址为 192.168.1.2/24，前缀为 24，是一个默认的 C 类地址，它的网络号数字为 192.168.1，同样第二个 IP 地址 192.168.1.3/24 的网络号数字也是 192.168.1。

(2) 比较两个 IP 地址的网络号数字是否完全一样。

经过第一步，可以看到两个 IP 地址的网络号数字是一样的，那它们就同属于一个逻辑网络，也意味着这两个 IP 地址同属于 192.168.1.0 网络，那么，配置这两个 IP 地址的主机就可以互相访问了。

再看一个例子，172.16.1.2/16 和 172.17.1.3/16 两个 IP 地址是否在同一个网络内？由于两个 IP 地址的前缀都是 16，那它们都属于默认的 B 类地址，按上述两个步骤判断第一个 IP 地址的网络号数字为 172.16，也就是说这个 IP 地址是在 172.16.0.0 网络里的，第二个 IP 地址的网络号数字是 172.17，也就是说它是在 172.17.0.0 网络里的，两个 IP 地址的网络号数字不一样，那么它们就不在同一个网络内，配置这两个 IP 地址的主机在默认情况下是不能互相访问的。

判断多个 IP 地址是否在同一网络内的方法与判断两个 IP 地址一样。

2.8　本章实训——Windows 10 操作系统 IP 地址的设置

下面介绍如何在 Windows 10 系统里设置 IPv4 地址和 DNS 地址。拟设置的 IP 地址为 192.168.1.100，子网掩码为 255.255.255.0，网关地址为 192.168.1.1，DNS 地址为 202.103.224.68。

(1) 用鼠标右键单击桌面上的标识为"网络"的图标→在弹出快捷菜单里选择"属性",打开"网络和共享中心"设置界面,在左边项目栏中选择"更改适配器设置",如图 2.8.1 所示。

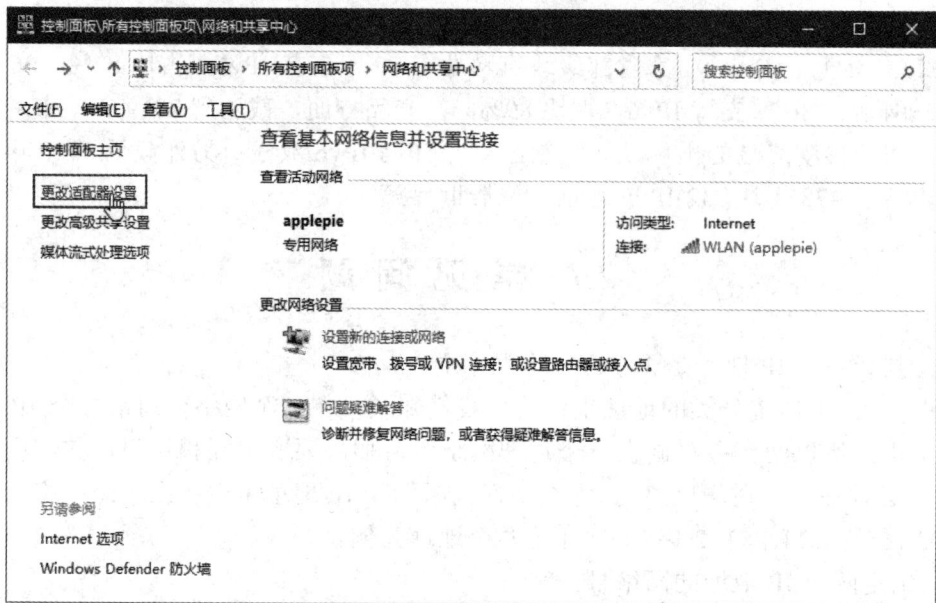

图 2.8.1　更改网络适配器设置

(2) 在接下来弹出的界面中,用鼠标右键单击"以太网"图标,选择"属性"→"网络"→"Internet 协议版本 4(TCP/IPv4)",单击"属性"按钮,如图 2.8.2 所示。

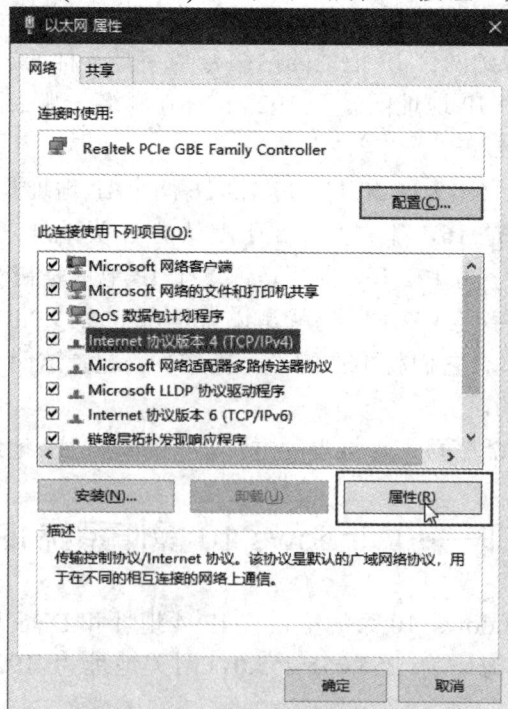

图 2.8.2　设置 TCP/IP 协议的属性

(3) 在 TCP/IPv4 属性界面选择"使用下面的 IP 地址"和"使用下面的 DNS 服务器地址"两项，按照上面提到的 IP 地址和 DNS 参数进行设置，如图 2.8.3 所示。最后单击"确定"按钮，设置完成。

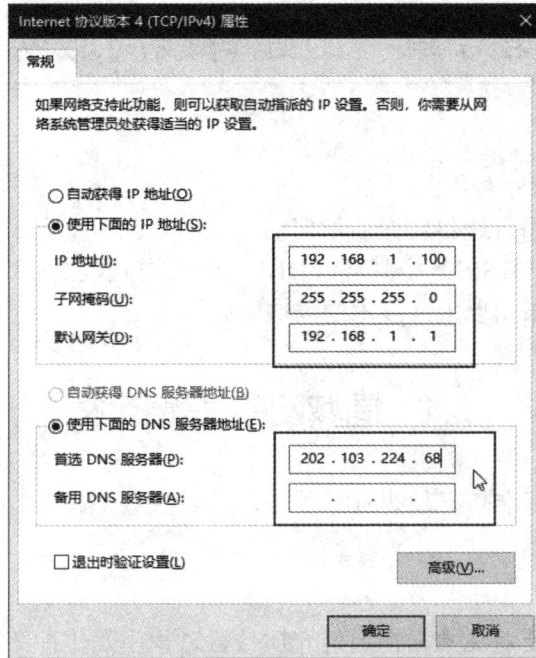

图 2.8.3　填入 IP 地址和 DNS 服务器地址

第3章 组建有线局域网

有线局域网就是使用有线传输介质组建的局域网。应用于有线局域网的技术和协议有 IEEE 802.4 令牌总线、IEEE 802.5 令牌环、FDDI 光纤分布式数据接口和 IEEE 802.3 以太网。本章介绍的是目前主流采用以太网技术的局域网。

3.1 局域网的关键技术

IEEE 802.3 以太网标准基于载波监听多路访问/冲突检测(CSMA/CD)、单播、广播、组播和双工模式等关键技术。

1. CSMA/CD

在网络通信中关键要避免数据在通信介质传输过程中发生冲突碰撞，导致数据发送失败。以太网使用的介质访问控制方法是 CSMA/CD 机制，其工作原理就是网络中有终端要发起通信，首先要监听网络信道是否空闲，如果检测到网络中有其他设备正在通信，也就是网络处于忙的状态，那该终端就会等待特定的时间后再尝试发送，如果发现网络是空闲的状态，终端就会开始发送数据，在发送过程中，终端继续保持对网络信道的监听。但即使这样还是会出现冲突的情况，比如同时有两台要发送数据的终端同时监听到信道空闲，于是同时发送数据，那么又会发生冲突。一旦出现这样的状况，两台终端检测到碰撞之后会向网络发出堵塞信号，确保网络中其他设备都获知网络正在堵塞，然后进入随机回退时间等待下次数据发送的机会。

2. 以太网的通信方式

1) 单播

单播是在网络中一台终端只向另一台终端发送数据的通信方式，是一种单对单的通信，只有一个发送方和一个接收方。单播是以太网主要的通信方式，如图 3.1.1 所示。

图 3.1.1 单播

2) 广播

广播是一台终端向同一网络中的其他所有终端发送数据的通信方式，如图 3.1.2 所示。网络中所有的终端除了发送方自身之外都会收到该数据帧，例如局域网中的 ARP 协议广播。

图 3.1.2　广播

3) 组播

组播是一台终端向网络中一组特定设备或终端发送数据的通信方式，是一种单对多的通信，如图 3.1.3 所示。例如视频点播就是组播常见的应用例子。

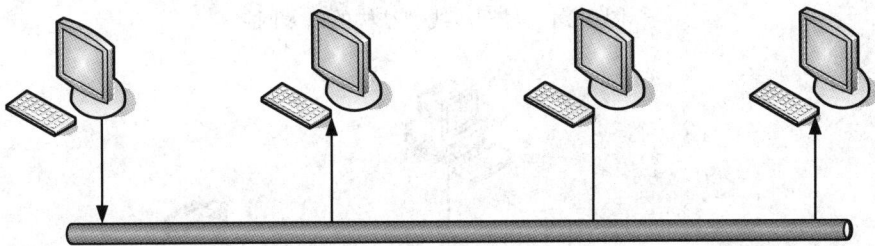

图 3.1.3　组播

3. 双工模式

以太网通信的双工模式有两种：半双工和全双工。

1) 半双工

半双工模式是一种单车道双方向的数据通信方式，也就是说同一时间数据的发送只能是单向的，数据发送和接收不能同时进行。在半双工模式下，以太网的通信受 CSMA/CD 机制制约。

2) 全双工

全双工模式是一种双车道双方向的数据通信方式，也就是说同一时间数据的发送是双向的，收发双方可以同时向对方发送和接收对方的数据。在全双工模式下，通信双方由于没有了收发冲突，所以不再受制于 CSMA/CD 机制。

3.2　以太网的种类

1. 传统以太网

早期的 IEEE 802.3 以太网标准 10Base-2、10Base-5 使用的传输介质是同轴电缆，网络结构采用总线型结构，如图 3.2.1 所示。后来 10Base-T 开始使用双绞线作为传输介质，并且开始使用以集线器作为网络中心的物理拓扑，但逻辑拓扑还是总线型结构，如图 3.2.2 所示。10Base-T 表示以太网使用的是基带传输，速度为 10 Mb/s，T 代表双绞线。10Base-T 的以太网是一种共享传输介质的网络，所有节点共享介质带宽，所以对介质的访问采用竞争方法，也就是 CSMA/CD 机制。

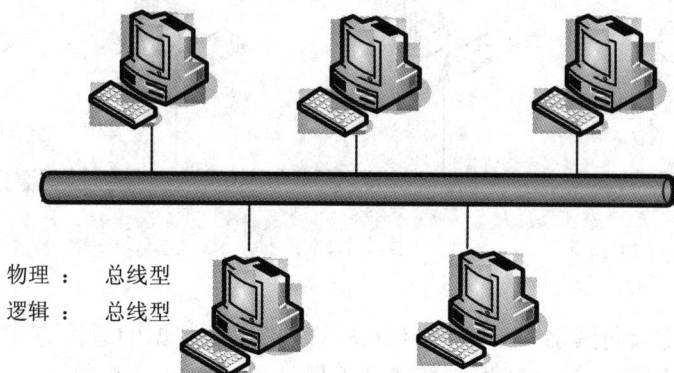

物理： 总线型
逻辑： 总线型

图 3.2.1　早期总线型结构的以太网

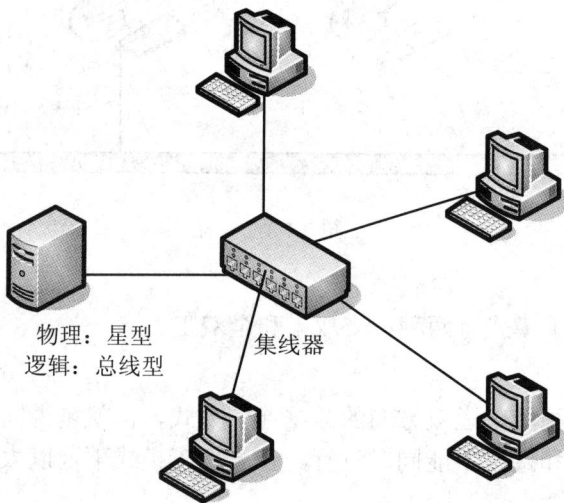

物理：星型
逻辑：总线型　　集线器

图 3.2.2　使用集线器的以太网

2. 快速以太网

当网络规模继续扩大时，越来越多的设备加入以太网，不仅降低了可用带宽，而且增加了冲突的概率，这时 100Base-TX 和 LAN 交换机的出现使得以太网的发展上了一个新的台阶。100Base-TX 也就是快速以太网，速度达到 100 Mb/s，使用 5 类以上的双绞线作传输介质。交换机替代集线器，使得网络性能大幅上升。

3. 千兆以上的以太网

网络发展至今，对传输速度的要求越来越高，进而催生了千兆、万兆以太网的技术，如 1000Base-TX、1000Base-SX、1000Base-LX、10GBase-LX 等。这些网络使用的传输介质要求是超 5 类以上的双绞线，更多的是采用光纤，也不再使用半双工模式。因此，使得以太网络的性能和速度都得到极大的提升，通常这类网络用在服务器集群的网络或者长途传输方面。

4.交换式以太网

使用交换机作为网络中心连接设备之后，不再像之前的集线器以太网，整个网络都处于一个大的冲突域内，共享介质带宽，交换机为每个节点提供介质的全部独享带宽，达到将网络微分段的目的，也就是冲突域不再是整个网络范围，而是缩小到每个交换机端口，使得网络传输实际上已不存在冲突。交换机还通过保存在内存里的 MAC 表记录每个节点所连接的端口，从而准确将数据帧发送到目的节点，代替了集线器的广播发送方法，使得传输效率大大提高。交换式以太网是真正的星型网络拓扑结构，如图 3.2.3 所示，这种结构可提高网络的可靠性。

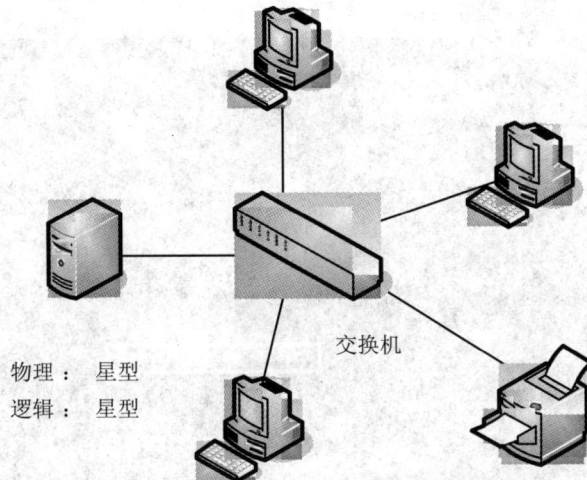

物理：星型
逻辑：星型

交换机

图 3.2.3　交换式以太网

3.3　MAC 地址和交换机的寻址过程

通过前面的学习，我们知道 IP 地址是 OSI 模型网络层的概念，用于不同网络之间传输数据时的路由寻址，而在局域网中传输数据通常还需要用到 OSI 数据链路层的地址，也就是 MAC 地址。局域网中每台设备使用 MAC 地址来标识，数据帧发送前将源节点和目的节点的地址封装进去，使得交换机能准确地为收发双方传输数据。MAC 地址结构如图 3.3.1 所示，它是一组 48 位二进制数值，通常表示为 12 位十六进制数的形式。为了保证网络中每台设备的 MAC 地址全球唯一，IEEE 制定了强制的分配规则，要求每个销售以太网设备的厂商都要向 IEEE 注册，然后由 IEEE 为厂商分配一个特定的 3 字节代码，作为这个厂商生产的以太网设备的 MAC 地址前面 24 位数值(6 位十六进制数字)，称为"组织唯一标识符(OUI)"，剩下 24 位数值(6 位十六进制数字)由厂商自行指定，但必须保证组织内唯一。

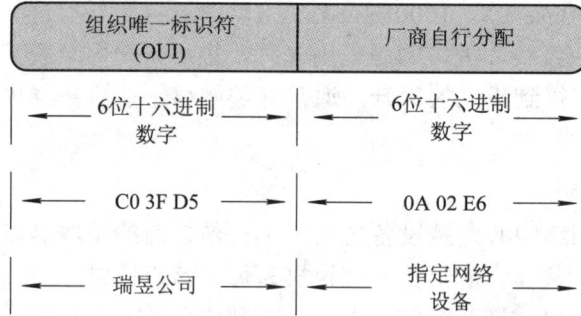

图 3.3.1　MAC 地址结构

区别于 IP 地址是由人为指定可以修改的逻辑地址，MAC 地址通常又称为物理地址，由厂商烧录进网卡的 ROM 芯片内，不可以更改。但是，可以在 Windows 10 命令行模式下输入 "ipconfig /all" 命令查看本机网卡的 MAC 地址，如图 3.3.2 所示。

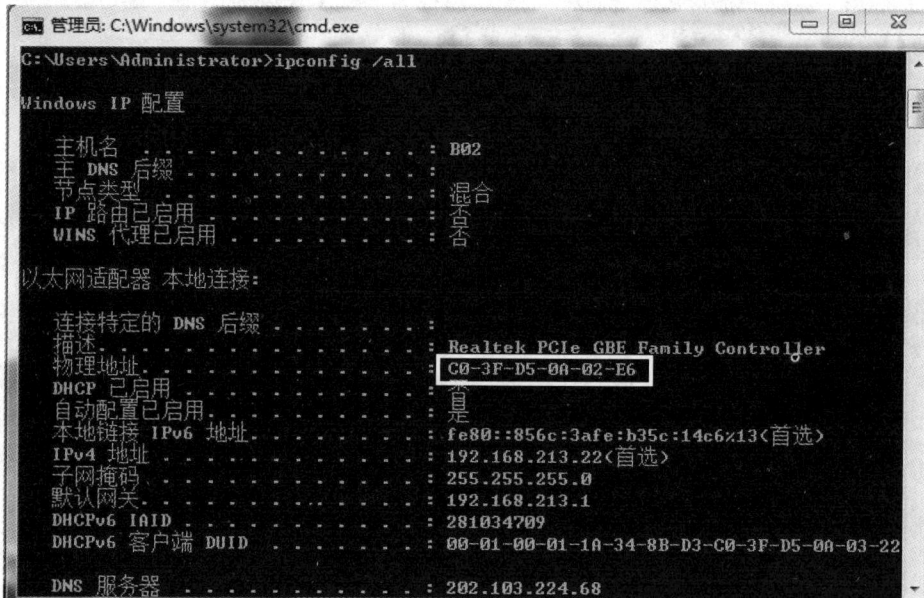

图 3.3.2　查看本机的 MAC 地址

下面介绍交换机如何使用 MAC 地址来完成局域网中的数据传输交换过程，也就是交换机的寻址过程。首先了解以太网的帧结构，如图 3.3.3 所示。交换机在接收到主机发过来的数据帧时，需要读取帧的目的地址和源地址这两个字段的内容才知道该数据帧要发送到哪里和来自哪里，而这两个字段正是使用 MAC 地址来填充的。帧结构的数据字段为网络层封装的数据，最后的帧校验字段为用于 CRC 冗余纠错的信息编码。

前导码	目的地址	源地址	类型	数据	帧校验

图 3.3.3　以太网帧结构

局域网有 A、B、C、D 四台 PC，分别连接中心交换机的四个端口，即 Fa0/1、Fa0/2、Fa0/3、Fa0/4，如图 3.3.4 所示。每台 PC 的 MAC 地址已标注在图上。这个局域网开始工作时，网络中的设备刚加电，交换机的 MAC 地址表是空的。

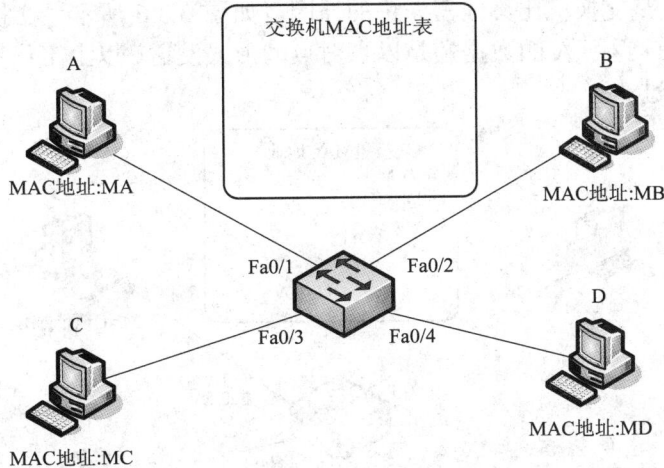

图 3.3.4　交换机的初始工作状态

此时 A 开始发送数据给 D，交换机从 Fa0/1 端口接收到了 A 发送过来的数据帧，检查该帧的源地址和目标地址字段的内容，对照自己的 MAC 地址表，发现没有关于 PC A 的表项，于是将 A 的 MAC 地址以及接收来自 A 的数据帧的端口 Fa0/1 记录下来。这个时候交换机也没有关于 D 的表项，所以只能将该数据帧以一种广播的方式(泛洪)向各个端口(Fa0/1除外)发送，如图 3.3.5 所示。

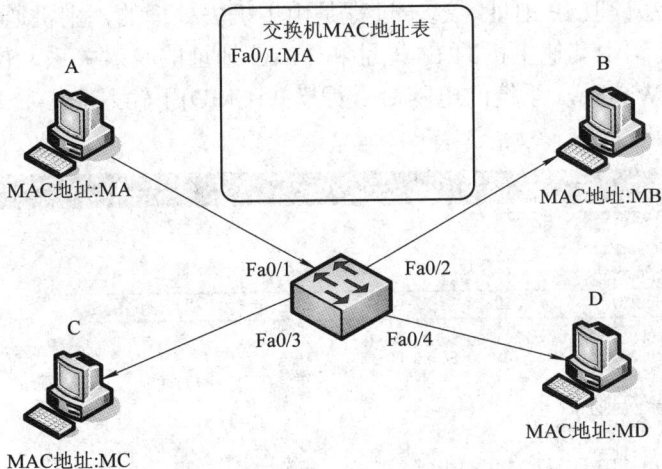

图 3.3.5　交换机记录了 A 的接口并将帧以泛洪方式发送出去

最终只有 D 响应 A 的访问请求，并反馈数据帧给 A，此时，当交换机收到来自 D 的响应数据帧之后，检查该帧的源地址和目标地址字段的内容，对照自己的 MAC 地址表，发现没有关于 D 的表项，于是将 D 的 MAC 地址及接收来自 D 的响应帧的端口 Fa0/4 记录下来，这个时候交换机的 MAC 表里已经存储有网络中 A 和 D 两台 PC 的 MAC 地址表项，这个过程称为交换机的学习过程，也称为交换机的 MAC 表填充过程。重复这个过程，交换机可以将网络内的所有主机的 MAC 地址及该主机连接的交换机端口记录下来，这样任意两台主机的数据传输就可以在对应两个端口之间，即交换机建立的独享的通道里直接点对点转发，不用再像集线器那样以泛洪方式向全网所有节点发送数据帧了(造成无关的信道经常被占用)，这正是交换机比集线器先进的原因。如图 3.3.6 所示，交换机已经知道了 A 所连的接口，所以 D 返回 A 的数据帧是以点对点的形式发送。以上工作步骤称为交换机对于数据帧的转发和过滤。

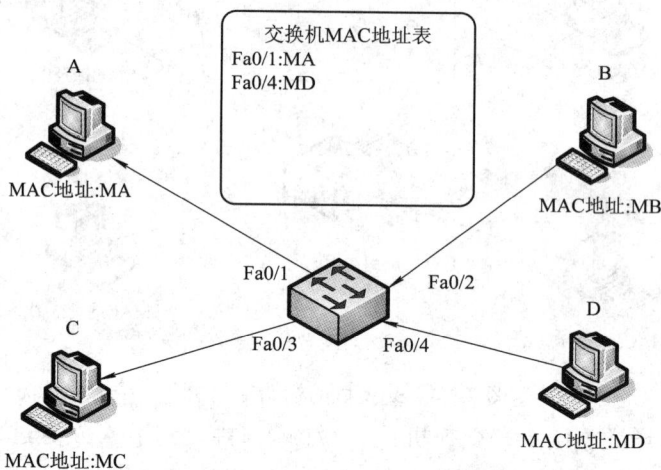

图 3.3.6　交换机记录了 D 的接口并将帧精准发送至 Fa0/1 接口给 A

在上述交换机转发数据的过程中，没有提到 IP 地址的寻址，因为传统的交换机都是二层(数据链路层)交换机，而 IP 地址属于第三层(网络层)的概念，所以交换机不会解封数据的第三层，也就无法读取 IP 地址。这一过程是由主机去处理的，主机通过 ARP 协议(本书第 2 章提及)建立网络中其他主机的 IP 地址和 MAC 地址的映射关系，保存在本地的 ARP 缓存表中，可以在 Windows 系统的电脑命令行模式(CMD)下输入 arp –a 命令查看。图 3.3.7 为本机的 ARP 缓存表内容。

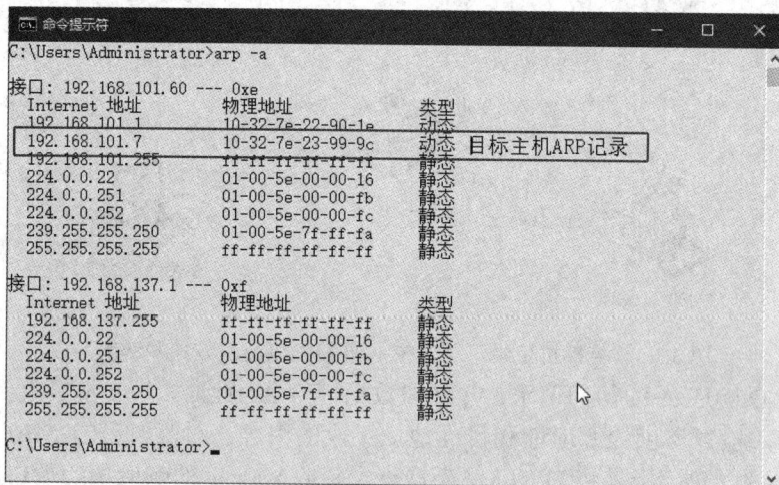

图 3.3.7　本机的 ARP 缓存表内容

当本机发送数据给目标主机 192.168.101.7 时，首先检查自己的 ARP 缓存表，找到 IP 地址 192.168.101.7 对应的 MAC 地址，然后在封装数据帧时将字段"目标地址"填入目标主机的 MAC 地址(10-32-7e-23-99-9c)，字段"源地址"填入本机的 MAC 地址，接下来由交换机进行转发。

3.4　组建有线局域网的设备

网络组建有两种模式：对等网和客户机/服务器网。对等网中所有联网的主机地位平等，它们互相共享资源，不存在专门的服务器，每台主机既可以作为服务器也可以作为客户机，资源比较分散，没有统一的权限管理。学生宿舍里的网络就是一个对等网的例子。客户机/服务器网相对于对等网来说就是网络中添加一台或多台专门的服务器，由服务器提供网络中的资源和服务，资源集中在服务器上，并且统一管理用户的认证和权限，而其他请求资源的主机称为客户机。本章以对等网为例组建有线局域网，客户机/服务器网大家可以在完成第 5 章的学习之后自行研究。对等网通常涉及的组网设备有主机(计算机)、交换机，传输介质采用超 5 类双绞线，如果要连接外网就需要增加路由器。

1. 网卡

计算机需要安装网卡才能连接网络，网卡又称为网络适配器，是提供设备与传输介质连接的接口。网卡分为普通的有线网卡(如图 3.4.1 所示)和无线网卡，早期网卡都是作为单独的网络配件，需另外购买配置，现在大多集成到了计算机的主板上，如图 3.4.2 所示。

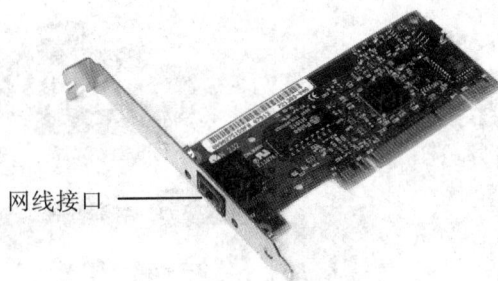

图 3.4.1　网卡

图 3.4.2　板载网卡芯片

2. 交换机

作为局域网的中心设备，交换机的重要性不言而喻。交换机按照外形来分有固定端口的交换机和模块化的交换机；按照所在的 OSI 模型层次来分，有二层、三层和四层交换机。本章实训使用的就是二层交换机，也是端口数量固定的交换机。前面已经提到过交换机与集线器的区别，集线器可以说是已经淘汰的设备，目前都是使用交换机来组网。交换机拥有一条背部总线和内部交换矩阵。交换机的所有端口都挂接在背部总线上，内部交换矩阵负责将数据包进行高速转发，交换机的性能通常用交换容量和包转发率这两个指标来衡量，要获得全双工无阻塞交换机，其标称的交换容量应该大于或等于

交换机的所有端口数量总和 × 端口速度 × 2(全双工)

三层交换机要达到数据包的线速转发，交换机标称的包转发率应该大于或等于

千兆端口数量 × 参数 1.488 Mb/s + 百兆端口数量 × 参数 0.1488 Mb/s

关于这两个参数的计算有兴趣的读者可自行查找。

对应网络设计的分层(相关内容在第 8 章介绍)，交换机产品也有相应定位，接入层交换机主要是提供足够的端口数量来连接各种终端和基于二层的 VLAN 划分，汇聚层交换机提供高转发速率和实现网络冗余，核心层交换机要求的设备性能最高，需要提供极高的三层路由转发速率、QoS 保障、链路聚合等。图 3.4.3 为思科公司的交换机产品定位。

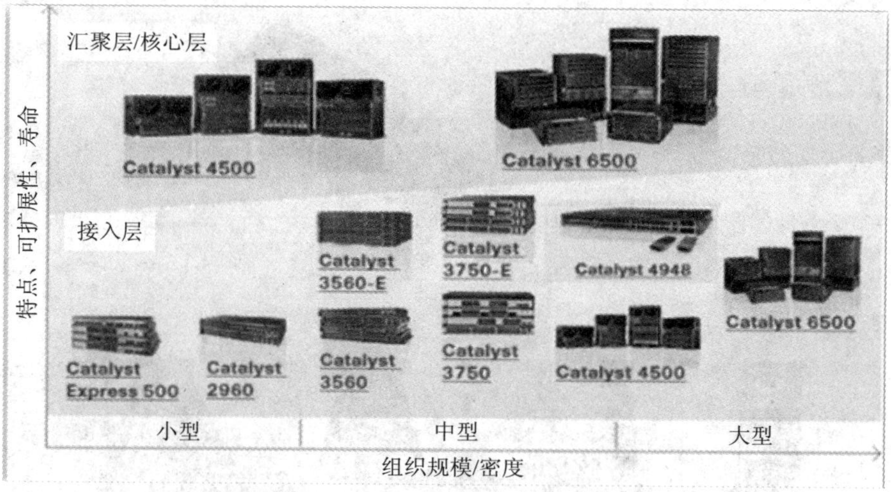

图 3.4.3　思科公司交换机产品定位

路由器严格来说不是局域网的设备，而超 5 类双绞线已经在本书第 1 章中介绍过了，这里不再赘述。

3.5　本章实训——有线局域网的组建和网络邻居共享

1. 目的要求

(1) 掌握有线局域网(星型结构)的组建。

(2) 了解 IP 地址和子网掩码的作用，能够正确设置网卡的 IP 地址和子网掩码。

(3) 掌握 ping 和 ipconfig 命令的使用。

(4) 设置家庭组和共享文件夹。

2. 实训设备和步骤

实训设备主要有 PC(安装 Windows 10)、交换机、网线等。实训网络拓扑图如图 3.5.1 所示。

实训步骤如下:

(1) 使用第 1 章实训制作的网线,按上面拓扑图组建一个小局域网。

(2) 将两台 PC 的 IP 地址设置在同一个网段,192.168.0.1 子网掩码是 255.255.255.0,192.168.0.2 子网掩码是 255.255.255.0,设置 IP 地址的方法参考第 2 章的实训。

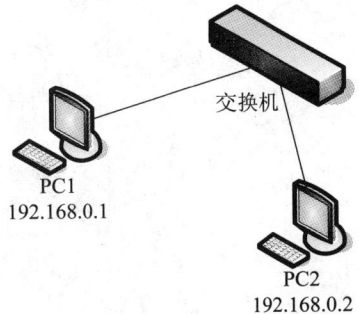

图 3.5.1　本实训网络拓扑图

(3) 在 PC2(IP 地址为 192.168.0.2)的"开始"菜单的命令框中输入命令"cmd",打开命令窗口,输入命令"ipconfig"查看自己的 IP 地址,然后继续输入命令"ping　192.168.0.1"(PC1 的 IP 地址)。此命令的功能是判断 PC2 到指定主机 PC1 的网络连接是否正常,如果出现如图 3.5.2 所示的界面,则表示连接正常,否则表示网络有问题。同样 PC1 也可以向 PC2 发起 ping 测试。

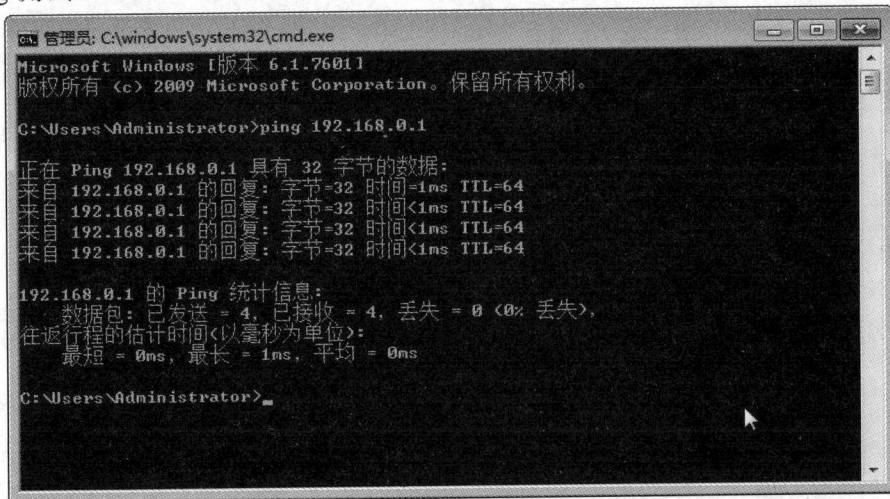

图 3.5.2　用 ping 命令测试网络连通性

(4) Windows 10 的网上邻居共享摒弃了以往 Windows 7 基于家庭组的复杂操作,恢复到简单基于权限的直接开放共享,其操作步骤如下:

① 在 PC1 任意分区下建立一个拟开放共享的文件夹,例如在 D 盘下建立 test 文件夹,复制任意文件至该文件夹,然后选中该文件夹,单击鼠标右键,在弹出的快捷菜单中单击"属性",接着在弹出的 test 文件夹的属性界面框中单击"共享"选项卡,如图 3.5.3 所示。

② 单击"共享"选项卡中的"共享"按钮,打开 test 文件夹的网络访问权限设置对话框。首先在共享用户里填入"everyone",单击"添加"按钮,将 everyone(所有人)用户添加为本文件夹允许访问用户,权限为"读取",如图 3.5.4 所示。接着单击下面的"共享"按钮,完成 test 文件夹的共享设置。

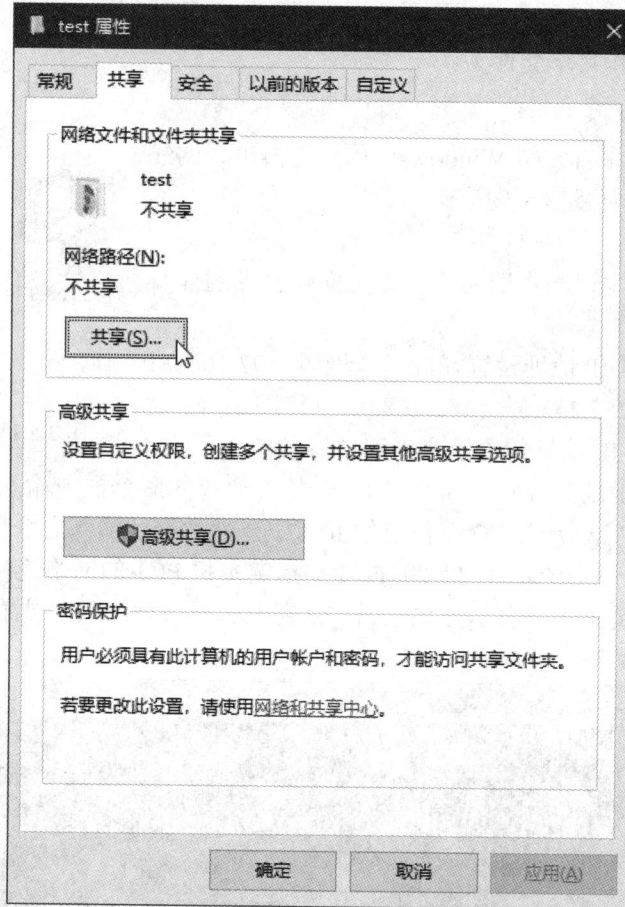

图 3.5.3　文件夹的"共享"选项卡

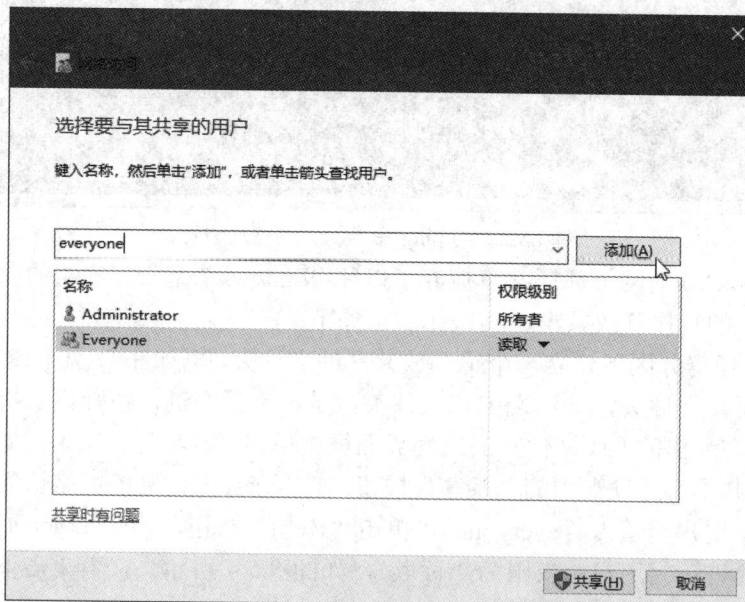

图 3.5.4　PC1 的 test 文件夹共享设置

③ 现在 PC2 可以访问 PC1 的 test 共享文件夹了，双击 PC2 桌面的"网络"图标，在"网络"窗口界面上双击 PC1，或者在地址栏输入"\\192.168.0.1"，即可访问 PC1 的 test 文件夹，如图 3.5.5 所示。此时可以像使用本机文件夹一样浏览和拷贝对方共享文件夹里面的内容，同样，PC2 也可以让 PC1 来访问它的共享文件。以上设置共享文件夹的方法可在局域网中灵活运用，比使用 U 盘来拷贝文件更方便，因为共享文件夹是开放给所有人(everyone)的，所以只提供"读取"权限，还有其他高级共享设置请有需要的读者自行研究。

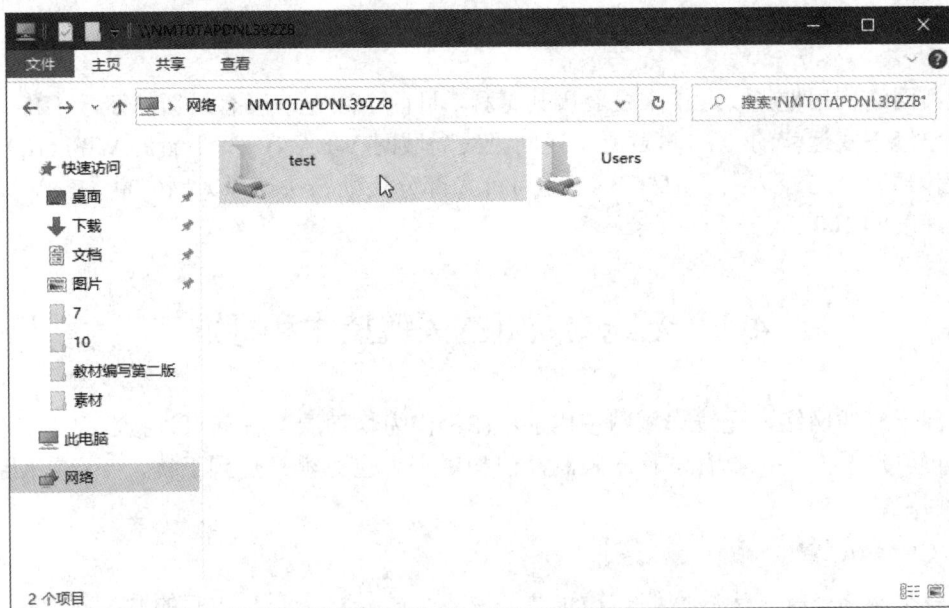

图 3.5.5　通过网络访问对方共享的文件夹

第 4 章　组建无线局域网

无线网络应用便捷，近年来发展极其迅猛，目前个人无线网有最新的蓝牙 5.1，无线广域网有已经正式运营的 5G。本章所讲述的无线局域网(WLAN)，其最新的 WiFi 6(802.11ax)的理论传输速度已经达到了 10 Gb/s，是目前大部分还处在快速以太网(100 Mb/s)阶段的有线网络速度的 100 倍。

4.1　无线局域网的关键技术和标准

不同于有线网络，无线局域网使用射频(RF)作为物理层，任何可以接收到射频信号的地方都可以连接网络，没有位置的限制，但相对来说也更容易受到干扰，并存在网络接入的安全问题。

1. CSMA/CA

和有线网络一样，无线网络传输也要解决各个站点对于介质访问的冲突问题。同样，无线局域网也采用竞争访问机制，但与以太网的 CSMA/CD 有点不同，无线局域网采用的是 CSMA/CA，也称为载波监听多路访问/冲突避免。对于无线设备来说，难以做到一边发送数据一边接收数据，所以在某个站点向其他站点发送数据之前先要发送请求传送报文，等待对方收到该报文之后发送一个确认传送的报文，才可以发送数据给对方，而周围的站点监听到这一来一回的请求和确认报文之后，获知这两个站点之间正在传送数据，就不会要求这两个站点进行发送数据的操作，这样便可以避免冲突。

2. 无线安全

相对于有线网络来说，无线网络的安全问题尤其凸显，因为只要黑客的设备能接收到空中的射频信号，就有可能对无线网络进行入侵。WLAN 的安全协议经历了早期并不严谨的 WEP，到 WPA 开始引入严格的身份验证和通信加密，到后来基于 AES 加密协议的 WPA2，再发展到今天的 WPA3，WiFi 的通信安全得到了进一步保障。相对于旧的安全标准，WPA3 带来了三个方面的提升：

(1) WPA3 的密码算法提升至 192 位的 CNSA 等级算法，与之前的 128 位加密算法相比，增加了字典法暴力密码破解的难度，并使用新的握手(SAE 握手)重传方法取代 WPA2 的四次握手。Wi-Fi 联盟将其描述为"192 位安全套件"，该套件与美国国家安全系统委员会的国家商用安全算法(CNSA)套件相兼容，将进一步保护政府、国防和工业等更高安全要求的 WiFi 网络。

(2) 在接入开放性无线网络时(如无密码的咖啡厅 WiFi)，通过个性化数据加密增强用户隐私的安全性，对每个设备与路由器或接入点之间的连接进行加密，确保设备与AP/WiFi 路由器之间的通道安全，数据不会被黑客截取，令公共 WiFi 的安全程度跟家庭网络一样。

(3) WPA3 也提供了防护暴力破解的机制。暴力破解意味着黑客会通过工具以及密码本尝试持续攻击 WiFi 网络，直到猜中密码为止。在新的机制下，当黑客不断猜错密码时就会被网络封锁。

3. WiFi 标准的发展历史

IEEE 802.11 工作组从 1997 年发布第一个无线标准 802.11 至今，已经推出一系列无线局域网标准，这些标准定义了如何使用免授权的工业、科学和医疗频段的射频(2.4 GHz 和5 GHz)作为无线链路的物理层和 MAC 子层。

(1) IEEE 802.11：第一版无线局域网标准，使用 2.4 GHz 频段，数据传输速率为2 Mb/s，由于当时的有线局域网速度普遍已达到 10 Mb/s，所以该标准实际上并没有应用起来。

(2) IEEE 802.11b：在第一版标准问世两年之后推出，同样是采用 2.4 GHz 频段，但无线数据传输速率达到了 11 Mb/s，这个标准使得无线局域网技术进入正式商用阶段。当年我国运营商开始大范围铺设城市无线接入热点使用的就是这个标准的设备。

(3) IEEE 802.11a：因为 IEEE 802.11b 速度较慢，所以 IEEE 很快就推出了 802.11a，其采用的是 5 GHz 频段，速度达到 54 Mb/s，可是由于 5 GHz 频率的信号传输距离较短而且穿透能力较低，无法与 802.11b 兼容，所以导致该标准无法推广开来，于是又有了 802.11g标准。

(4) IEEE 802.11g：兼容 802.11b，工作在 2.4 GHz 频段，使用 DSSS(直接序列扩频)和OFDM(正交频分复用)技术使得无线数据传输速率达到了 54 Mb/s，在 2010 年之前是主流的无线局域网技术。

(5) IEEE 802.11n：该标准 2004 年已经开始起草，2010 年之后产品开始在市面出现，并逐渐替代 IEEE 802.11g。目前该标准可同时工作在 2.4 GHz 和 5 GHz 两个频段，并兼容802.11a/b/g。采用前述各标准的设备可以接入 802.11n 网络，但会造成网络的整体速度被拖慢。由于该标准革命性地采用了 MIMO(多路输入/多路输出)技术，支持多天线，使得无线传输速度达到甚至超越快速以太网的水平。也正是因为 802.11n 标准优秀的表现，WLAN 技术获得空前广泛的应用，WiFi 一词深入人心，未来在终端方面甚至有可能完全替代有线网络。

(6) IEEE 802.11ac：目前 802.11ac 标准的产品正在慢慢退出市场，但是因为该标准提供的无线网络平均速度可以达到 1 Gb/s，按现在的网络情况来说还是相当快的，所以在未来两年内还会占据一定的市场份额。802.11ac 相对于上一代标准具有更宽的射频信道带宽(提升至 160 MHz)、更多的 MIMO 空间流(比特位数增加到 8)、多用户的 MIMO(MU-MIMO)，采用了更高密度的调制模式，将调制阶数从 802.11n 中的 64 阶提高到了 256 阶(256-QAM)，使得每个子载波的数据比特位数从 6 提升到 8，还有更加智能的天线技术。各种先进的技术使得 802.11ac 理论速度可以达到 3.5 Gb/s，但限于成本，市面上生产的 802.11ac 设备通常只能达到 1 Gb/s。802.11ac 还有一个优势是专门为 5 GHz 频段设计的，相对于 2.4 GHz

频段，受到的干扰更少。但是由于 5 GHz 频段的穿透能力和覆盖范围都较 2.4 GHz 要差，所以为了兼顾无线速度和良好的信号覆盖，同时还要兼容旧的 2.4 GHz 设备，市面上大部分标识为 WiFi 5 的宽带路由器都支持双频，也就是同时支持两个标准，即 802.11ac 和 802.11n。如图 4.1.1 所示的华硕双频路由器，其天线同时发射双频段信号，5 GHz 频段用于 802.11ac 标准，2.4 GHz 频段用于 802.11n 标准，型号 RT 代表路由器(Router)，AC 代表产品无线标准最高支持 802.11ac，1900 即产品提供的无线传输总速率为 1900 Mb/s，其中 2.4 GHz 频段无线信道速率为 600 Mb/s，5 GHz 频段无线信道速率为 1300 Mb/s。

图 4.1.1　华硕 WiFi 5 宽带路由器代表产品 RT-AC1900P

(7) IEEE 802.11ax：这就是现在所说的 WiFi 6(第六代无线局域网技术)，自此 WLAN 技术标准的公开名称不再沿用之前的专业名称，而是采用简化名称，于是前面几个标准的名称也循例改成 WiFi 5(802.11ac)、WiFi 4(802.11n)等。目前 WiFi 6 标准的产品已经成为市场的主流，相比于上一代 802.11ac 的 WiFi 5，WiFi 6 最大传输速率由前者的 3.5 Gb/s，提升到了 9.6 Gb/s，无线传输速率提升了近 3 倍。当然，这是理想情况下的速率最大值，实际速率取决于空间数据流数量及无线信号的信道占用数量，在复杂的日常生活环境下实测 WiFi 6 的平均无线传输速率在 3 Gb/s 左右，相对于 WiFi 5 来说提升是十分明显的。WiFi 6 吸取了 WiFi 5 的教训，回归到和 WiFi 4 一样同时工作在 2.4 GIIz 和 5 GIIz 两个频段，解决了 WiFi 5 覆盖率不佳的问题。在调制模式方面，WiFi 6 支持 1024-QAM，高于 WiFi 5 的 256-QAM，数据容量更高，即数据传输速度更快，最多可支持的空间数据流由 WiFi 5 的 4 条提升至 8 条，也就是可最大支持 8×8 MU-MIMO，无论上行还是下行都可以使用 8 条空间数据流，进一步提高了无线网络的带宽利用率。此外，WiFi 6 借鉴了蜂窝电话网络的 OFDMA 技术，支持多个用户在同一信道同时并行传输(如图 4.1.2 所示)，有效地提升了传输效率并降低了延时，从而支持更多的设备同时高速上网，却不会出现卡顿问题。

WiFi 6 采用 WPA 3 安全协议，它是目前广泛使用的 WPA 2 协议的升级版本，安全性得到进一步提升，可以更好地阻止强力攻击、暴力破解等。

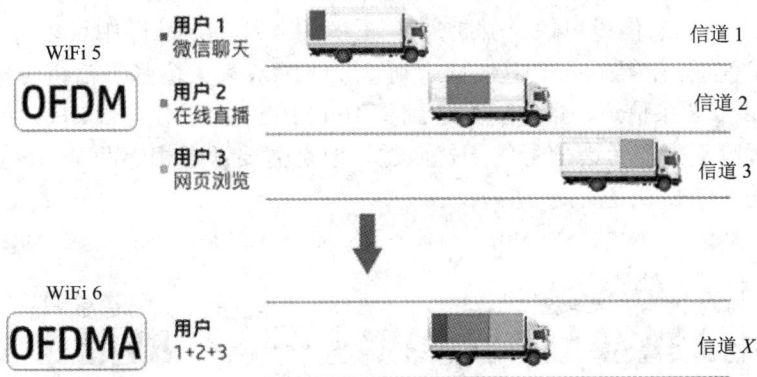

图 4.1.2　WiFi 6 一个信道可同时传输多个用户数据

WiFi 6 引入了 TWT(TARget Wake Time)技术，允许设备与无线路由器之间主动规划通信时间，减少无线网络天线使用及信号搜索时间，也就是能够在一定程度上减少电量消耗，提升设备的续航时间。

表 4-1 给出了 IEEE 802.11 各种商用无线标准的参数比较。

表 4-1　IEEE802.11 无线标准比较

参数	802.11b	802.11g	802.11n	802.11ac	802.11ax
频段	2.4 GHz	2.4 GHz	2.4 GHz 和 5 GHz	5 GHz	2.4 GHz 和 5 GHz
速度	11 Mb/s	54 Mb/s	600 Mb/s	1 Gb/s	3 Gb/s
调制	DSSS	DSSS、OFDM	MIMO-OFDM	MU-MIMO、256-QAM	8×8 MU-MIMO、1024-QAM

(8) 2.4 GHz 频段的信道分配：IEEE 802.11 标准对 2.4 GHz 频段制订的信道化方案，将 2.4～2.483 GHz 之间的频宽分为 14 个信道(常用的只有 13 个)，每个信道带宽为 22 MHz，相邻信道之间存在重叠，实际总带宽只有 83 MHz，这也是为什么采用 2.4 GHz 频段的 WiFi 标准的无线网络速度都不够快的原因，如图 4.1.3 所示。从图中可以看出只有第 1 信道、第 6 信道和第 11 信道之间没有覆盖，所以在配置无线 AP(宽带路由器)时，需要将相邻 AP 所使用的 2.4 GHz 信道错开，否则会造成相互干扰，同时也需要经常更换信道调试以达到理想的无线传输效果。

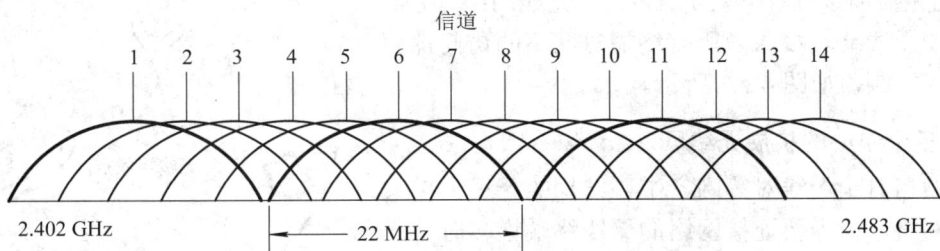

图 4.1.3　2.4 GHz 频段的信道

(9) 5 GHz 频段的信道分配：5 GHz 频谱的范围为 4.910～5.875 GHz，有 900 多兆的带

宽，是 2.4 GHz 频段的 10 倍。IEEE 802.11 标准将 5 GHz 频段划分为 181 个信道，每个信道带宽为 20 MHz，相邻信道可以合并扩展，如图 4.1.4 所示。从图中可以看出 WiFi 5 通常合并相邻的 4 条信道，使得单条信道带宽达到了 80 MHz，大大增强了信道传输信号的能力，而 WiFi 6 则合并了 8 条信道，带宽更是达到了 160 MHz。由于使用 5 GHz 频段的其他设备较少，所以该频段不需要考虑信号的干扰问题，但是需要考虑相邻两个 AP(宽带路由器)之间应设置不同的 5 GHz 信道。

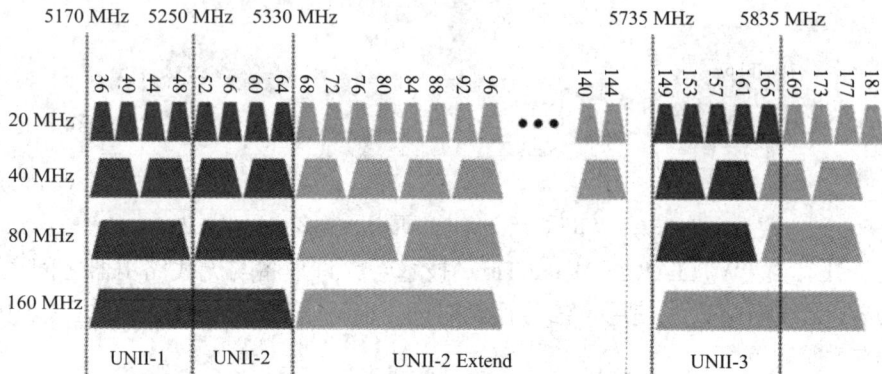

图 4.1.4　5 GHz 频段的信道分布图

4.2　无线网络拓扑

无线网络拓扑结构通常有三种：无线对等网、中心结构的无线网和多个中心的扩展无线网。

1. 无线对等网

无线对等网也称为 Ad-Hoc 网络，在没有无线接入点的情况下，无线终端之间互相连接，先由其中一台终端建立 Ad-Hoc 网络，其他无线终端接入，这是一种基于无线的对等拓扑，如图 4.2.1 所示。

图 4.2.1　无线对等网

2. 中心结构的无线网

中心结构的无线网也称为中心模式(Infrastructure Mode)的无线网，由一个无线 AP 建立无线网络，提供给周边的无线终端接入，所有终端对网络的访问都由中心站点控制，如图 4.2.2 所示。

3. 多个中心的扩展无线网

虽然相对于无线对等网，中心结构的无线网扩大了无线网络，但当要连接网络的无线终端增多时，一个中心站点的接入性能和覆盖范围往往都不够，这时我们需要增加多个无线 AP 来扩展无线网络，形成多个中心的蜂窝分布式的无线系统，如图 4.2.3 所示。不

图 4.2.2　中心结构的无线网

同 AP 可以使用统一的 SSID(无线网络标识符)或者不同的 SSID，也可以支持无线终端在相邻 AP 之间漫游。

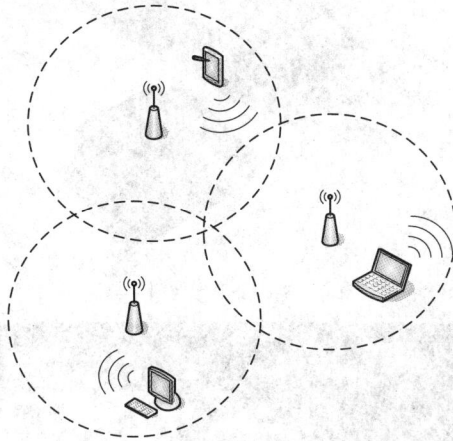

图 4.2.3　多个中心的扩展无线网

4.3　无线局域网的组建硬件

1. 无线网卡

就像有线网卡一样，无线网卡(无线网络适配器)提供对网络的连接，只是使用的是无线电波。无线网卡安装在终端设备上，使设备具有接入无线网络的能力。通常视安装的终端设备不同，无线网卡可分成三类：安装在笔记本电脑上的 PCMCIA 无线网卡(如图 4.3.1所示)、安装在普通 PC 上的 PCI 无线网卡(如图 4.3.2 所示)和 USB 无线网卡(如图 4.3.3 所示)。而自从迅驰技术出现之后，现在笔记本电脑的无线网卡都做成模块安装在主板上了，不需要再外插独立的无线网卡，如图 4.3.4 所示。

天线

图 4.3.1　PCMCIA 无线网卡　　　　　图 4.3.2　安装在台式机上的 PCI 无线网卡

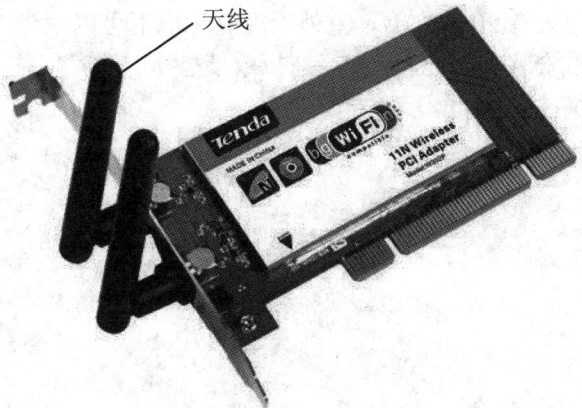

图 4.3.3　USB 无线网卡

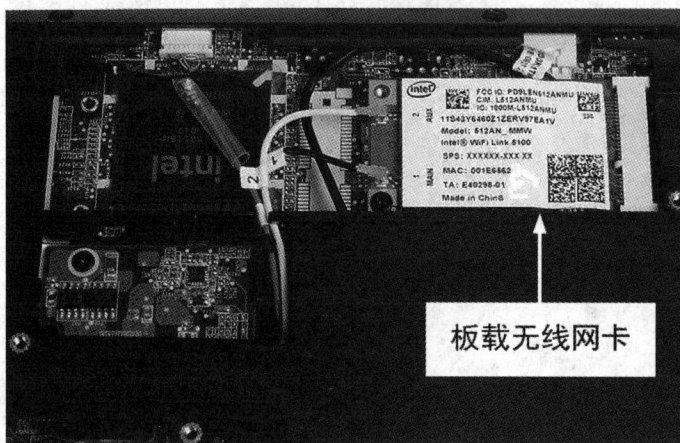

图 4.3.4　联想 Y450 笔记本电脑的无线网卡模块

2. 无线接入点

　　无线接入点也称为无线 AP，是第二层设备，在无线网络中充当中心站点，相当于无线集线器，也是无线终端访问有线网络的接入点，所以无线 AP 需要级联到有线网络上。图 4.3.5 所示为华为 AP3010 DN-AGN 企业级无线 AP。无线 AP 的射频信号覆盖距离通常在室内只有 20 m 左右，室外无阻隔环境下可以达到 70 m。为保证无线信号的覆盖效果，AP 通常安装在高处，例如天花板或墙壁上，这时往往需要级联的上层交换机端口具有 POE(端口供电)功能。

图 4.3.5　华为 AP3010 DN-AGN 企业级无线 AP

3. 无线宽带路由器

无线宽带路由器是无线 AP 和宽带路由器结合的二合一的家用产品，如图 4.3.6 所示，既可以提供无线接入功能又可以进行宽带拨号上网，实现无线和有线终端共享上网。

图 4.3.6　无线宽带路由器

4. 无线网桥

无线网桥如图 4.3.7 所示，适用于传输距离大于 100 m 的室外环境，桥接两栋建筑物内的网络，但为了达到更好的连接效果，两栋建筑物最好是相互可视的，中间无阻挡物。无线网桥采用定向天线，可以工作在点对点、点对多点和中继模式，所以一般成对使用。

图 4.3.7　无线网桥

4.4　常见问题

WLAN 和 WiFi 是同一个概念吗？

WiFi 这个概念源自 Wi-Fi 联盟，是一个致力于促进高速无线局域网技术发展和应用的全球性非营利工业协会，成立最初是为了推动 802.11b 标准的制定，所以其后续工作一直是推动 802.11 系列标准的制定和产品的市场化。虽然 WiFi 具体协议由 IEEE 撰写，但产品的认证由 Wi-Fi 联盟负责，经过 Wi-Fi 联盟兼容性测试的产品符合 802.11 系列标准的网络规范，并打上 WiFi 标志，如图 4.4.1 所示。

图 4.4.1　WiFi 认证商标

　　WLAN 是指无线局域网，是个范围比较大的概念，除了 IEEE 802.11 系列的标准外，还有欧洲的 HipeLAN 和美国几家公司提出的 HomeRF，所以说 WiFi 只是 WLAN 的部分标准，但由于 IEEE 802.11 系列标准一直是市场主流，所以我们往往将两个概念等同了。

4.5　本 章 实 训

4.5.1　组建无线对等局域网

1．目的要求

(1) 掌握无线网卡的安装和配置。

(2) 掌握没有无线接入点(AP)的情况下(AD-HOC)，如何通过无线网卡进行移动设备的互联。

2．实训设备

　　本实训所需设备：2～5 台 PC(带无线网卡)，安装 Windows 10 操作系统。图 4.5.1 为本实训的网络拓扑图，最多支持 5 台 PC 互联。

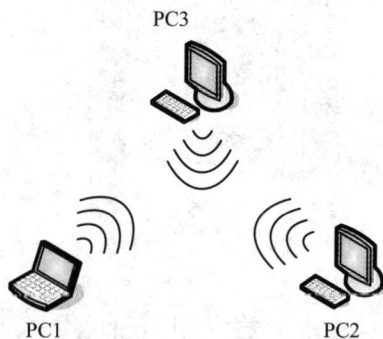

图 4.5.1　AD-HOC 网络拓扑图

3．方法步骤

　　实训思路：先使用其中一台无线 PC 建立一个无线网络，配置 SSID，然后其他无线 PC 扫描到其所设置的无线网络，进行连接组网。

(1) 所有的 PC 均安装好无线网卡及其驱动。

(2) PC1 充当临时无线中心，先配置无线网卡的 IP，设定为"192.168.123.1"，那么其他要连接的无线 PC 的 IP 也必须设置在同一个网段。在 PC1 中打开"控制面板"→"网络和 Internet"→"网络连接"，选择"无线网络连接"，如图 4.5.2 所示。单击鼠标右键，在弹出的快捷菜单里选择"属性"项目，在弹出的对话框中双击"Internet 协议版本 4(TCP/IPv4)"，设置无线网卡的 IP，如图 4.5.3 所示。

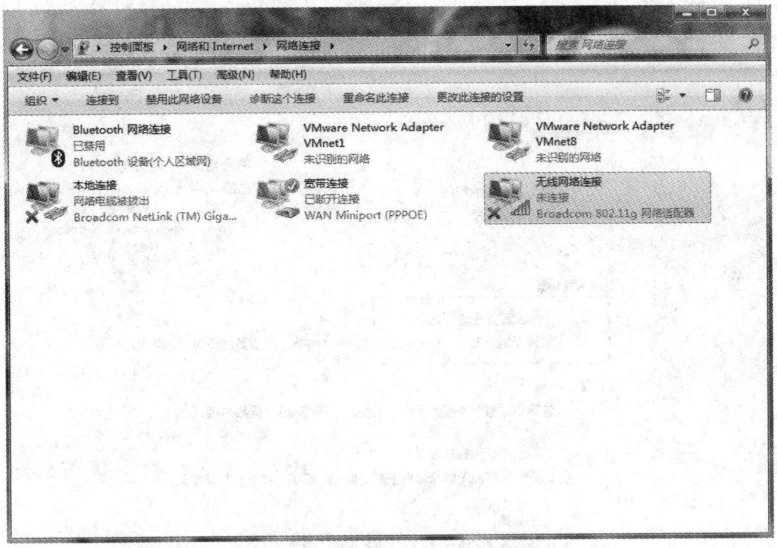

图 4.5.2　选择"无线网络连接"

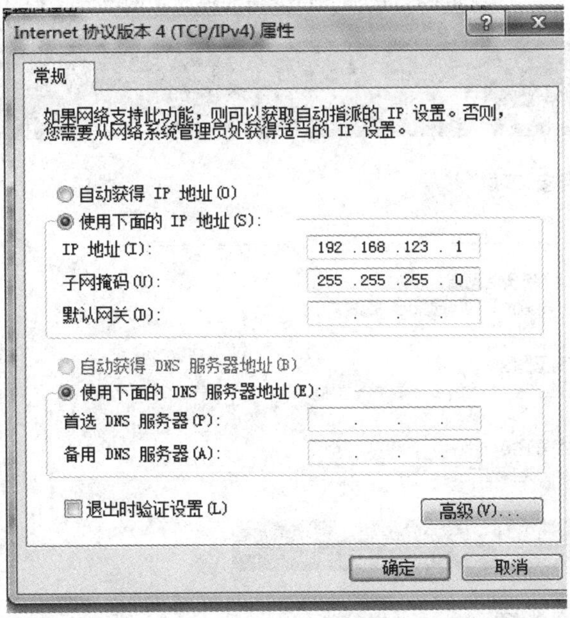

图 4.5.3　设置无线网卡的 IP 地址

(3) 通过 PC1 建立一个无线网络，回到"网络和共享中心"，单击"设置新的连接或网络"，如图 4.5.4 所示，在弹出的对话框中选择"设置无线临时(计算机到计算机)网络"，如图 4.5.5 所示。然后单击"下一步"按钮，设置所建立无线网络的 SSID 和密码，如图 4.5.6 所示。再单击"下一步"按钮，至此，通过 PC1 架设的临时无线网络中心已经就绪，接下来进行其他无线网络 PC 的连接设置。

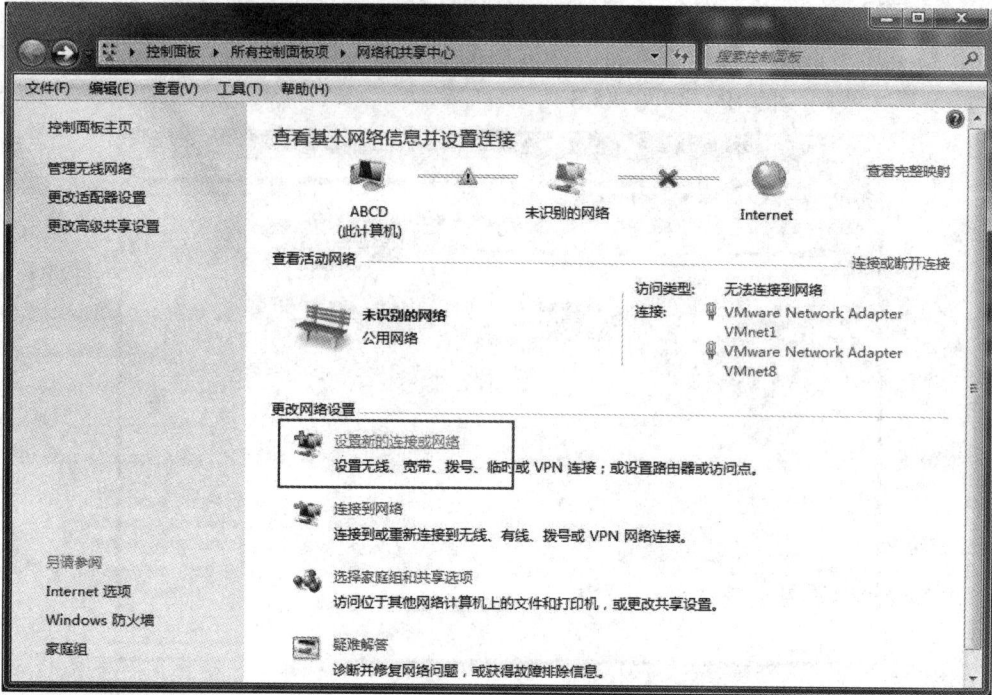

图 4.5.4 选择"设置新的连接和网络"

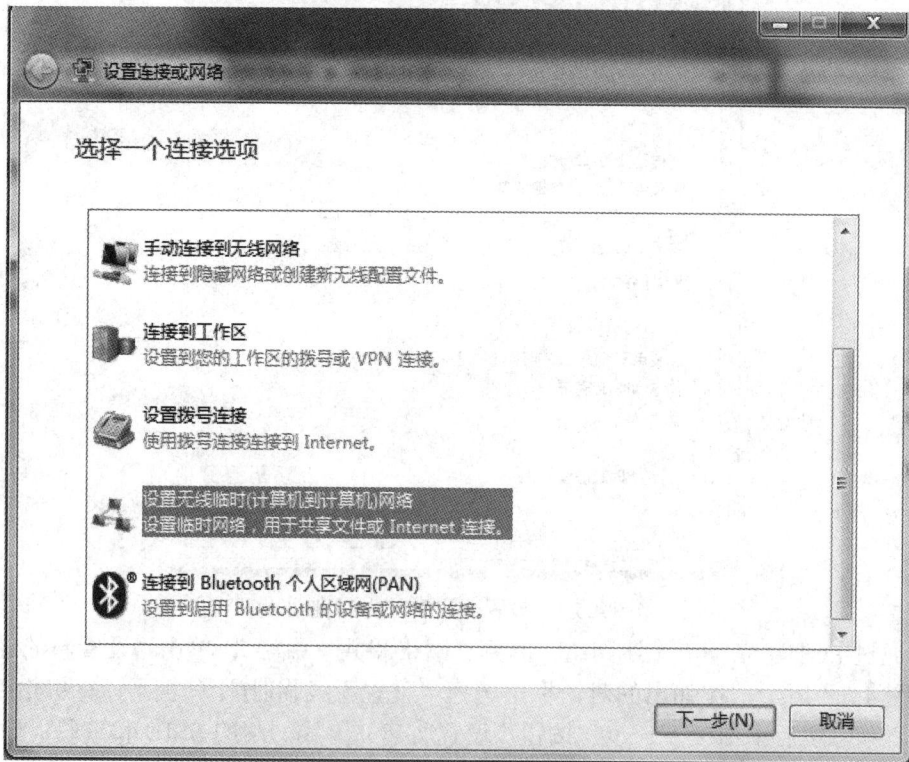

图 4.5.5 设置无线临时网络

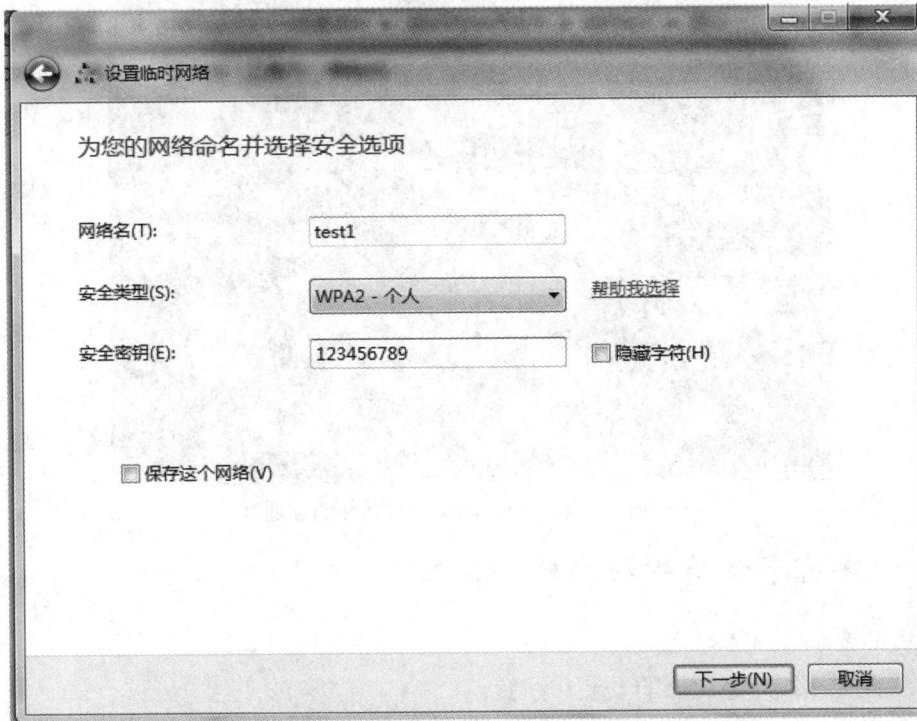

图 4.5.6　设置无线临时网络的 SSID 名称和连接密码

(4) 先设置 PC2 无线网卡的 IP 地址为"192.168.123.2"，子网掩码为"255.255.255.0"(参考上面步骤)，单击桌面右下角的无线网络图标，查看当前的无线网络，发现 SSID 为 test1 的无线网络，如图 4.5.7 所示。单击"连接"按钮，输入无线密码，连接成功，然后 PC2 向 PC1 发起 ping 测试检验无线网络的连通性，如图 4.5.8 所示。其他要加入无线对等网络的 PC 其操作同 PC2 一样。

图 4.5.7　PC2 搜寻无线对等网并加入

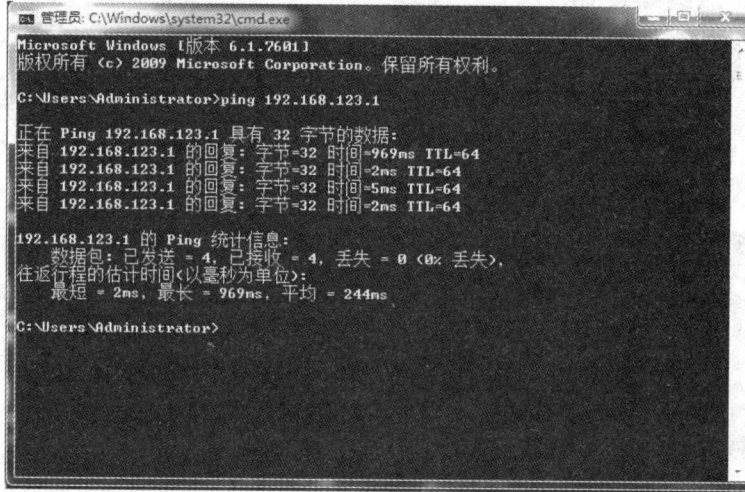

图 4.5.8　通过 ping 测试无线网络的连通性

4.5.2　组建有中心结构的无线局域网

1. 目的要求
(1) 掌握无线接入路由器的安装和配置。
(2) 掌握无线网卡的安装和配置。

2. 实训设备
无线路由器(由于实验室一般不配备无线 AP，所以本实训用无线宽带路由器来代替)，PC(带无线网卡，安装 Windows 10 操作系统)，网络拓扑图如图 4.5.9 所示。

3. 方法步骤
实训思路：先用无线路由器建立一个无线网络，然后 PC 扫描到所设置的无线网络并进行连接。

(1) PC 安装好无线网卡及其驱动。

(2) 路由器加电后，将连接 PC 的网线插入

图 4.5.9　中心结构的无线局域网

路由器的 LAN 口，打开 IE 浏览器，在地址栏里输入"http://192.168.1.1"，访问路由器的 Web 管理界面，配置无线路由器的 WLAN，各品牌路由器的具体设置步骤基本相同(可以参考本书第 6 章实训所讲解操作)，这里将路由器的 WLAN SSID 设置为 4213，需要指出的是这只是个供参考的例子，在实验室里进行这一步时所设置的 SSID 不能相同，而且 WLAN 的信道也要错开。

(3) 用装好无线网卡的 PC 或者笔记本电脑扫描无线网络，并进行连接，如图 4.5.10 所示。多台无线客户端加入无线网络之后，互相通过 ping 对方的 IP 地址，测试无线网络连接是否成功。

图 4.5.10　无线客户端扫描到无线接入点的网络并连接加入

4.5.3　利用安装了 Windows 10 系统的电脑创建无线热点

本实训只能在 Windows 10 操作系统下进行,其操作步骤和目的类似于在苹果和安卓手机上创建无线热点。

1. 目的要求

(1) 掌握利用安装了 Windows 10 系统的电脑创建无线热点的操作。

(2) 掌握其他电脑加入 Windows 10 系统无线热点的步骤。

2. 实训设备和软件配置

本实训所需设备主要有:至少两台笔记本电脑或者是安装了无线网卡的台式机,并且安装了 Windows 10 操作系统及无线网卡驱动,网络拓扑图如图 4.5.11 所示。

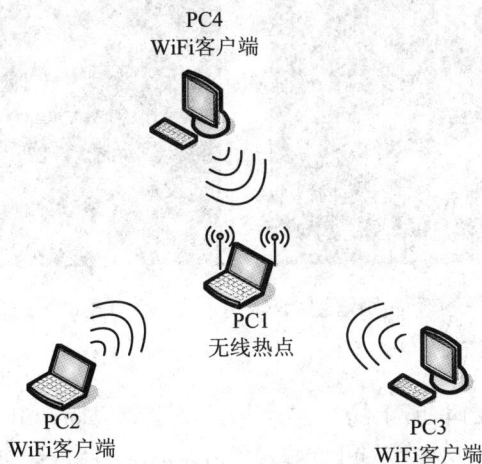

图 4.5.11　Windows 10 系统无线热点拓扑图

3．方法步骤

实训思路：先用 PC1 建立一个无线热点网络(WiFi 热点)，然后，其他无线客户端扫描到所创建的 WiFi 热点进行连接。

(1) PC1 通过 WiFi 连接互联网之后，单击右下角通知栏的无线网络图标，打开周围 WiFi 热点连接界面，如图 4.5.12 所示。可以看到界面右下角"移动热点"的按钮，默认是灰色的，说明现在本机的无线热点(WiFi 热点)功能是关闭的。

(2) 单击"移动热点"按钮，按钮颜色变亮，即开启了本机的无线热点功能，但是为了其他人能连接到此热点，必须进行连接密码的设置，右键单击"移动热点"按钮，选择"转到'设置'"，如图 4.5.13 所示。

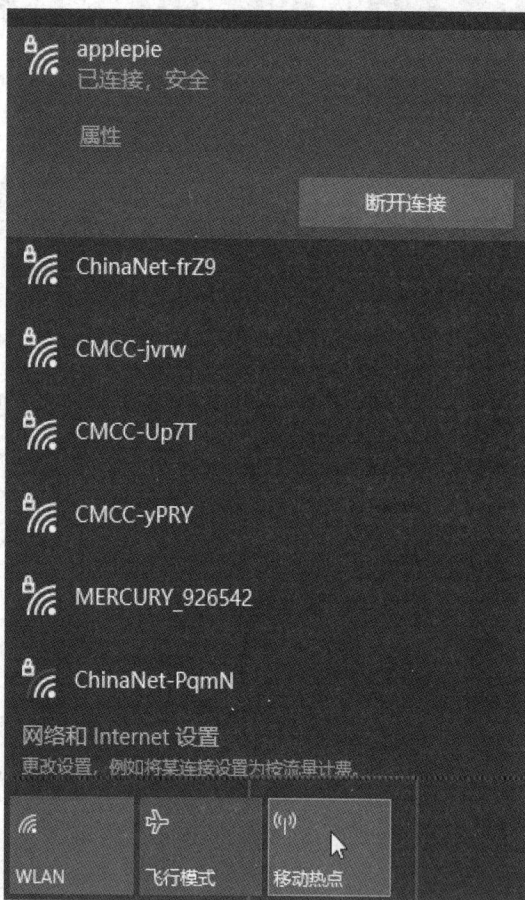

图 4.5.12   单击 Windows 10 右下角无线网络图标
找到移动热点功能按钮

图 4.5.13   选择无线热点设置功能

(3) 在弹出的如图 4.5.14 所示的"移动热点"设置界面，开启"与其他设备共享我的 Internet 连接"，选中"通过以下方式共享我的 Internet 连接"中的"WLAN"，再单击"编辑"按钮。

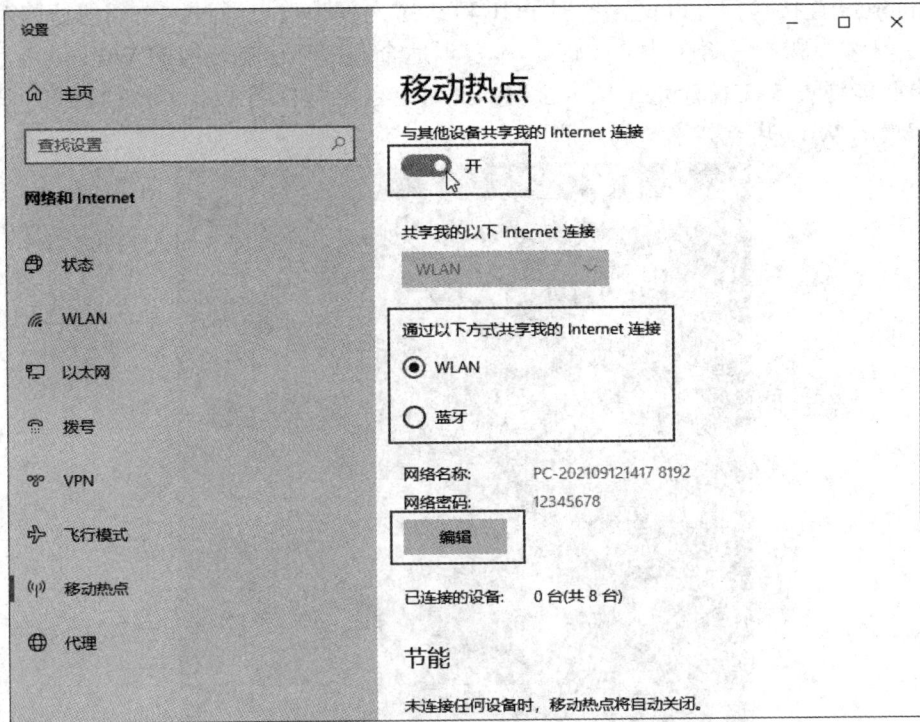

图 4.5.14 开启本机的互联网连接共享功能

(4) 在弹出的"编辑网络信息"对话框中的"网络名称"(WiFi 的 SSID)输入框中填入拟定的无线网络名称,"网络密码"输入框中填入拟定的 WiFi 连接密码,如图 4.5.15 所示。

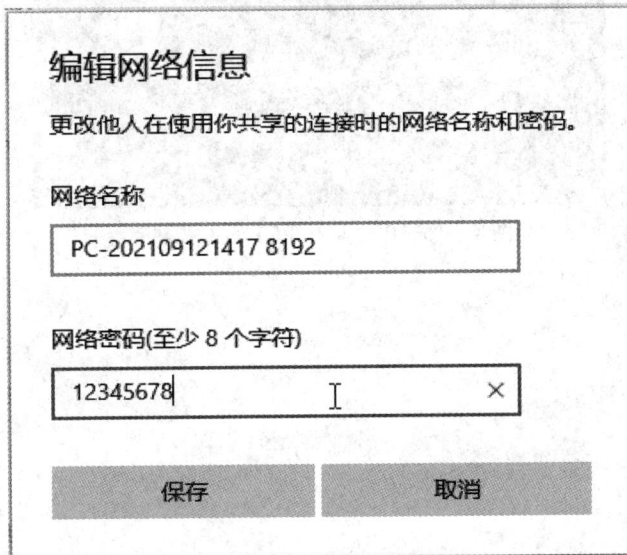

图 4.5.15 编辑本机无线热点的名称和连接密码

(5) 现在 PC1 的无线热点设置好了,PC2 可以通过无线网络连接 PC1 的无线热点,单击右下角通知栏的无线网络图标,打开周围 WiFi 热点连接界面,如图 4.5.16 所示。找到 PC1 无线热点,单击"连接",输入刚才设置的密码即可加入 PC1 的 WiFi,并可以通过 PC1

共享的 Internet 连接访问互联网，同时 PC1 和 PC2 之间也可以通过网上邻居访问对方的共享文件夹(具体步骤参考第 3 章的实训)。本实训适合周围环境无现成的 WiFi 热点，但其中有一台电脑能通过 5 GHz 流量电话卡上网，此时这台电脑相当于本实验的 PC1，其他电脑通过它架设的 WiFi 热点共享访问互联网。

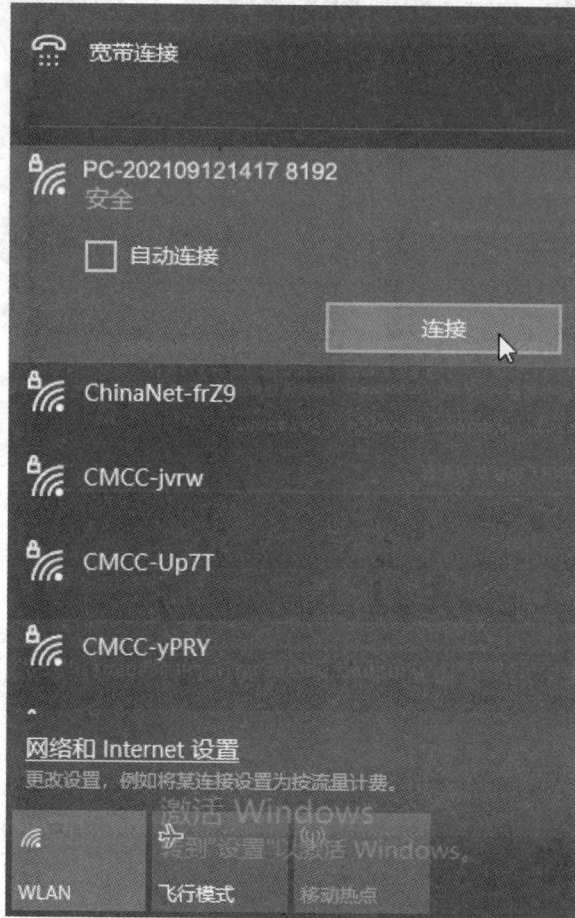

图 4.5.16　PC2 连接 PC1 的无线热点

第5章 Windows Server 2016 服务器架设

服务器操作系统一般指的是安装在服务器上的操作系统,比如 Web 服务器、应用服务器和数据库服务器等,是企业 IT 系统的基础架构平台,也是按应用领域划分的三类操作系统之一(另外两种分别是桌面操作系统和嵌入式操作系统)。同时,服务器操作系统也可以安装在个人电脑上。相比个人版操作系统,在一个具体的网络中,服务器操作系统要承担额外的管理、配置、稳定、安全等功能,处于每个网络的心脏部位。

5.1 服务器操作系统种类

服务器操作系统主要分为四大流派:Windows、NetWare、UNIX、Linux。

1. Windows 服务器操作系统

Windows 服务器操作系统的主要版本有 Winnt 4.0 Server、Win2000/Advanced Server、Win2003/Advanced Server、Windows Server 2008、Windows Server 2012、Windows Server 2016 等。Windows 服务器操作系统得益于桌面操作系统的垄断优势和一贯功能强大的 IIS 组件,结合易用的 .Net 开发环境,为微软生态圈的用户提供了良好的应用框架。考虑到用户在学习中需要动手架设本章中基于 Windows Server 服务器提供的各种网络服务,所以特别选用了兼容性较好、对硬件要求较低的、仍然是市场主流的服务器操作系统 Windows Server 2016 作为学习对象。

2. NetWare 服务器操作系统

在一些特定行业和单位中,NetWare 优秀的批处理功能和安全、稳定的系统性能有很强的应用优势。目前常用的 NetWare 主要有 Novell 3.11、3.12、4.10、V4.11、V5.0 等中英文版本。

3. UNIX 服务器操作系统

UNIX 服务器操作系统由 AT&T 公司和 SCO 公司共同推出,主要支持大型的文件系统服务、数据服务等应用。目前市面上常用的 UNIX 版本主要有 SCO SVR、BSD UNIX、SUN Solaris、IBM-AIX、HP-U、FreeBSDX 等。

4. Linux 服务器操作系统

Linux 操作系统虽然与 UNIX 操作系统类似,但是它不是 UNIX 操作系统的变种。Torvald 从开始编写内核代码时就仿效 UNIX,几乎所有 UNIX 的工具与外壳都可以在 Linux 上运行。

5. Windows 和 Linux 的区别

Windows 和 Linux 的主要区别体现在性能方面：Windows 侧重于图形化界面，很多操作通过鼠标点击就能完成；而 Linux 则侧重于命令，需要通过命令完成各种操作。相比之下，因为 Windows 有很多图形，占用很多的硬件资源，所以相同配置下运行 Linux 要比 Windows 快很多。

6. Windows Server 2016 的新特性介绍

Windows Server 2016 (前称 Windows Server vNext)是微软推出的第七个 Windows Server 系列操作系统，是 Windows 10 的首个服务器版本。它的第一个早期预览版本(技术预览版)连同 System Center 的第一个技术预览版于 2014 年 10 月 1 日推出，正式版于 2016 年 9 月 26 日推出，并于同年 10 月 12 日正式发售。Server 2016 没有和 Windows 10 同时发布，对此官方解释称这是为了在正式版发布之前推出更多的技术预览版以便改善系统的稳定性。Windows Server 2016 最新版本号为 1607，是目前中小型企业网络服务器的首选，旨在为互联网、企业内部网、应用程序和 Web 服务提供支持。此操作系统可以用于开发、交付和管理丰富的用户体验和应用程序，提供高度安全的网络基础结构，并提高组织内的技术效率和价值。Windows Server 2016 是对 Windows Server 2012 的一次重大升级，可以更加充分地发挥服务器的硬件性能，为企业网络提供更高效的网络传输和更可靠的安全管理，可以减轻管理员部署工作的负担，提高工作效率，降低成本。

基于 Windows Server 2016 系统的服务器可以提供多种网络服务，例如下面要介绍的 IIS 平台的 Web 网站服务和 FTP 服务，以及 DNS 服务、HCP 服务等。这些网络服务都是基于 C/S(客户端/服务器)模式的，在此模式中，请求信息的设备称为客户端，而响应请求的设备称为服务器，如图 5.1.1 所示。

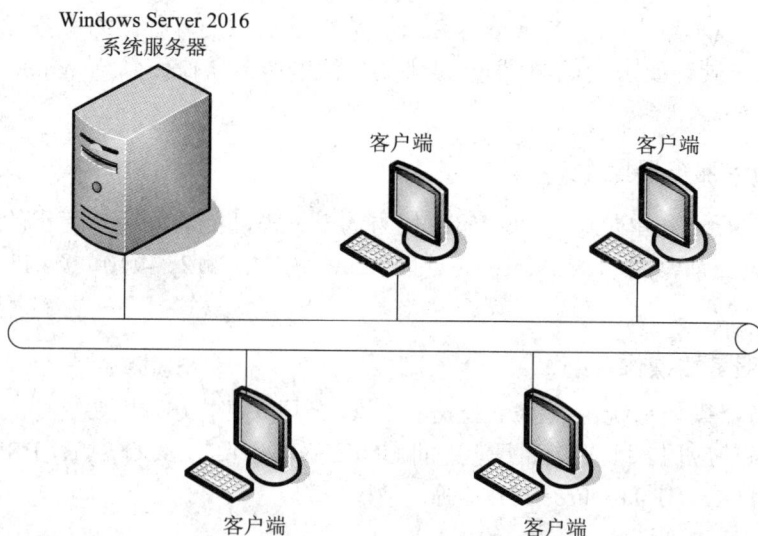

图 5.1.1 Windows Server 2016 系统服务器在网络中的地位

7. Windows Server 2016 相对于 Windows Server 2012 的改进

Windows Server 2016 采用的是 Windows 10 的内核，Windows Server 2012 采用的是 Windows 8 的内核。Windows Server 2016 的版本号命名不再使用类似 Windows Server 2012 之前服务器操作系统的 R1 或 R2 的形式，而采用和 Windows 10 一样的开发代号如 1607 命名。Windows Server 2016 与 2012 系统支持的最大逻辑处理器数不一样，2012 最多支持 64 个，而 2016 最多支持 256 个，2012 最多支持 4 TB 内存，而 2016 可支持达到 24 TB 的内存。Windows Server 2016 支持实时迁移技术，可以很快从虚拟主机迁移到真正的服务器上。Windows Server 2016 内置的 IIS10 的网络服务性能比 Windows Server 2012 内置的 IIS 8 有了更多的提升。同时，Windows Server 2016 在虚拟机(Hyper-v)方面的技术也更为成熟，增加了很多新特性，包括设备直通、网卡热插拔、嵌套虚拟化、网络多队列、网络 QoS、磁盘 QoS、Windows 容器等技术。此外，Windows Server 2016 是基于 Windows 10 硬件基础而设计的，具有更好的稳定性。

5.2　Windows Server 2016 系统安装和配置

5.2.1　Windows Server 2016 系统安装

1. 安装硬件需求

Windows Server 2016 系统安装的硬件需求见表 5-1。

表 5-1　Windows Server 2016 系统安装的硬件需求

硬　件	需　求
处理器	最低：1.4 GHz(×64 处理器) 注意：处理器性能不仅取决于处理器的时钟频率，还取决于处理器内核数以及处理器缓存大小
内存	最低：512 MB RAM 最大：8 GB(基础版)或 32 GB(标准版)或 2 TB(企业版、数据中心版及 Itanium-Based Systems 版)
可用磁盘空间	最低：32 GB 或以上 基础版：10 GB 或以上 注意：配备 16 GB 以上 RAM 的计算机将需要更多的磁盘空间，以进行分页处理、休眠及转储文件
显示器	超级 VGA(1024×768)或更高分辨率的显示器
其他	DVD 驱动器、键盘和 Microsoft 鼠标(或兼容的指针设备)、Internet 访问(可能需要付费)

2. 安装步骤

(1) 启动计算机后，放入 Windows Server 2016 系统安装光盘，出现如图 5.2.1 所示的界面，选择安装的语言和键盘后单击"下一步"按钮，在打开的如图 5.2.2 所示的界面中单击

"现在安装"按钮。

图 5.2.1　Windows Server 2016 系统安装初始界面

图 5.2.2　开始 Windows Server 2016 系统的安装

(2) 打开如图 5.2.3 所示的界面，选择"Windows Server 2016 Datacenter(完全安装)"后单击"下一步"按钮，出现如图 5.2.4 所示的界面，勾选"我接受许可条款"，再单击"下一步"按钮。

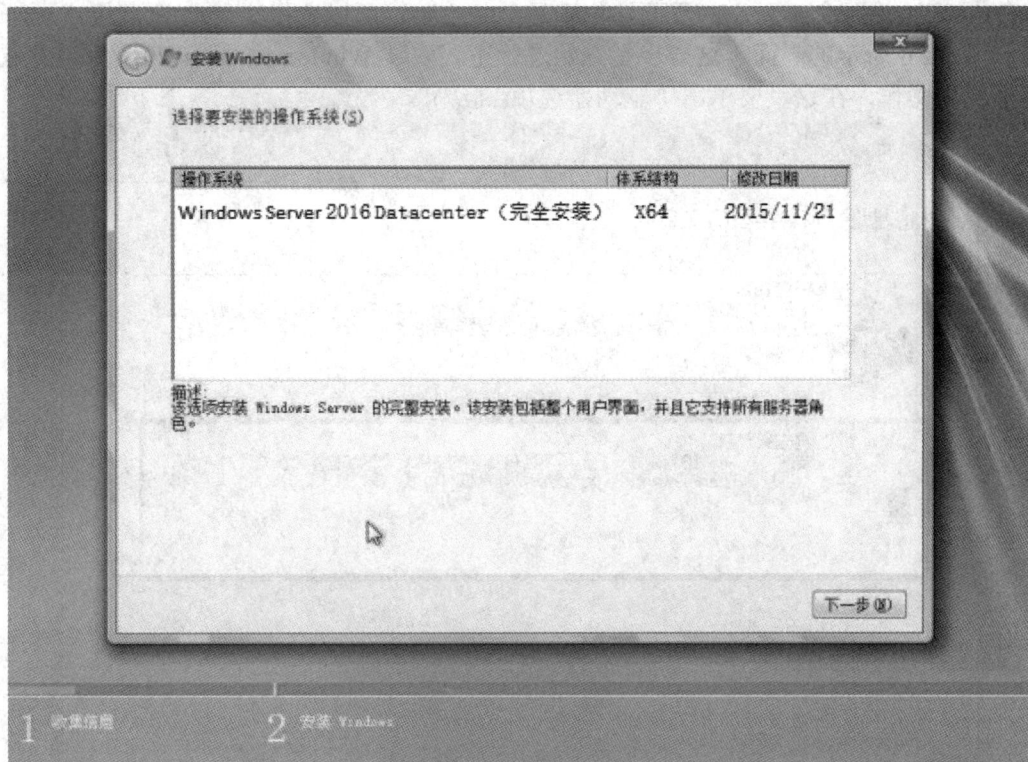

图 5.2.3　选择 Windows Server 2016 Datacenter(完全安装)

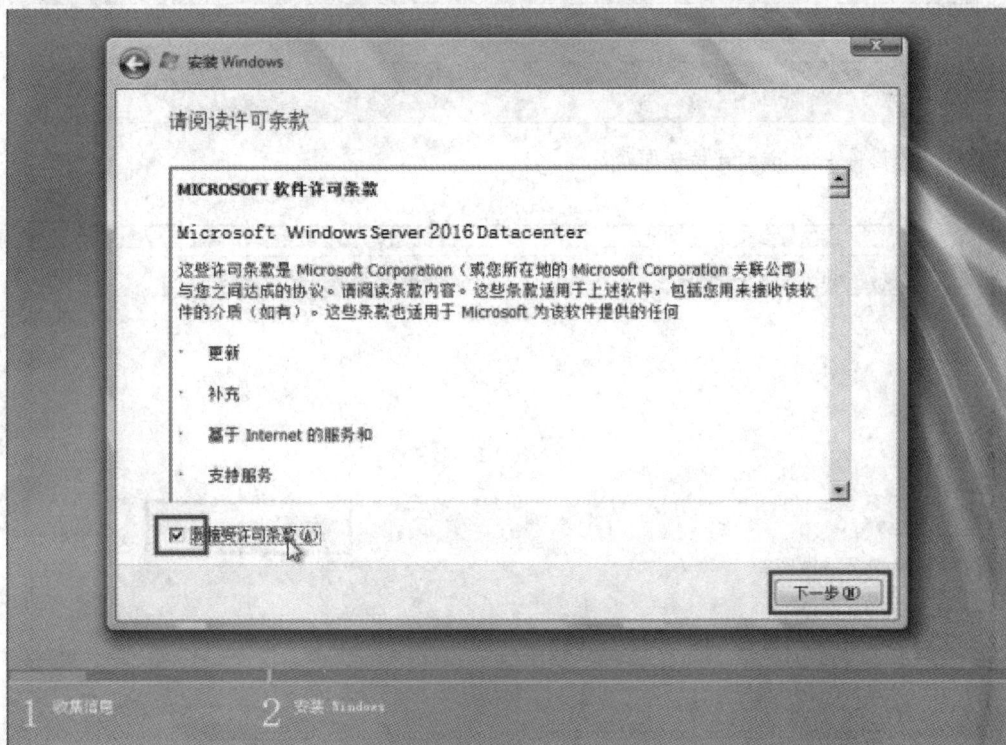

图 5.2.4　Windows Server 2016 系统安装

(3) 打开如图 5.2.5 所示的界面，由于是全新安装，所以选择"自定义(高级)"选项，出现如图 5.2.6 所示的界面，这一步是开始进行正式安装 Windows Server 2016 系统之前的分区格式化操作，在这里要单击"驱动器选项(高级)"。

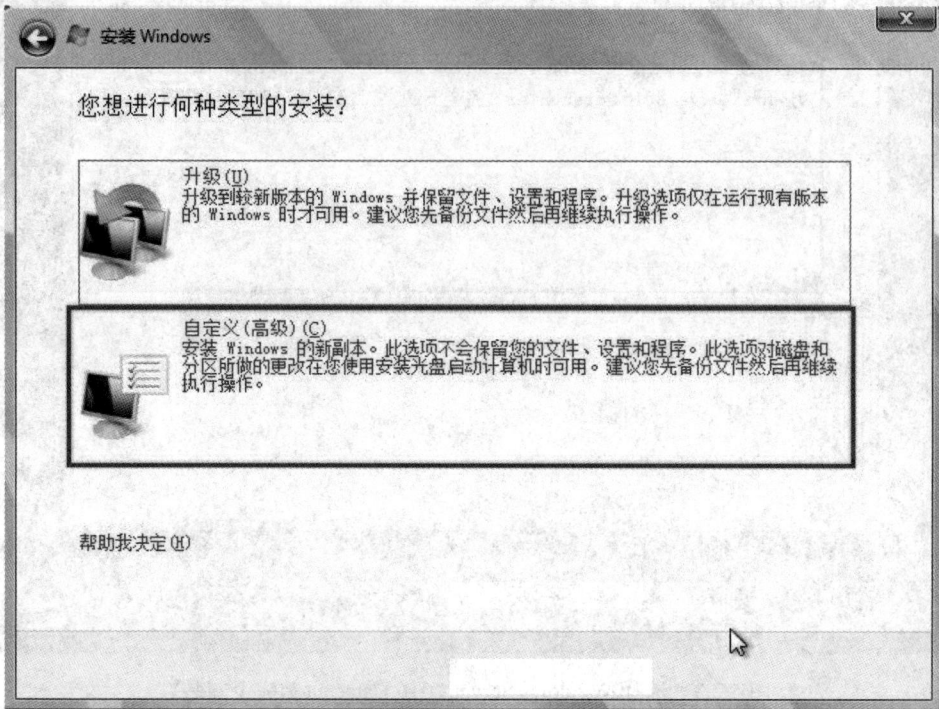

图 5.2.5　选择 Windows Server 2016 系统安装模式

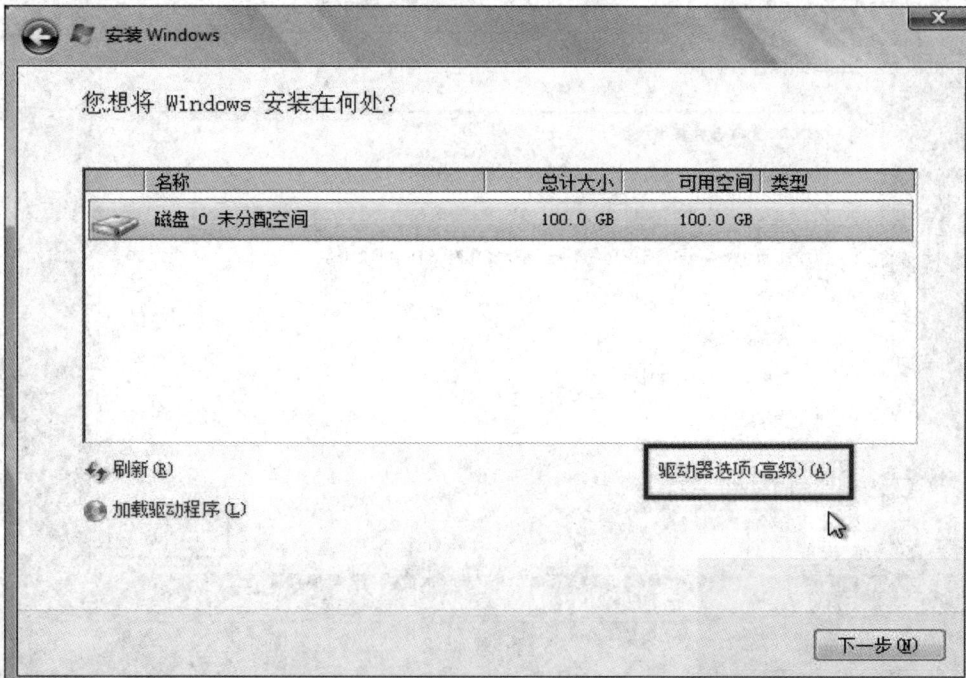

图 5.2.6　开始对硬盘进行分区格式化操作

（4）打开如图 5.2.7 所示的界面，单击"新建"以创建 Windows Server 2016 的系统分区，再单击"下一步"按钮。

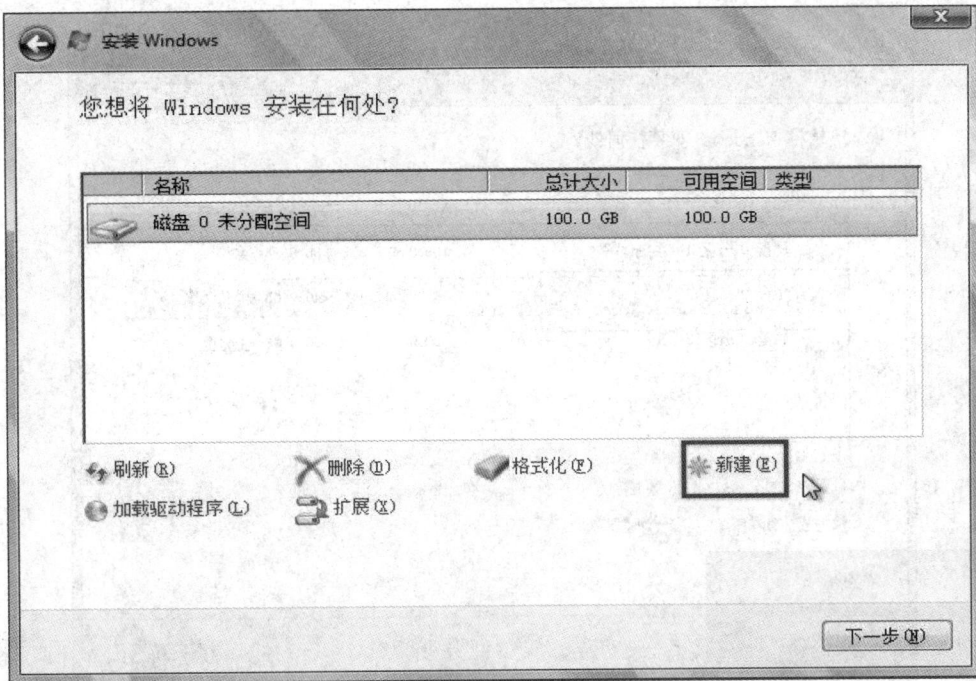

图 5.2.7 新建系统分区

（5）输入分区大小的值后，单击"应用"按钮，如图 5.2.8 所示。然后再单击"下一步"按钮，继续进行其他分区操作。

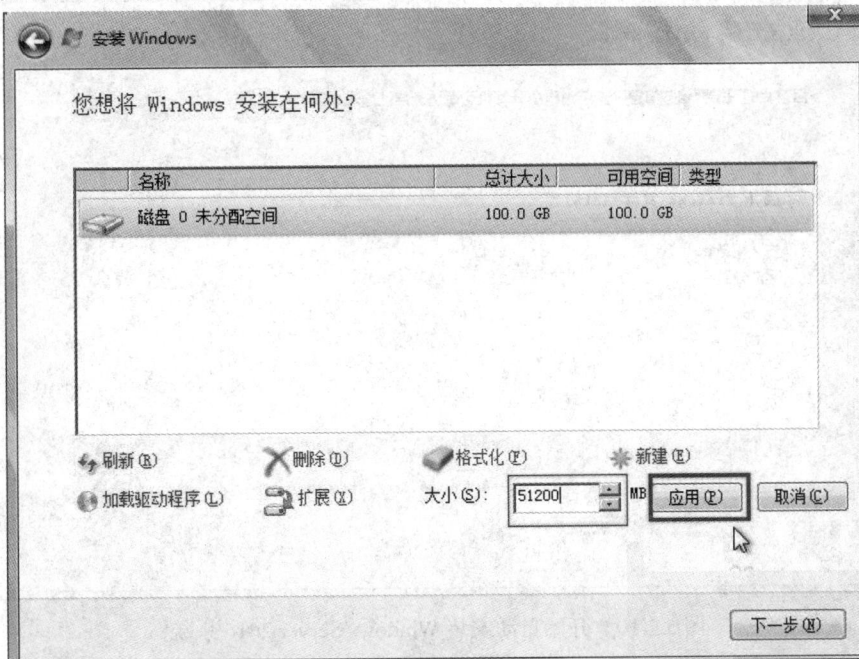

图 5.2.8 选择系统分区大小

　　(6) 完成所有分区操作之后，选择 Windows Server 2016 系统要安装的分区，如图 5.2.9 所示。再单击"下一步"按钮，开始 Windows Server 2016 系统的自动安装，如图 5.2.10 所示。

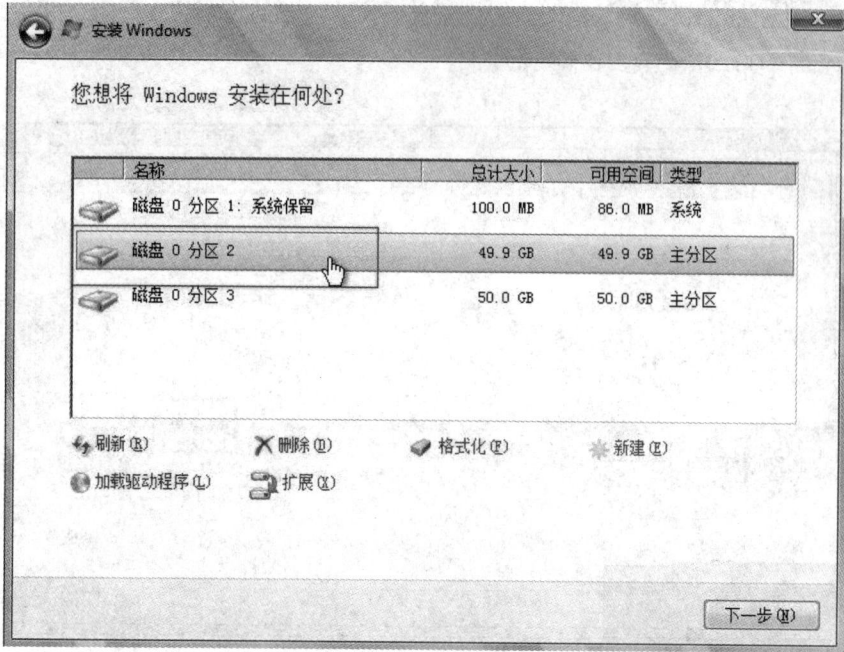

图 5.2.9　选择系统要安装的分区

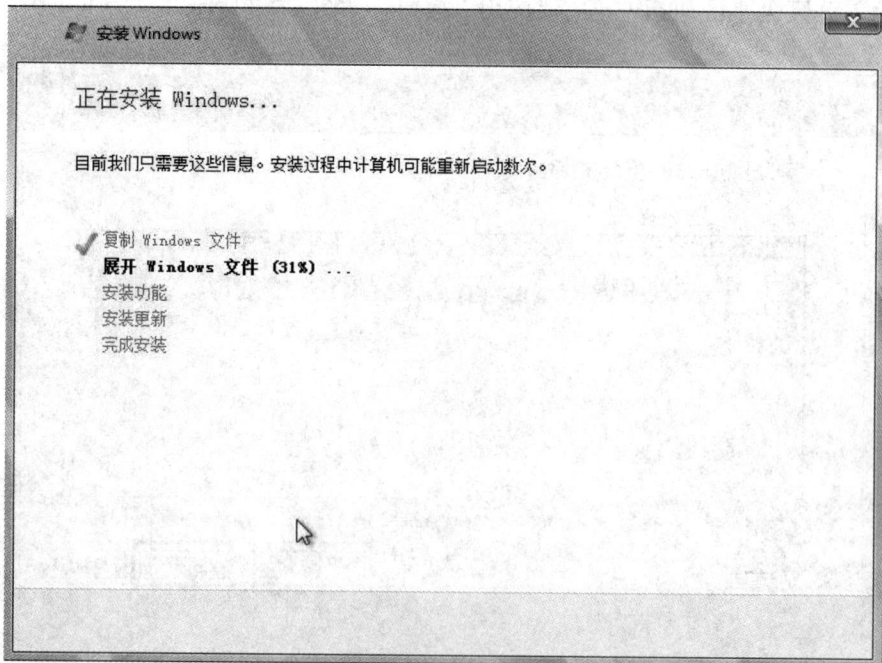

图 5.2.10　开始自动安装 Windows Server 2016 系统

　　(7) 安装过程中会重启数次，最后完成安装，如图 5.2.11 所示，之后会再次启动计算机。

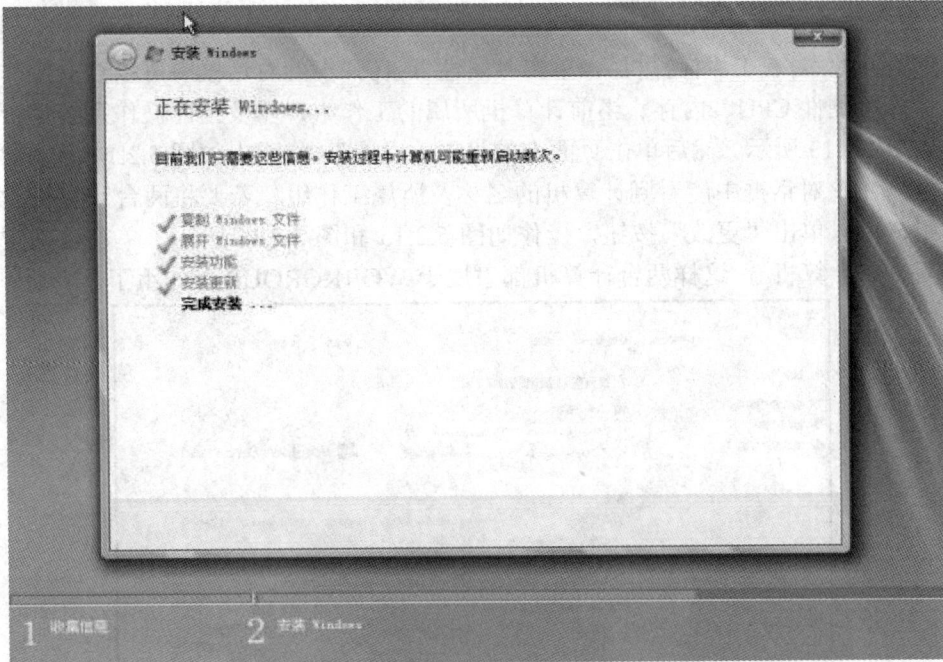

图 5.2.11 Windows Server 2016 系统安装即将完成

(8) 重新启动计算机后，进入 Windows Server 2016 系统的登录界面，用户首次登录需要设置密码，如图 5.2.12 所示。设置好密码之后，单击带白色箭头的蓝色按钮就可以进入 Windows Server 2016 系统的桌面了。

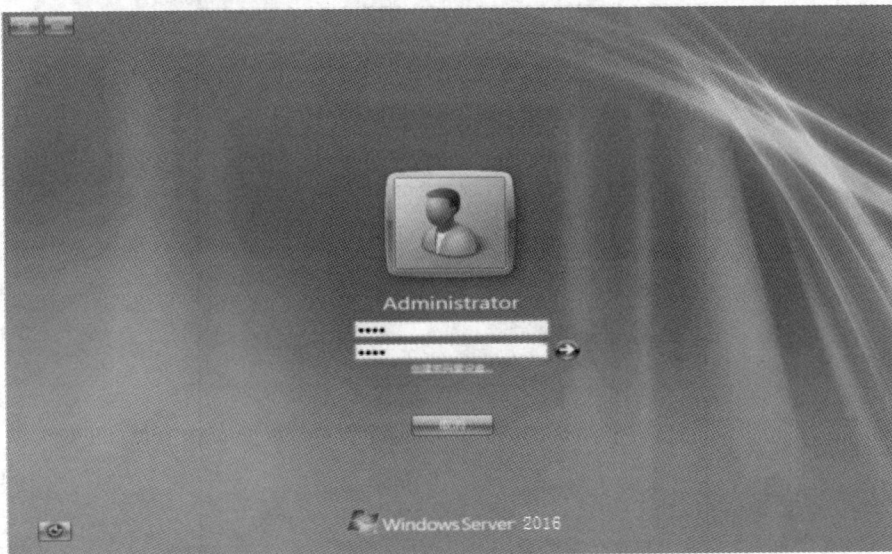

图 5.2.12 用户首次登录 Windows Server 2016 系统

5.2.2 Windows Server 2016 系统配置

下面简单介绍 Windows Server 2016 系统常用的配置选项。

1. 查看更改计算机名

单击"开始",右击"计算机",单击"属性",在弹出的对话框中可以查看操作系统的版本、计算机硬件 CPU、内存、当前计算机所属的工作组,以及当前操作系统是否已经被激活,如图 5.2.13 所示。然后单击页面上的"更改设置",将弹出如图 5.2.14 所示的系统属性对话框。在该对话框中能看到计算机的名称及所属工作组。若要将两台计算机设置到一个工作组,可以单击"更改"按钮,操作如图 5.2.15 和图 5.2.16 所示,单击"确定"后选择"稍后重启计算机",这样两台计算机都隶属于 WORKGROUP 工作组了。

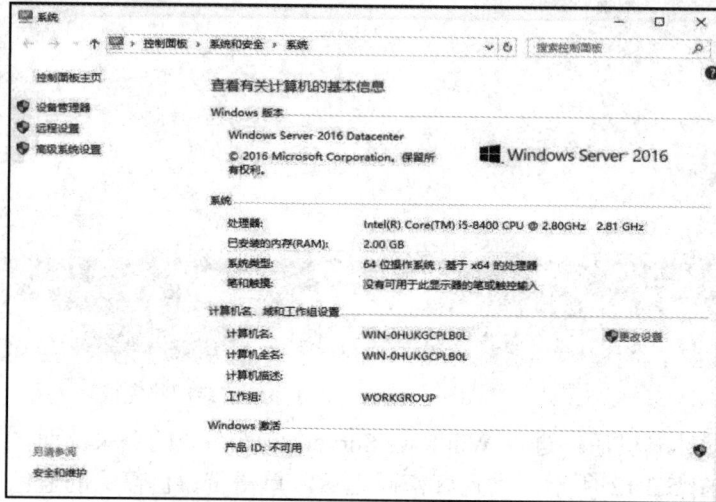

图 5.2.13　计算机属性

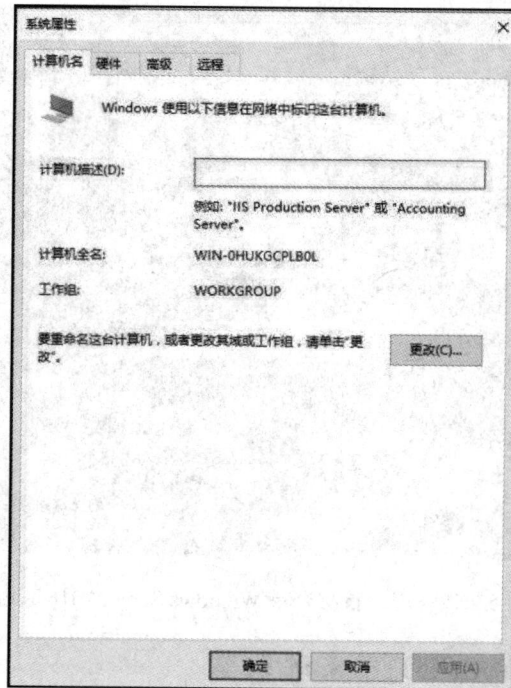

图 5.2.14　系统属性

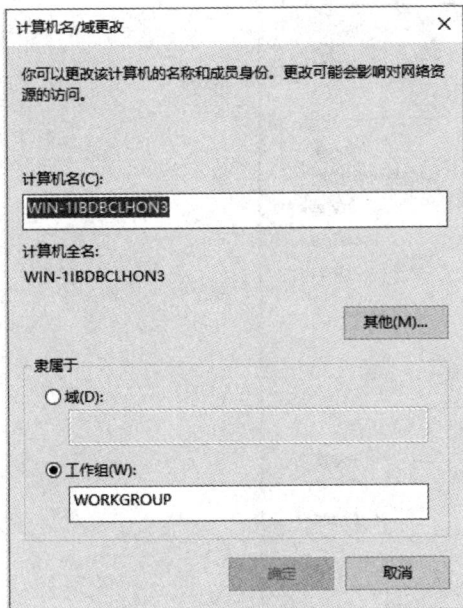

图 5.2.15　计算机名/域更改(1)

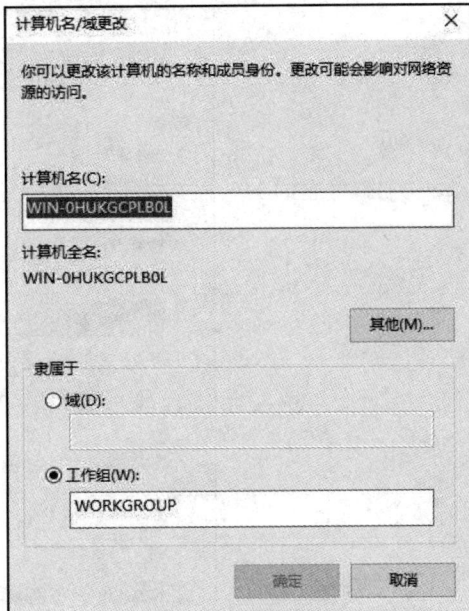

图 5.2.16　计算机名/域更改(2)

2．配置计算机 IP 地址

(1) 单击任务栏右侧通知栏中的"网络"图标，选择"打开网络和共享中心"，如图 5.2.17 所示。在这个页面上可以查看本地计算机的网络连接情况，还可以设置连接网络的方式。

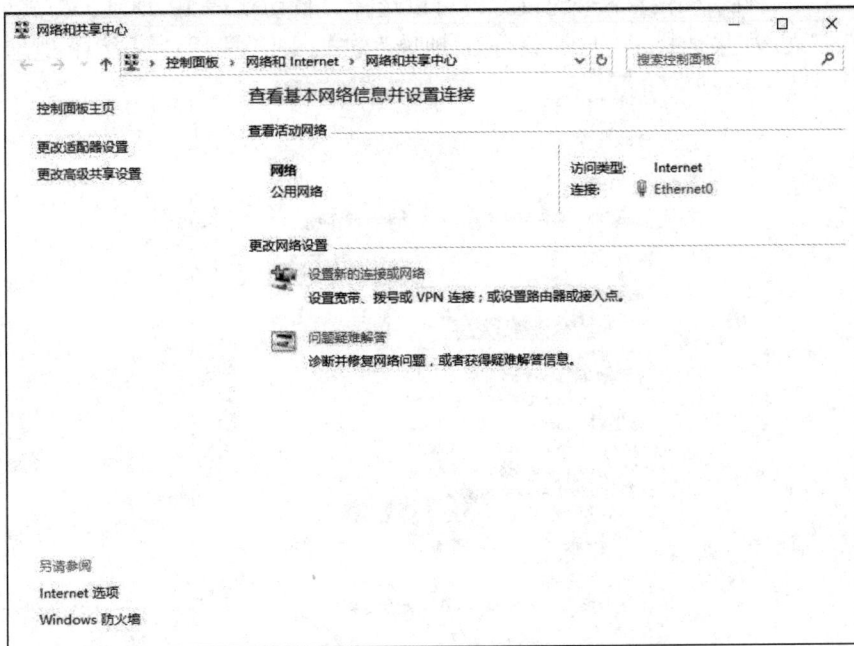

图 5.2.17　网络和共享中心

(2) 在左侧导航栏选择"更改适配器设置"，在弹出的页面上右键单击"本地连接"，然后再单击"属性"按钮，可以看到本地连接的状态，如图 5.2.18 所示。

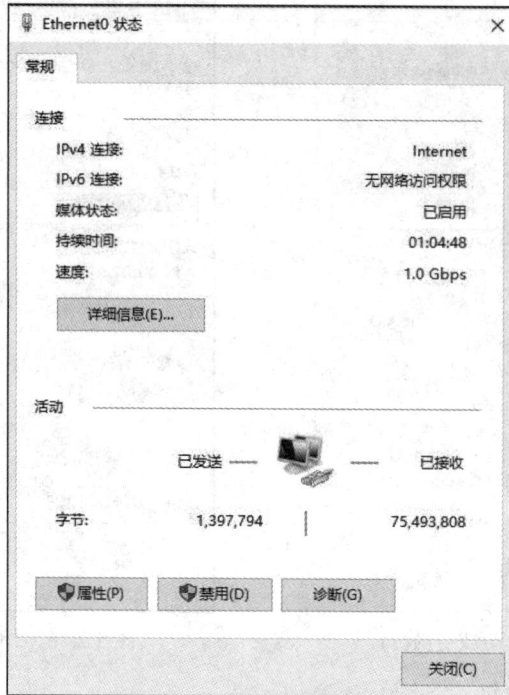

图 5.2.18　本地连接状态

(3) 单击"属性"按钮，弹出图 5.2.19 所示对话框，单击"Internet 协议版本 4(TCP/IPv4)"选项，并单击"属性"，在接下来的设置中可以选择"自动获得 IP 地址"方式或"手动设置 IP 地址"方式。如果选择了"自动获得 IP 地址"方式，则无需用户设置 IP 地址，由 DHCP

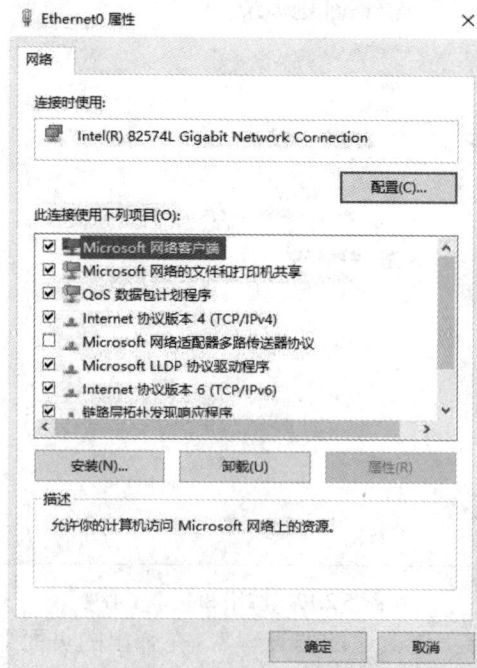

图 5.2.19　本地连接属性

服务自动分配；如果选择了"手动设置 IP 地址"方式，则需要用户手动输入 IP 地址、子网掩码、默认网关和 DNS 地址后再单击"确定"，从而申请固定的 IP 地址。手动给服务器设置 IP 地址在日常服务器的配置中经常会用到。

5.3　Windows Server 2016 IIS10 安装和配置

IIS(Internet Information Services，互联网信息服务)是由微软公司提供的基于 Microsoft Windows 的互联网基本服务，是一个 World Wide Web Server。IIS 是一种 Web(网页)服务组件，其中包括 Web 服务器、FTP 服务器、NNTP 服务器和 SMTP 服务器，分别用于网页浏览、文件传输、新闻服务和邮件发送等方面，它使得在网络(包括互联网和局域网)上发布信息成了一件很容易的事。Gopher Server 和 FTP Server 全部包容在 IIS 里面。IIS 能够发布网页，并且有 ASP(Active Server Pages)、Java、VBscript 产生页面，以及一些扩展功能。IIS 具有一些特色组件，如有编辑环境界面的 FRONTPAGE、有全文检索功能的 INDEX SERVER、有多媒体功能的 NET SHOW；其次，IIS 是随 Windows NT Server 4.0 一起提供的文件和应用程序服务器，是在 Windows NT Server 基础上建立 Internet 服务器的基本组件，与 Windows NT Server 完全集成，并且允许使用 Windows NT Server 内置的安全性以及 NTFS 文件系统来建立强大灵活的 Internet/Intranet 站点。

下面我们在 Windows Server 2016 上安装 IIS 服务。

5.3.1　IIS 10 的特性

IIS 10 是 Windows 10 和 Windows Server 2016 附带的最新版本的 Internet 信息服务，它延续 IIS 7 的模块化设计、以档案为主的组态系统以及管理工具，并在安全性与效能方面得到进一步提升，如集中式 SSL 凭证支持、动态 IP 地址限制、CPU 节流、Idle Worker Process Page-Out、Enhanced Logging、Wildcard Host Headers 等。

1．可靠性与可伸缩性

IIS 10 提供了更智能、更可靠的 Web 服务器环境，新的环境包括应用程序健康监测和应用程序自动循环利用。其可靠的性能提高了网络服务的可用性，并且节省了管理员用于重新启动网络服务所花费的时间。IIS 10 最佳的扩展性和强大的性能使每一台 Web 服务器能够发挥最大的功效。

2．更安全、易于管理

IIS 10 在安全与管理方面做出了重大的改进。安全性能的增强包括技术与需求处理变化两个方面。另外，IIS 10 增强了在安全方面的认证和授权。IIS 10 的默认安装是被全面锁定的，这意味着默认系统的安全系数被设定为最大，它提供的增强的管理性能改善了 Metabase.xml 的管理及新的命令行工具。

3．服务器合并

IIS 10 是一个具有高伸缩性的 Web 服务器，它为 Web 服务器的合并提供了新的机遇，能够将可靠的体系结构和内核模式驱动程序完美地结合在一起。IIS 10 允许在单台服务器上托管更多的应用程序，服务器合并还可以降低企业人工成本以及与硬件、站点管理相关的成本。

4．增加了对 HTTP/2 的支持

IIS 10 增加了对 HTTP/2 协议的支持，该协议允许对 HTTP 1.1 进行增强，从而有效地重用连接并减少延迟。HTTP/2 支持已作为内核模式设备驱动程序 HTTP.sys 的一部分添加到 Windows Server 2016 和 Windows 10，使现有的所有 IIS 10 网站都可以从中受益。

5．Nano Server 上的 IIS

Windows Server 2016 提供了新的安装选项：Nano Server。Nano Server 是针对私有云和数据中心进行优化的远程管理的服务器操作系统，可安装"刚好够用的操作系统"，从而减少空间占用。Nano Server 提供更高的密度、更长的正常运行时间和更小的攻击面，使其适合运行 Web 工作负载，同时还可以在 Nano Server 上的 IIS 运行 ASP.NET Core、Apache Tomcat 和 PHP 工作负载。此外，还可以通过 HttpPlatformHandler 模块将其用作任何 HTTP 侦听器的反向代理。

6．更高的安全性

IIS 10 显著改进了 Web 服务器的安全性。IIS 10 在默认情况下处于锁定状态，从而减少了暴露在攻击者面前的攻击表面积。此外，IIS 10 的身份验证和授权功能也得到了改进。同时，IIS 10 还具有更多更强大的管理功能，改善了对 XML 元数据库(Metabase)的管理，并且提供了新的命令行工具。因此，IIS 10 在降低系统管理成本的同时，也大大提高了信息系统的安全性。

5.3.2　IIS 10 安装步骤

IIS 10 的安装步骤如下：

(1) 单击"开始"菜单里的"服务器管理器"图标，在"服务器管理器"页面中单击左侧菜单栏中"本地服务器"链接选项，打开本地服务器属性设置页面，如图 5.3.1 所示。在这个页面里可以了解本地服务器的基本设置参数和相关配置信息。

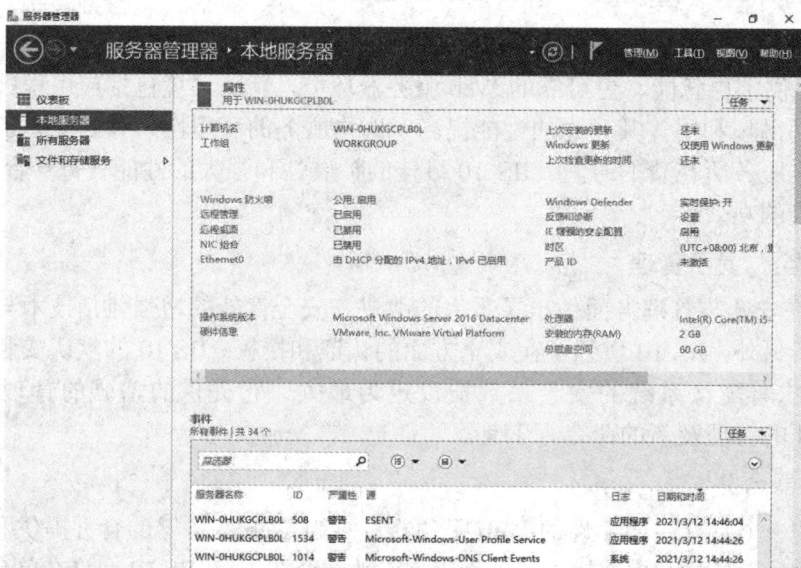

图 5.3.1　本地服务器属性设置

(2) 在"服务器管理器"页面中单击左侧菜单栏中"仪表板"链接选项，打开仪表板属性设置页面，单击右上角的"管理"菜单选项，在下拉列表中选择第一项"添加角色和功能"(如图 5.3.2 所示)，进入"添加角色和功能向导"设置页面，如图 5.3.3 所示。

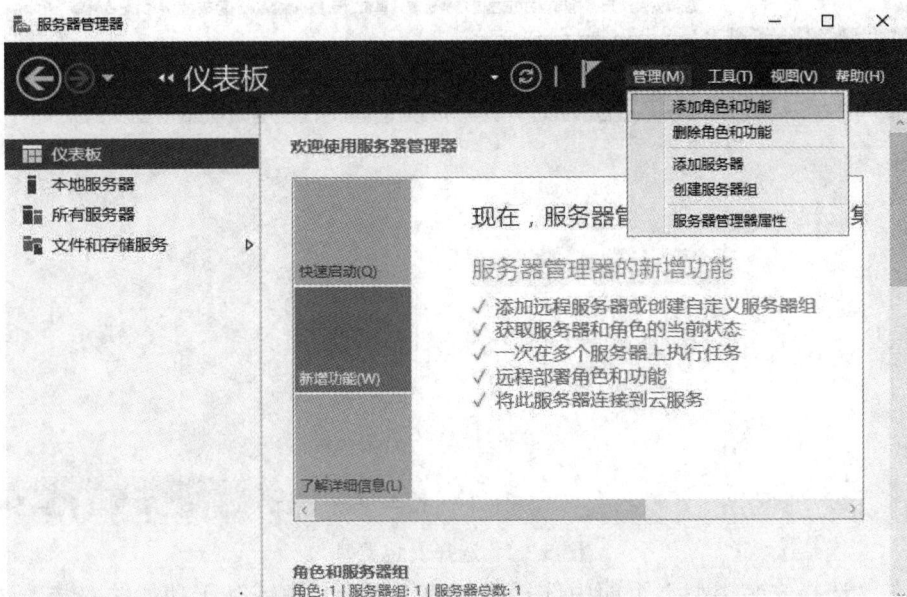

图 5.3.2　添加角色和功能

(3) 在"添加角色和功能向导"页面上单击"下一步"按钮(如图 5.3.3 所示)，进入"选择安装类型"页面，如图 5.3.4 所示。

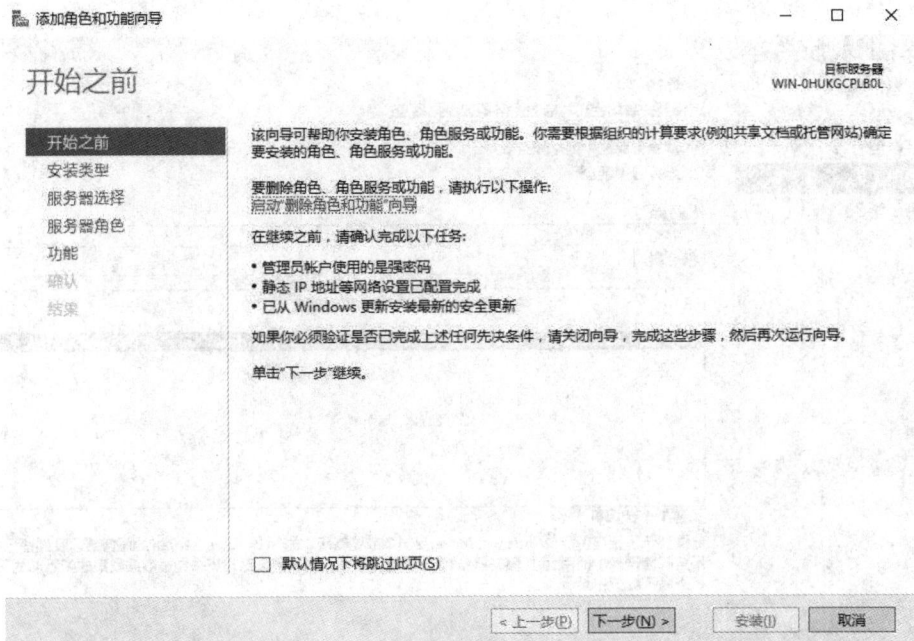

图 5.3.3　添加角色和功能向导

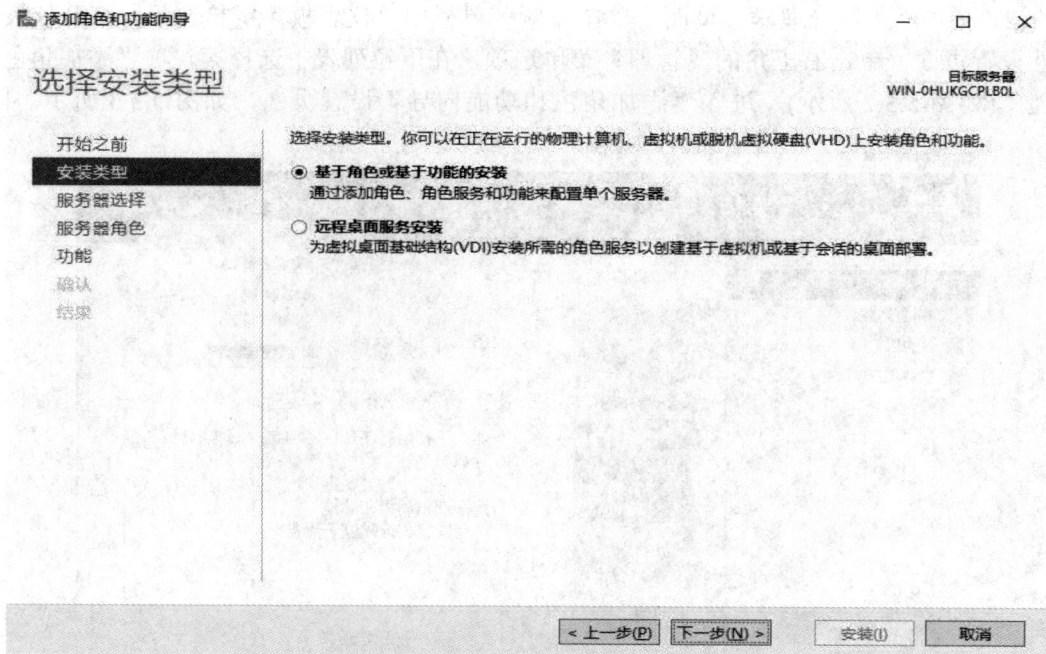

图 5.3.4 选择安装类型

(4) 在"选择安装类型"页面中选择第一项"基于角色或基于功能的安装"选项，单击"下一步"按钮，将会进入"选择目标服务器"页面，然后在右侧选择第一项"从服务器池中选择服务器"，再单击"下一步"按钮，如图 5.3.5 所示。

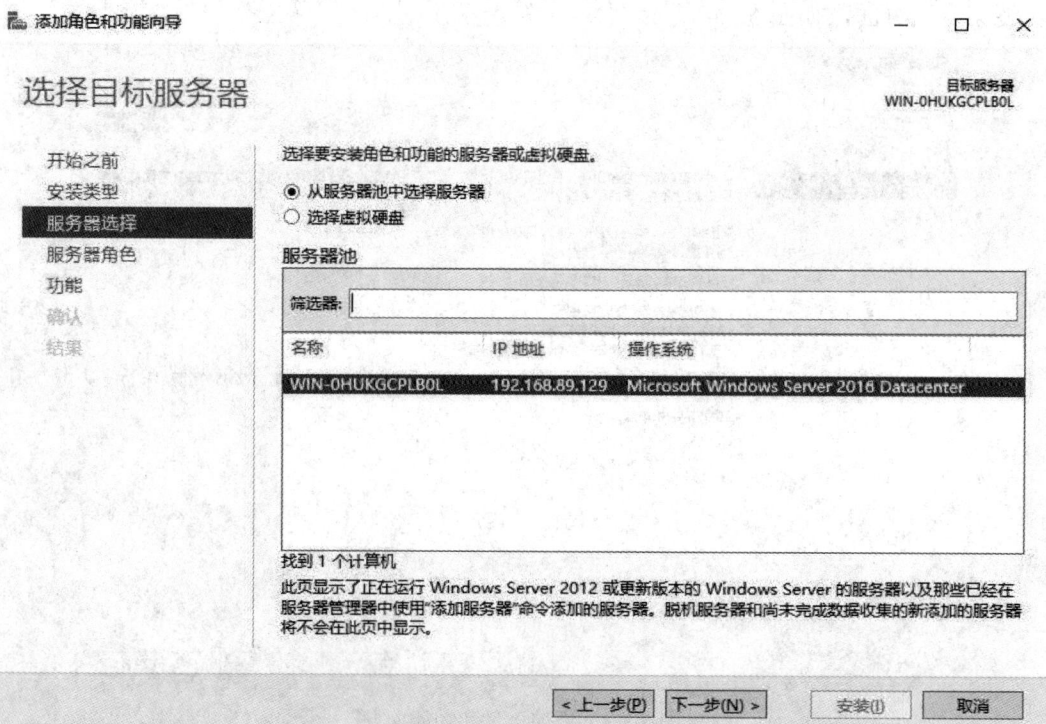

图 5.3.5 服务器选择

(5) 在图 5.3.6 所示的"选择服务器角色"页面中选择"Web 服务器(IIS)",出现图 5.3.7 所示的界面,显示所选择的角色和功能添加向导,这里勾选"包括管理工具(如果适用)"选项,方便日后图形化管理 IIS 创建的 Web 网站,单击"添加功能"按钮。

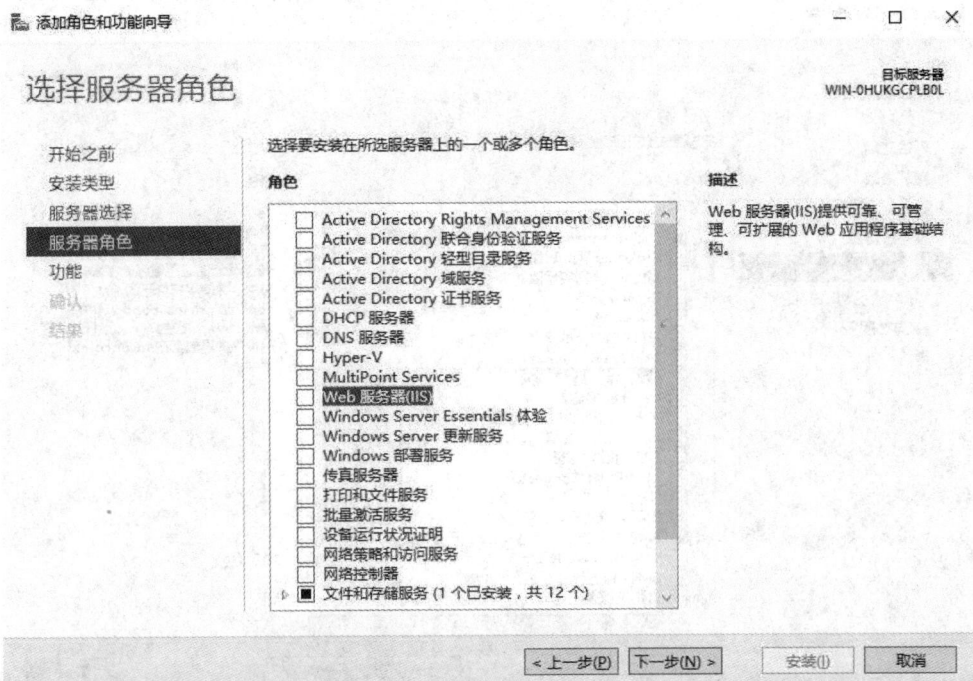

图 5.3.6　选择服务器(IIS)角色

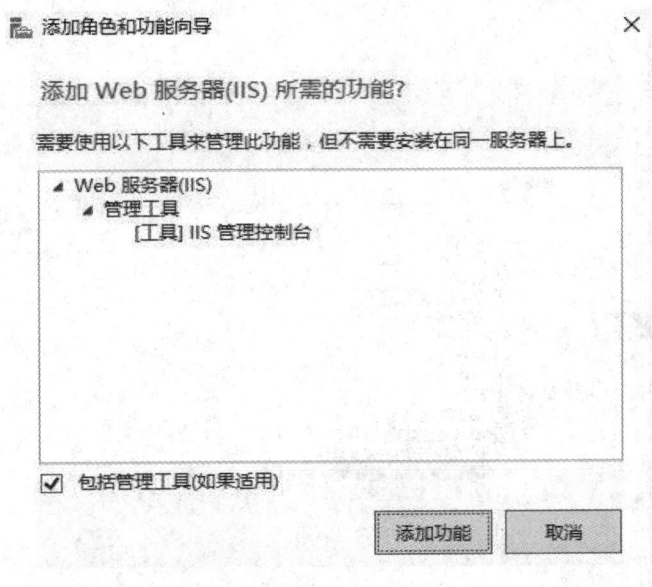

图 5.3.7　添加 Web 服务器(IIS)所需的功能

(6) 系统返回到继续添加其他所需要的 Web 服务器(IIS)角色服务,这里选择".NET Framework 3.5 功能"和"IIS 可承载 Web 核心",如图 5.3.8 所示,单击"下一步"按钮,出现图 5.3.9 所示角色服务选择界面，继续勾选所需要 IIS 服务器角色能提供的服务，选择完后单击"下一步"按钮，弹出图 5.3.10 所示界面，再次确认全部选项无误后单击"安装"按钮。

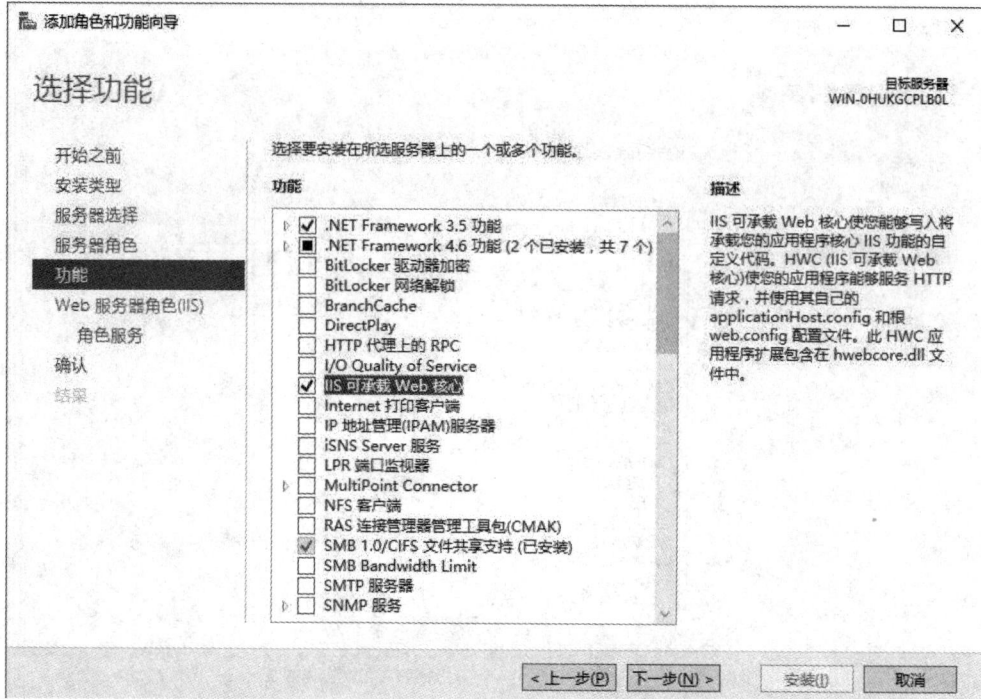

图 5.3.8　选择 .NET Framework 3.5 和 IIS 可承载 Web 核心支持功能

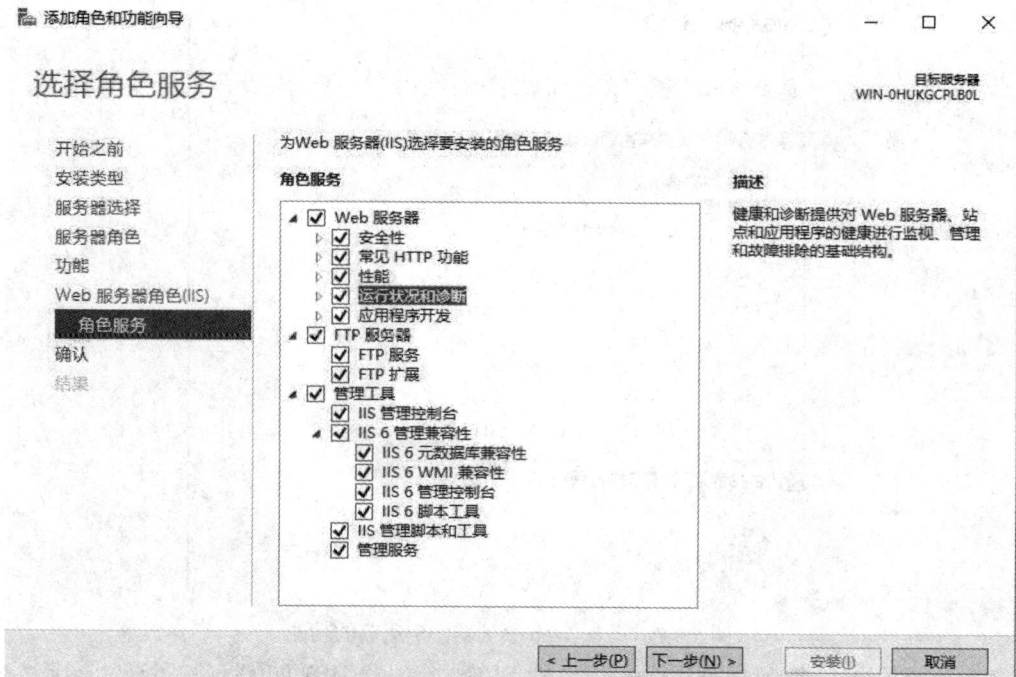

图 5.3.9　选择 IIS 服务器角色提供的功能和服务

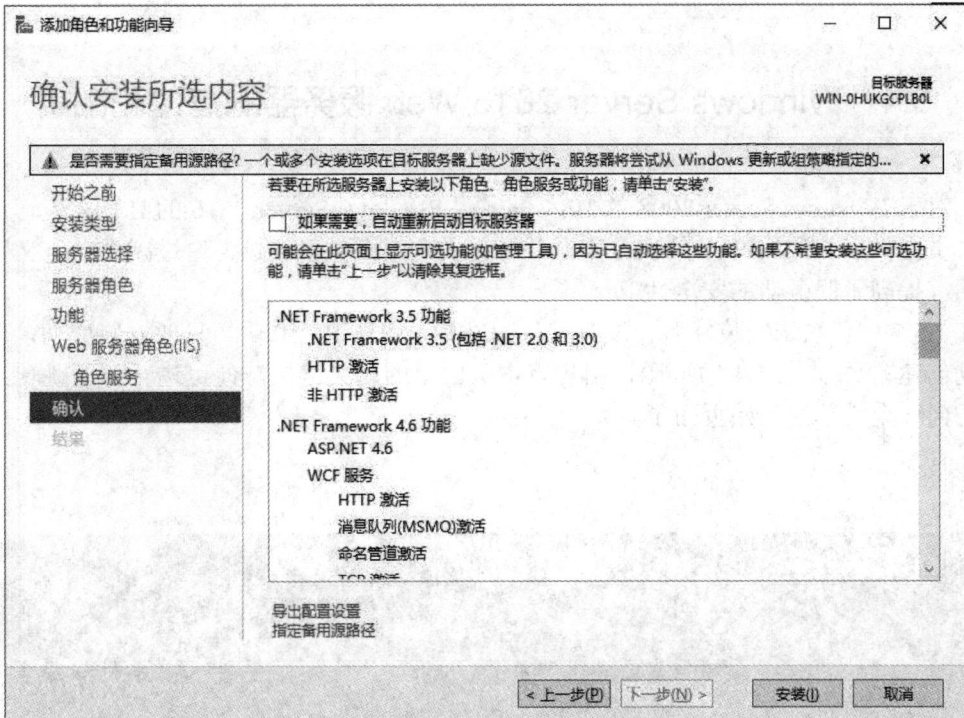

图 5.3.10　确认安装 Web 服务器(IIS)所有的角色服务

(7) 出现提示安装成功的对话框，如图 5.3.11 所示。单击"关闭"按钮，系统返回到"服务器管理器"页面，可以看到 Web 服务器(IIS)已经成功安装。

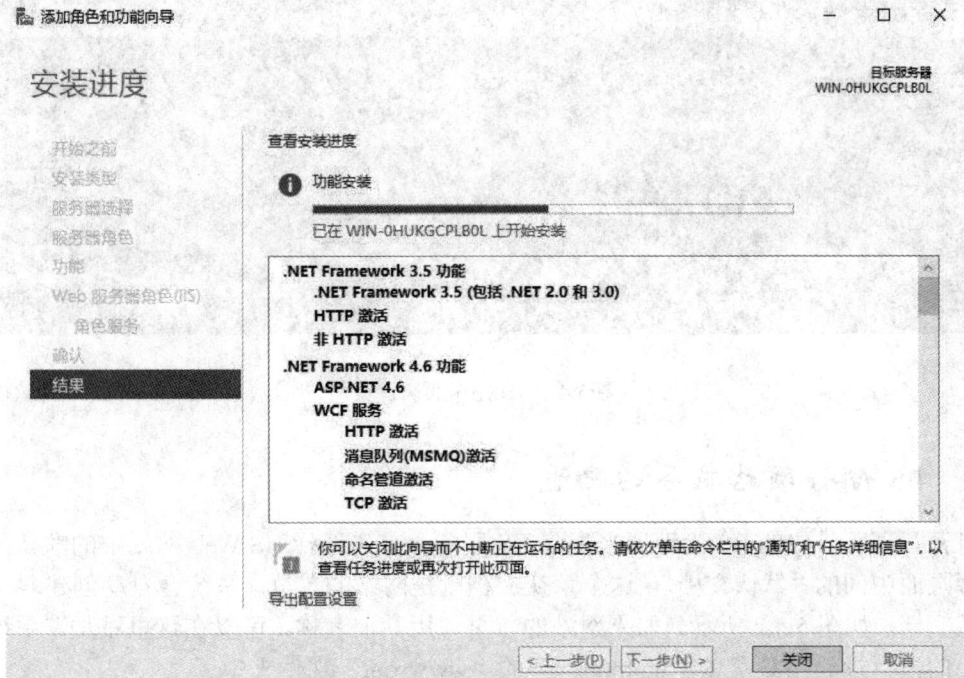

图 5.3.11　IIS 安装成功

5.4　Windows Server 2016 Web 服务器的搭建和部署

相对于 Windows Server 2008 的 IIS 7 来说，Windows Server 2016 的 IIS 10 为管理员和开发人员提供了一致的 Web 解决方案，并针对安全方面做了改进，通过减少自定义服务器的利用，提高了服务器的安全性。

在 IIS 7 中，系统安装好后并没有默认的网站，而在 IIS 10 中，只要安装成功，系统就会自动创建首页(如图 5.4.1 所示)，用户点击页面上的相关链接，便可进行页面跳转，再也不用访问一个简单的初始页面了。

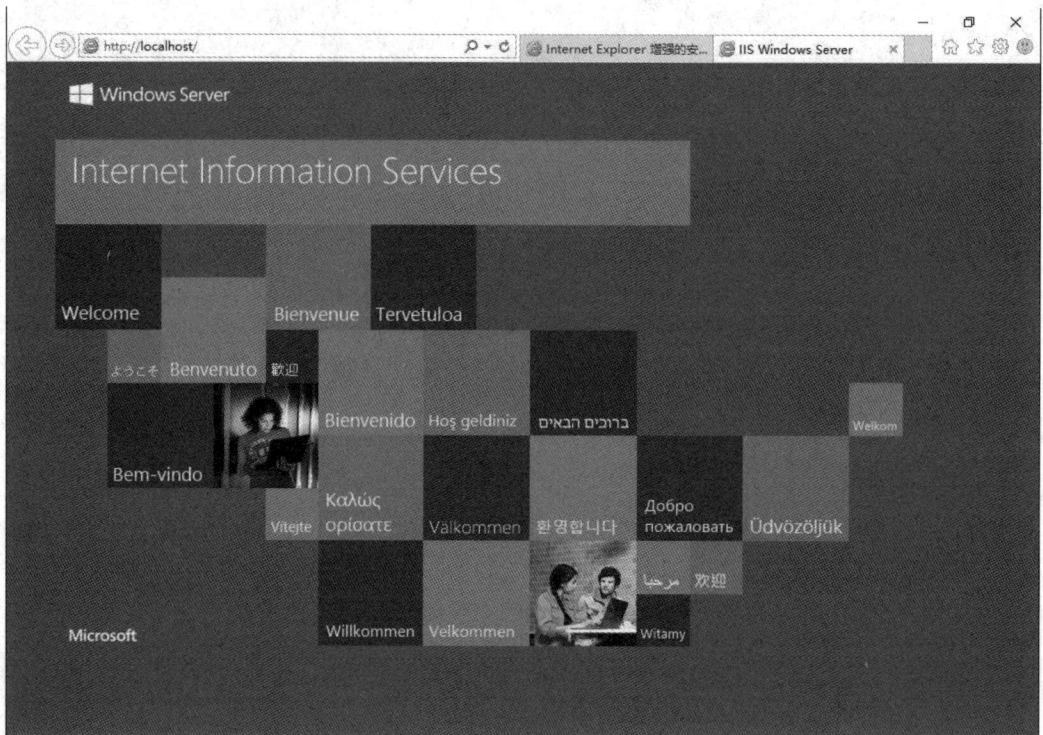

图 5.4.1　IIS 10 默认首页

5.4.1　IIS Web 网站服务的配置

打开管理工具中的 IIS 管理器来配置 IIS 服务。首先选择 IIS Web 网站中的默认网站，即选择页面中间的"默认文档"，这个默认文档就是网站的首页。系统会自动创建 6 个常见的默认文档，如图 5.4.2 所示。如果网站的首页使用其他名称，可以在这里添加。系统默认的网站的根目录放在 C 盘的"inetpub"下的"wwwroot"文件夹中。

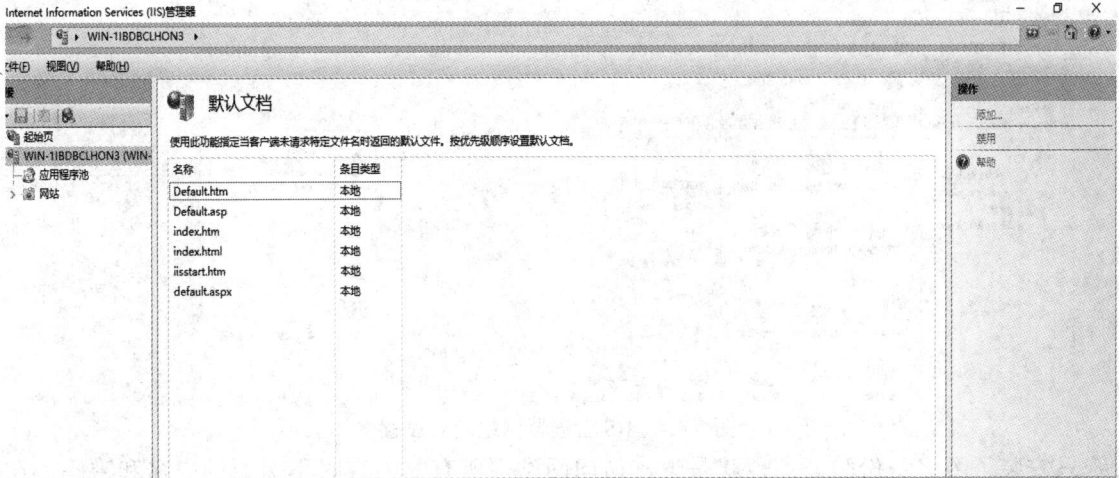

图 5.4.2　IIS Web 网站默认文档设置

IIS 管理器页面的右边为操作栏，操作目标对应的是左边树状的网站目录，网站的基本配置及超时设置都是在这里实现的，如图 5.4.3 所示。

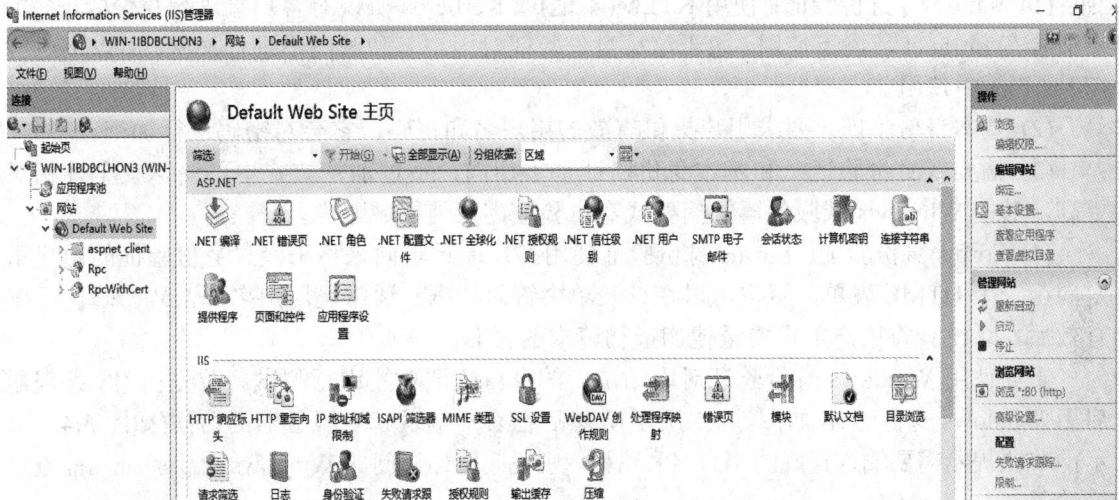

图 5.4.3　IIS 网站管理功能

这里说明一下超时的功能。当 Web 服务器被许多人同时连接，并且一些连接处于空闲的状态时，我们就可以设置超时来让服务器自动断开这些空闲的连接。选择操作界面的限制即可打开超时设置界面，如图 5.4.4 所示。

其他功能如设置限制连接数和限制带宽使用，都可以减轻网站服务器的负荷。

IIS 还有一项关于安全的功能就是身份验证功能。在生产环境中，企业的网站会面向企业内部和企业外部。对于企业内部的员工来说，员工需要访问网站中企业内部的资料，而这些资料是需要保护的，并不是所有人都可以访问，那么这项网站权限访问的控制就可以通过 IIS 的身份验证来实现。

首先需要在服务上安装身份验证的功能。IIS 的身份验证功能分为匿名身份验证、Windows 身份验证、Forms 身份验证、基本身份验证和摘要式身份验证。默认情况下，系

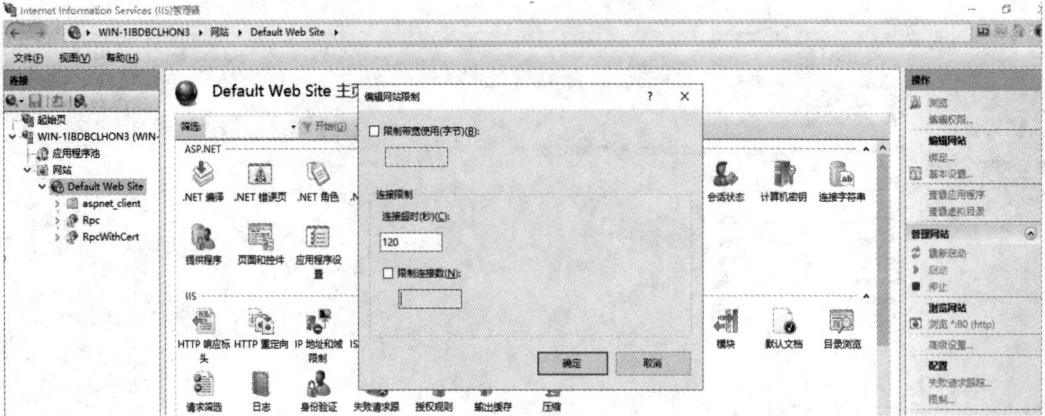

图 5.4.4   IIS 管理器网站超时设置

统只安装了匿名身份验证，也就是说，访问网站内所有的内容时不需要用户名和密码。在安装身份验证时，先打开 IIS 管理器，然后在 IIS 角色界面选择添加服务，添加需要的几种身份验证服务。

这几种身份验证的定义和适用场合如下：

(1) Windows 身份验证：使用 NTLM(本地)或 Kerberos 协议对客户端进行身份验证，主要适合在 Intranet 环境下使用。由于这种身份验证对用户名和密码不进行加密，所以不适合在 Internet 中使用。

(2) 基本身份验证：要求用户提供有效的用户名和密码，它会对密码进行加密。

(3) 摘要式身份验证：和基本身份验证基本相同，不过加密方式更严谨，安全性相对更高。其中 Windows 域服务器的摘要式身份验证需要使用域账户。

(4) Forms 身份验证：Forms 身份验证使用客户端重定向来将未经过身份验证的用户重定向至一个 HTML 表单，用户可以在该表单中输入凭据，通常是用户名和密码。确认凭据有效后，系统会将用户重定向至他们最初请求的页面。

下面使用 Windows 身份验证对网站访问的身份验证功能进行测试。首先在 IIS 管理器启用 Windows 身份验证(如图 5.4.5 所示)，然后在客户端发起对服务器的访问(如图 5.4.6 所示)，如果提示需要输入正确的用户名和密码，则说明网站访问的 Windows 身份验证功能设置成功了。

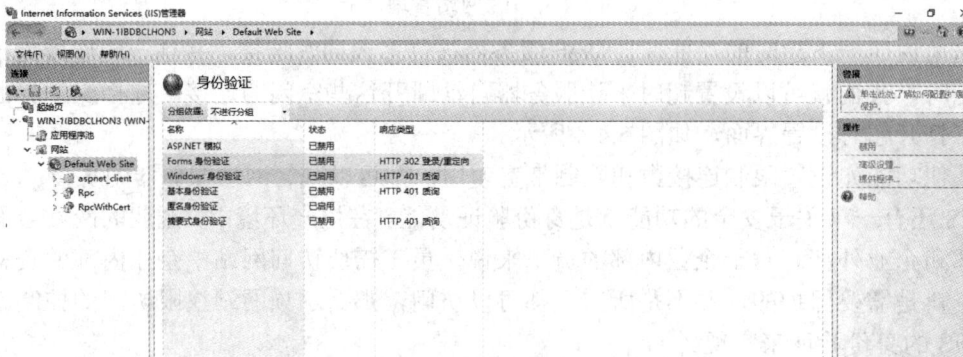

图 5.4.5   启用 Windows 身份验证功能

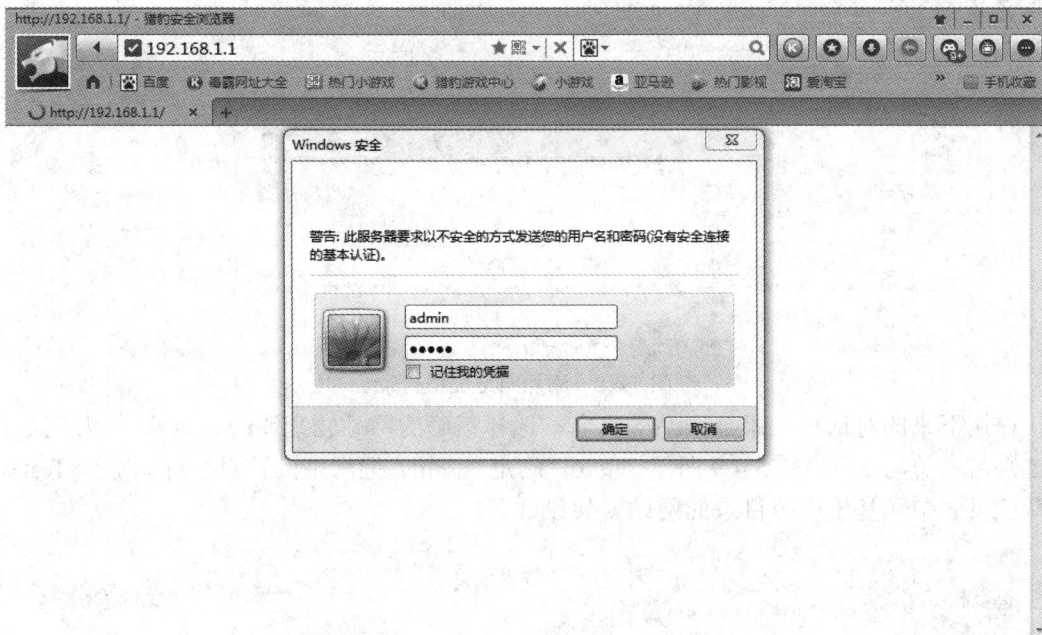

图 5.4.6　网站的 Windows 身份验证访问

5.4.2　IIS Web 网站的架设

下面阐述如何利用 IIS 来架设 Web 网站和使用虚拟目录。

在如图 5.4.3 所示页面左边的目录树中选中"网站"目录，然后单击鼠标右键，在弹出的菜单中选择"新建网站"，在打开的对话框中输入相应参数(以新建网站 www.testsite.com 为例)，如图 5.4.7 所示。最后单击"确定"按钮即完成新网站的架设。

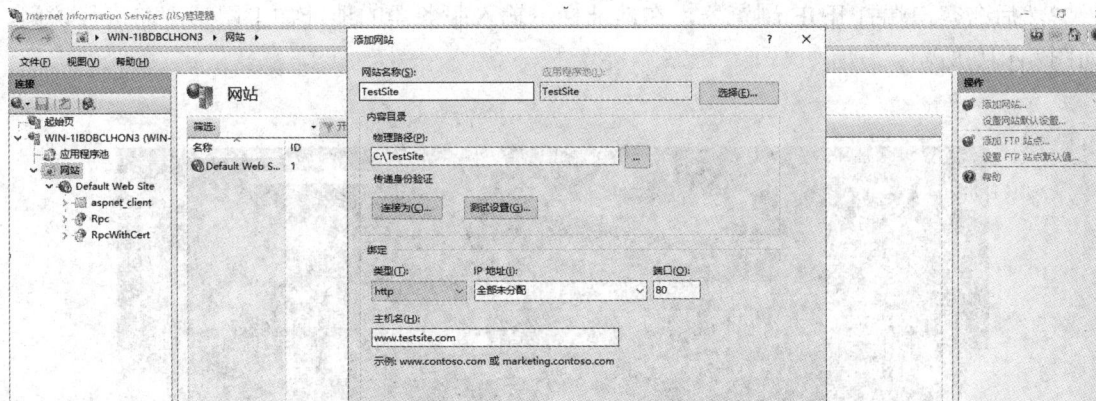

图 5.4.7　利用 IIS 新建 Web 网站

另一个新建网站的方法是使用虚拟目录。虚拟目录类似磁盘映射，当 Web 服务器中安装的目录所在磁盘容量不够时，可以将网站的目录放到别的盘中，然后通过虚拟目录映射到该网站的物理路径。

在如图 5.4.3 所示的页面中，选中左边目录树的"Default Web Site"(默认网站)，然后单击鼠标右键，在弹出的菜单中选择"添加虚拟目录"，如图 5.4.8 所示。

图 5.4.8　添加网站虚拟目录

在接下来的对话框中添加网站的别名，选择正确的网站物理路径，这样，网站就可以通过别名来访问了，如图 5.4.9 所示。单击"确定"按钮，把网站的首页名称添加到 TestWeb的默认页面中，基于虚拟目录的网站就架设好了。

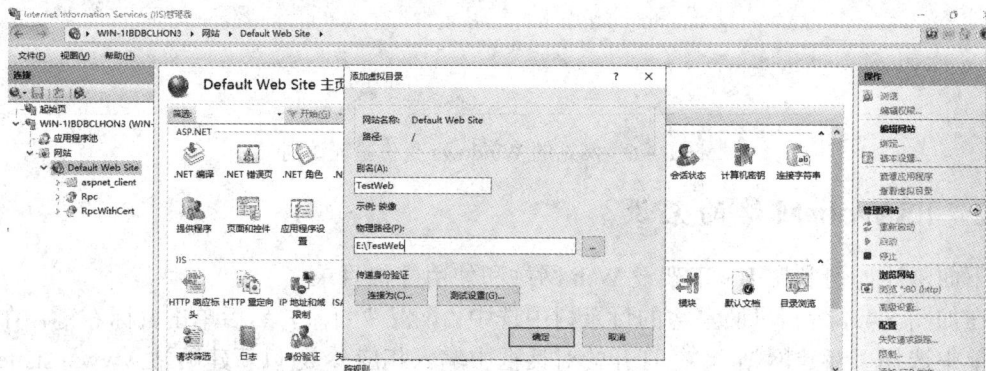

图 5.4.9　网站虚拟目录设置

然后在客户端打开 IE 浏览器，在地址栏里输入服务器的地址加上网站别名进行访问，如图 5.4.10 所示。

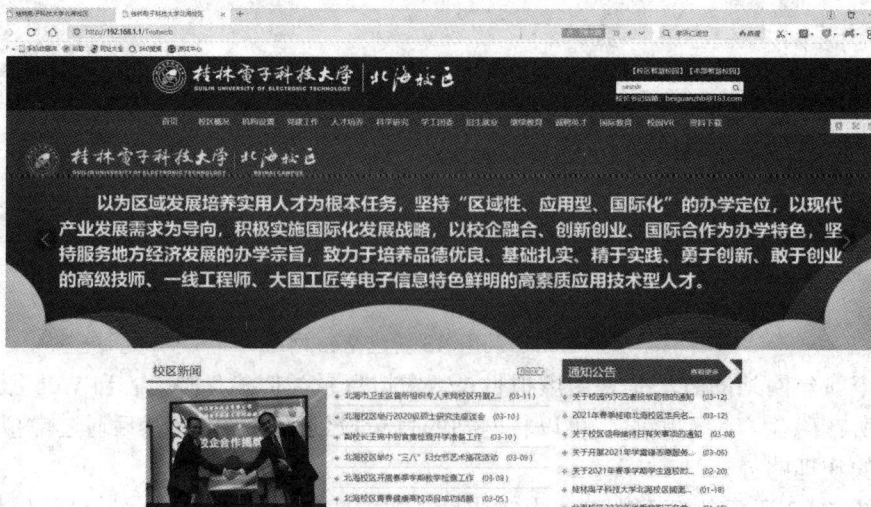

图 5.4.10　通过网站别名来访问网站

5.5　Windows Server 2016 DNS 服务器的搭建和部署

DNS 即域名系统(Domain Name System)或域名服务(Domain Name Service)。域名系统用于实现域名到计算机实际 IP 地址之间的映射，它是一种以层次结构分布的命名系统。域名服务是运行域名系统的 Internet 工具，执行域名服务的服务器被称为 DNS 服务器，通过 DNS 服务器来应答域名服务的查询。关于域名与域名服务器更详细的内容见 6.2 节。

下面分别介绍 DNS 服务器的安装与配置。

5.5.1　DNS 服务器的安装

DNS 服务器的安装步骤如下：

(1) 以管理员账户登录到 Windows Server 2016 系统，单击"开始"→"所有程序"→"管理工具"→"服务器管理器"，打开"服务器管理器"页面，单击"管理"→"添加角色和功能"，如图 5.5.1 所示。

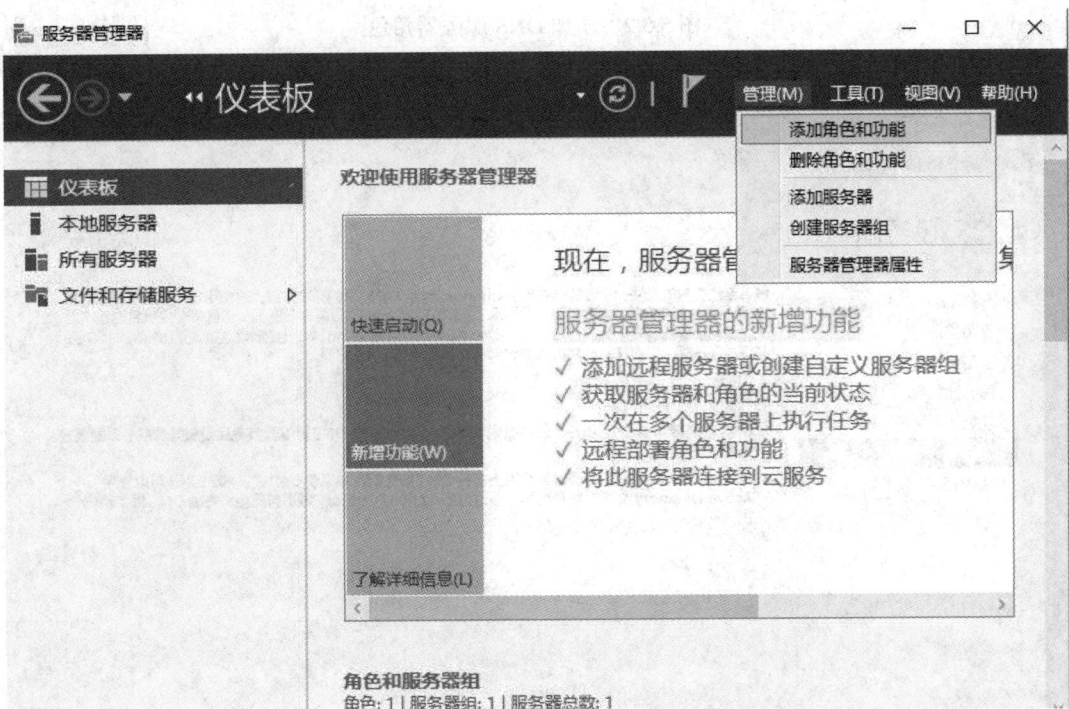

图 5.5.1　服务器管理器

(2) 运行"添加角色和功能向导"，如图 5.5.2 所示。选择"服务器角色"，在出现的对话框中的"角色"列表框中选中"DNS 服务器"复选框，单击"下一步"按钮。

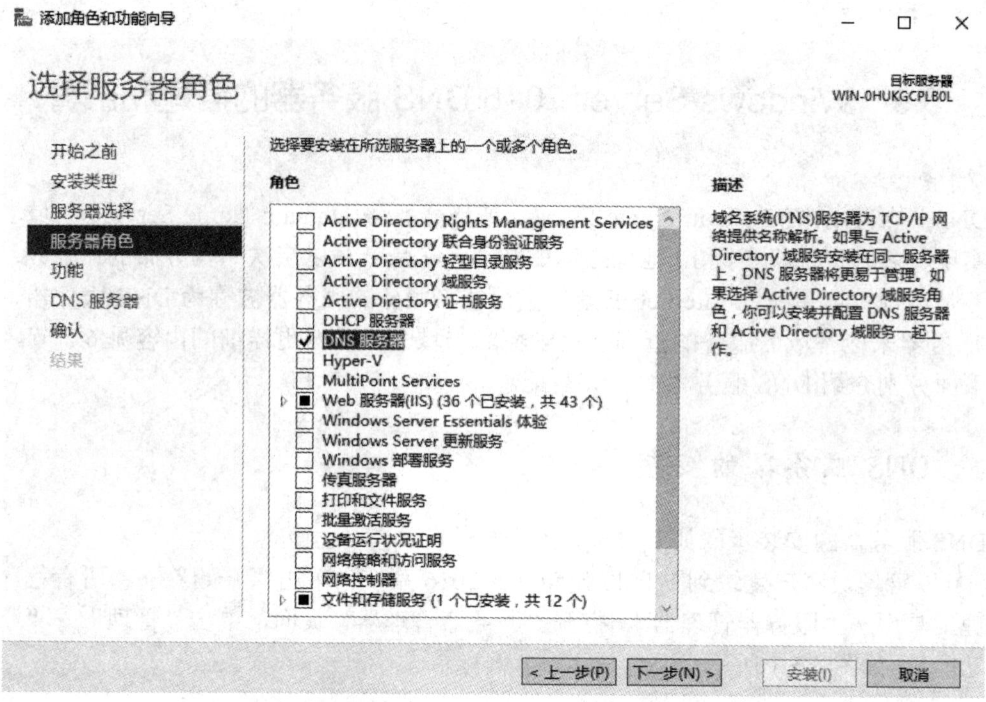

图 5.5.2　添加 DNS 服务器角色

(3) 进入 DNS 服务器角色功能介绍页面，如图 5.5.3 所示。选择"DNS 服务器"，单击"下一步"按钮，确认安装 DNS 服务器角色，单击"安装"按钮，如图 5.5.4 所示。

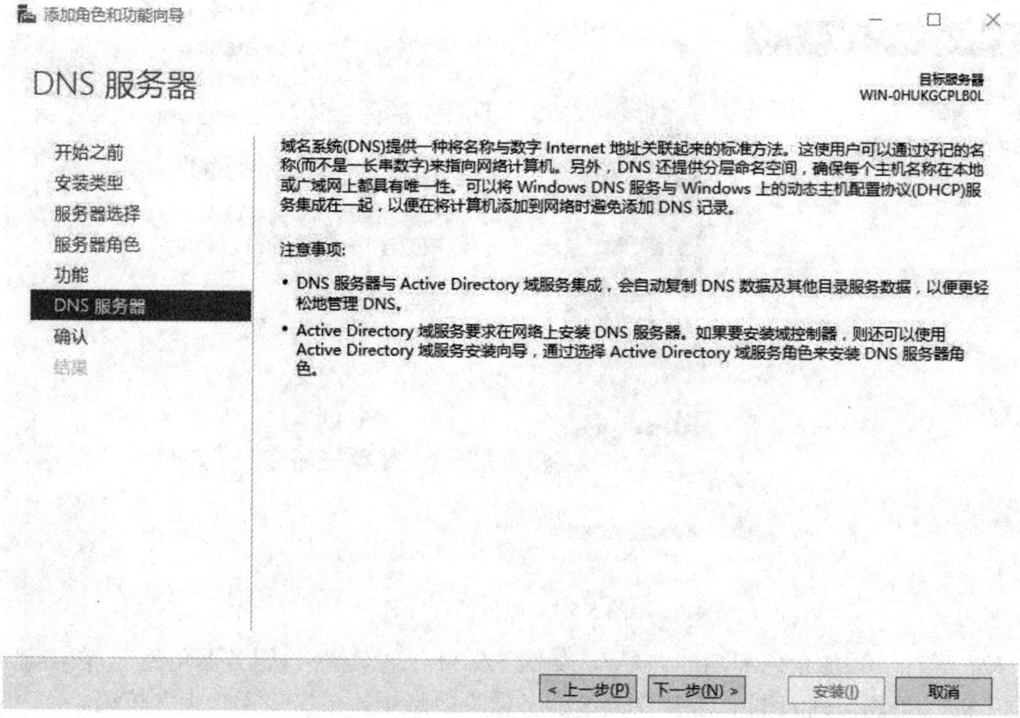

图 5.5.3　DNS 服务器介绍

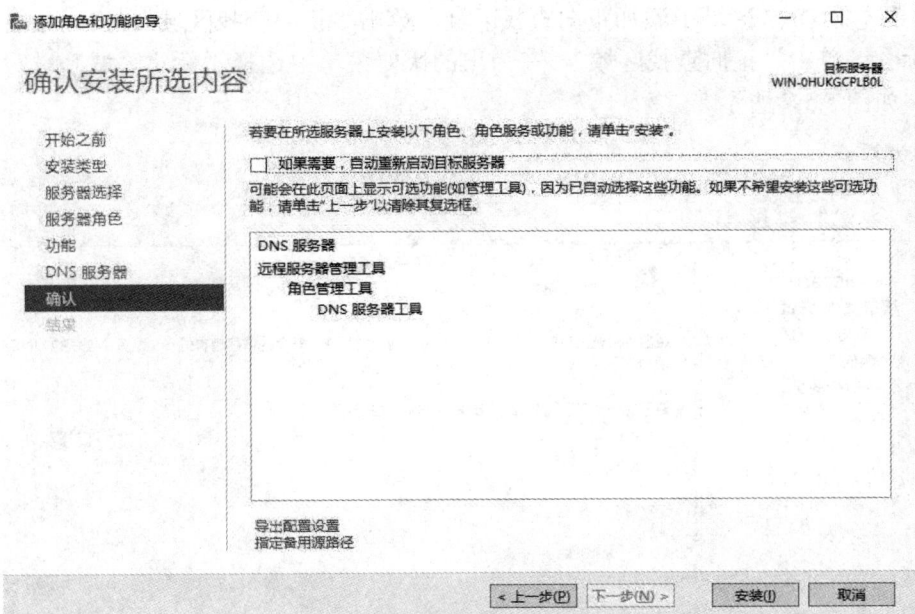

图 5.5.4　DNS 服务器角色安装

待 DNS 服务器安装完成后，开始进行 DNS 服务器的配置。

5.5.2　DNS 服务器的配置

DNS 是一个在 TCP/IP 网络上提供域名与 IP 地址之间转换的服务系统。在 DNS 搜索中，用户通常要将域名解析为 IP 地址进行正向搜索，也可能会进行反向搜索，因此，在 DNS 中需要为用户的需求分别创建正向搜索区域和反向搜索区域。DNS 服务器的配置步骤如下：

(1) 单击"开始"→"管理工具"→"服务器管理器"→"DNS 服务器"选项，出现如图 5.5.5 所示的界面。

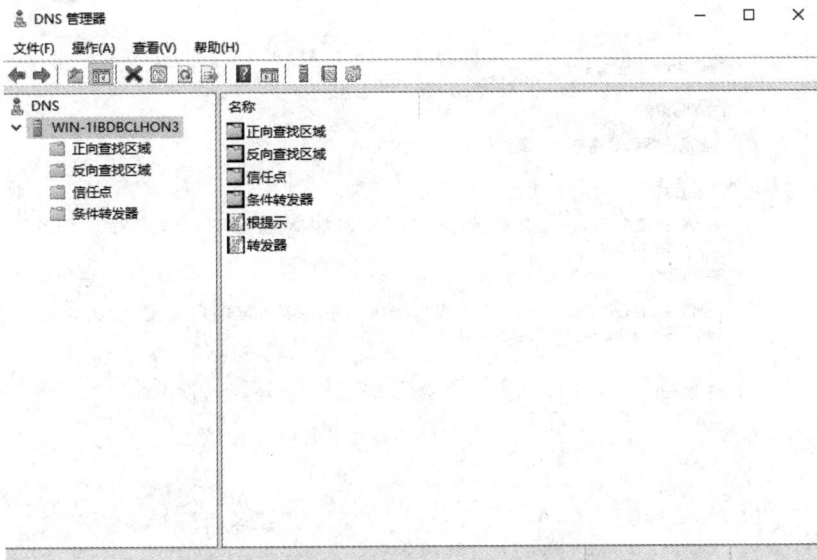

图 5.5.5　DNS 服务器

　　(2) 首先在 DNS 区域中添加正向查找区域。单击"正向查找区域",界面如图 5.5.6 所示。鼠标右键单击"正向查找区域",在弹出的快捷菜单中选择"新建区域",打开新建区域向导,如图 5.5.7 所示。

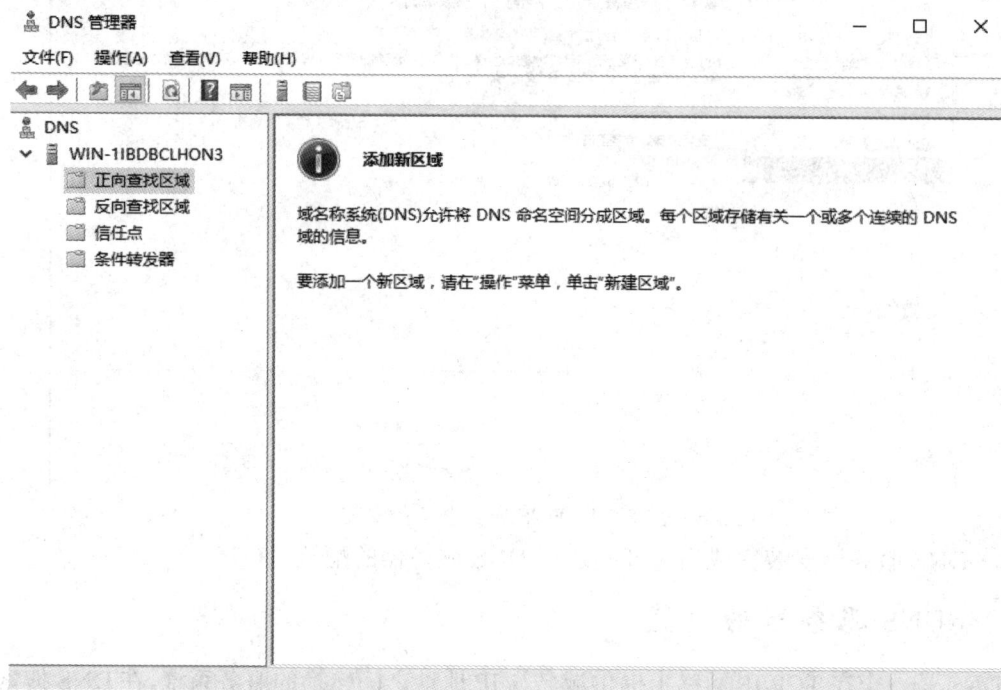

图 5.5.6　在 DNS 正向查找区域建立新的区域

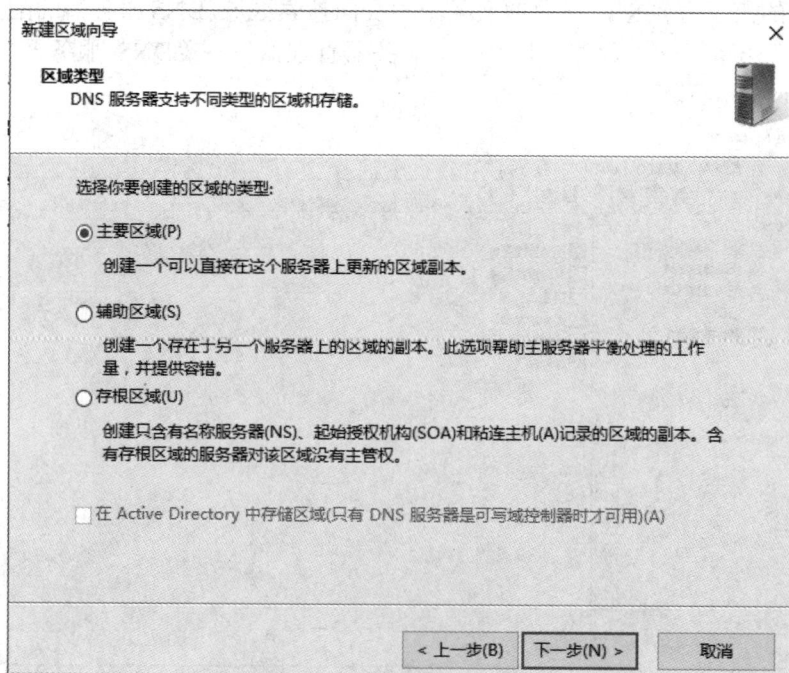

图 5.5.7　新建区域向导

（3）在"选择你要创建的区域的类型"中，选择"主要区域"，然后单击"下一步"按钮，弹出图 5.5.8 所示的对话框，在"区域名称"中，输入在域名服务机构申请的正式域名，如"ip-tcp.com"。然后单击"下一步"按钮。

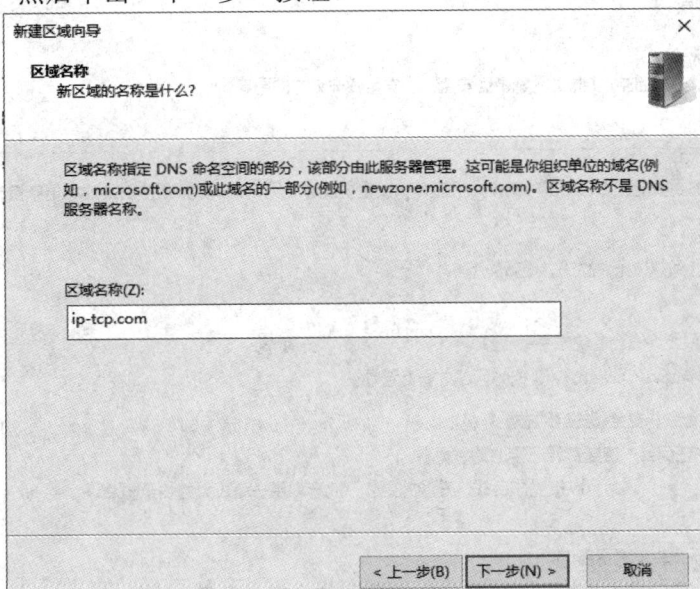

图 5.5.8　输入新建区域名称

（4）打开图 5.5.9 所示的页面，选中"创建新文件，文件名为"，并输入文件名，文件名使用默认即可。如果要从另一个 DNS 服务器将记录文件复制到本地计算机，则选中"使用此现存文件"单选按钮，并输入现存文件的路径，然后单击"下一步"按钮。

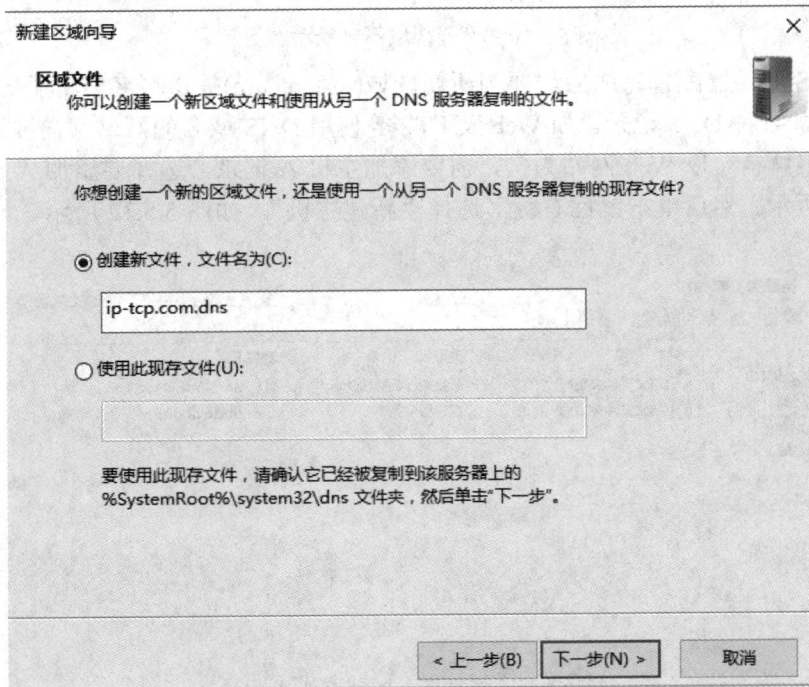

图 5.5.9　创建区域文件

(5) 选中"不允许动态更新",单击"下一步"按钮,完成"ip-tcp.com"域名的正向区域的创建,如图 5.5.10 所示。

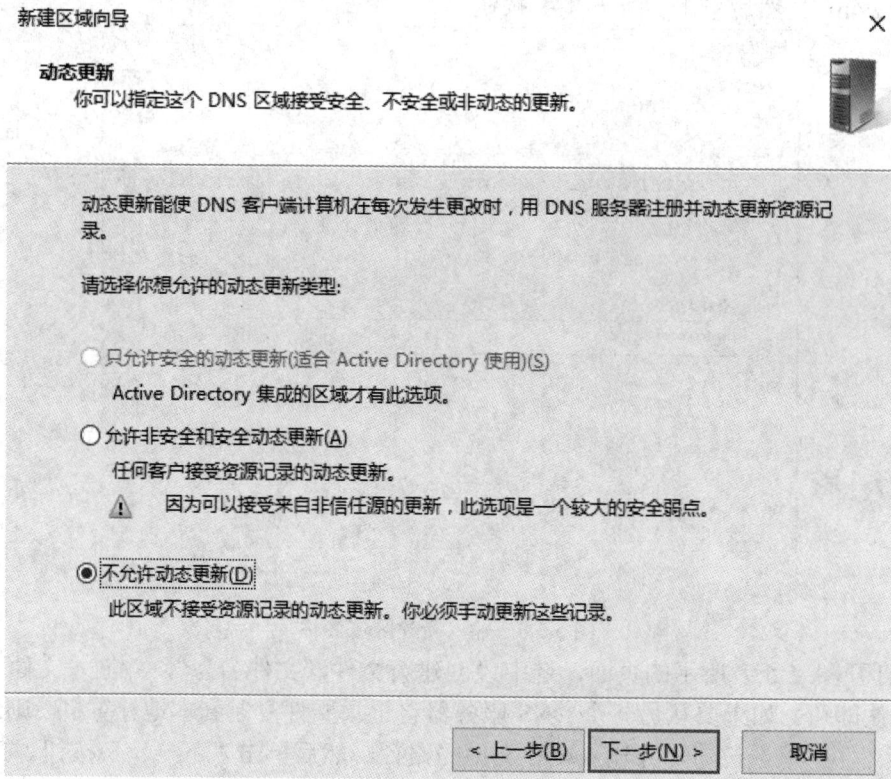

新建区域向导　　　　　　　　　　　　　　　　　×

动态更新
　　你可以指定这个 DNS 区域接受安全、不安全或非动态的更新。

　　动态更新能使 DNS 客户端计算机在每次发生更改时,用 DNS 服务器注册并动态更新资源记录。

　　请选择你想允许的动态更新类型:

　　○ 只允许安全的动态更新(适合 Active Directory 使用)(S)
　　　　Active Directory 集成的区域才有此选项。

　　○ 允许非安全和安全动态更新(A)
　　　　任何客户接受资源记录的动态更新。
　　　⚠　因为可以接受来自非信任源的更新,此选项是一个较大的安全弱点。

　　◉ 不允许动态更新(D)
　　　　此区域不接受资源记录的动态更新。你必须手动更新这些记录。

　　　　　　　　　　　　　　< 上一步(B)　　下一步(N) >　　取消

图 5.5.10　设置区域不接受动态更新

(6) DNS 服务器配置完成后,要为所属的域(ip-tcp.com)提供域名解析服务,还必须在 DNS 域中添加各种 DNS 记录。如 Web 及 FTP 等使用 DNS 域名的网站都需要添加 DNS 记录来实现域名解析。以 Web 网站为例,需要添加主机 A 记录,选择要添加 A 记录的域名,如图 5.5.11 所示。然后单击鼠标右键,选择"新建主机",如图 5.5.12 所示。

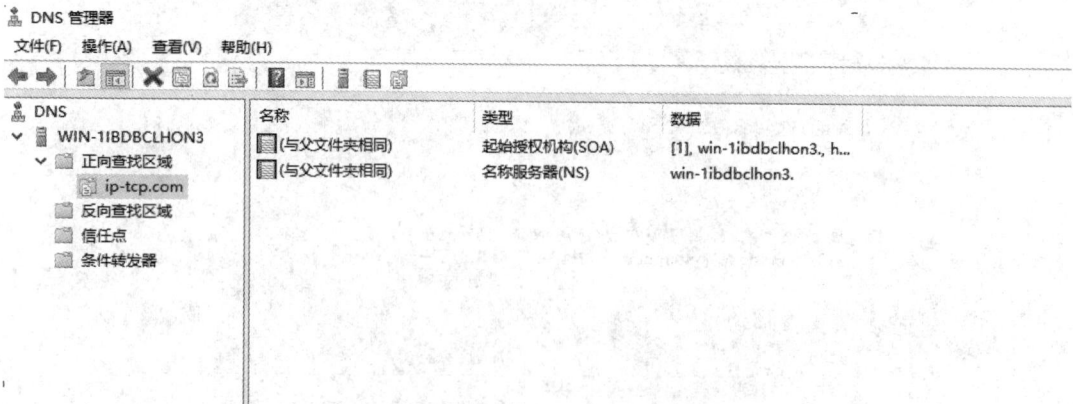

DNS 管理器
文件(F)　操作(A)　查看(V)　帮助(H)

DNS	名称	类型	数据
∨ WIN-1IBDBCLHON3	(与父文件夹相同)	起始授权机构(SOA)	[1], win-1ibdbclhon3., h...
∨ 正向查找区域	(与父文件夹相同)	名称服务器(NS)	win-1ibdbclhon3.
ip-tcp.com			
反向查找区域			
信任点			
条件转发器			

图 5.5.11　选择域名区域添加 A 记录

DNS 管理器

文件(F)　操作(A)　查看(V)　帮助(H)

DNS
WIN-1IBDBCLHON3
正向查找区域
ip-tcp.com
反向查找区域
信任点
条件转发器

名称	类型	数据
(与父文件夹相同)	起始授权机构(SOA)	[1], win-1ibdbclhon3., h...
(与父文件夹相同)	名称服务器(NS)	win-1ibdbclhon3.

更新服务器数据文件(U)
重新加载(E)
新建主机(A 或 AAAA)(S)...
新建别名(CNAME)(A)...
新建邮件交换器(MX)(M)...
新建域(O)...
新建委派(G)...
其他新记录(C)...
DNSSEC(D)　　　　　　›
所有任务(K)　　　　　　›
刷新(F)
导出列表(L)...
查看(V)　　　　　　　　›
排列图标(I)　　　　　　›
对齐图标(E)

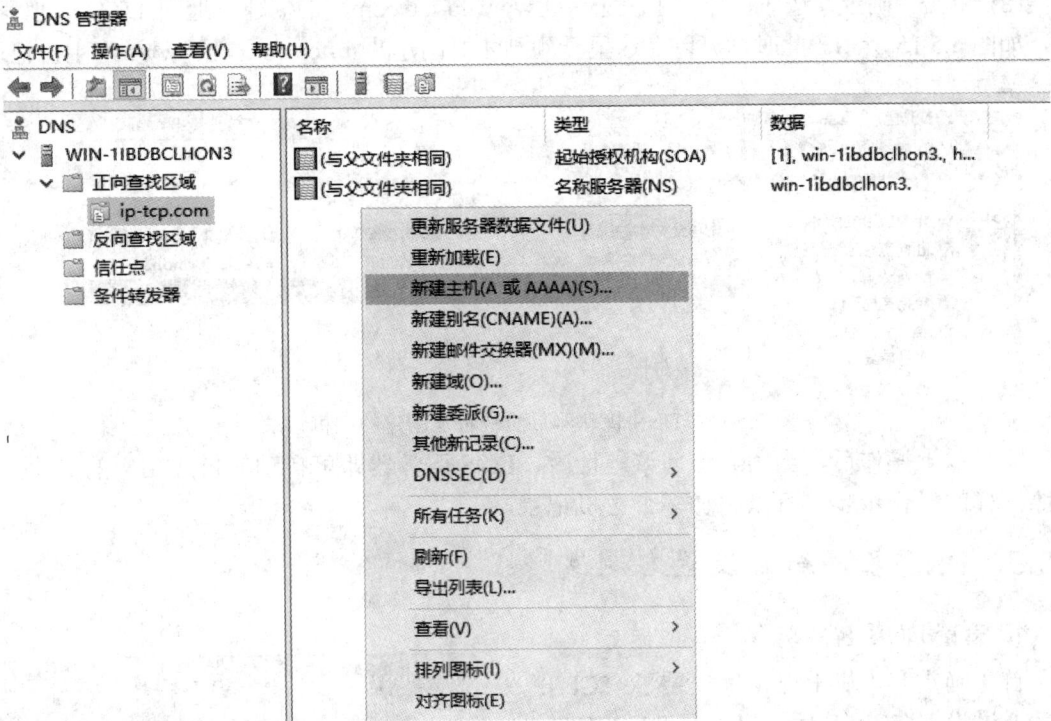

图 5.5.12　新建主机 A 记录

　　(7) 出现"新建主机"对话框,如图 5.5.13 所示。在"名称"文本框中输入主机名称,如"www",在"IP 地址"文本框中输入主机对应的 IP 地址,单击"添加主机"按钮,提示主机记录创建成功,如图 5.5.14 所示。

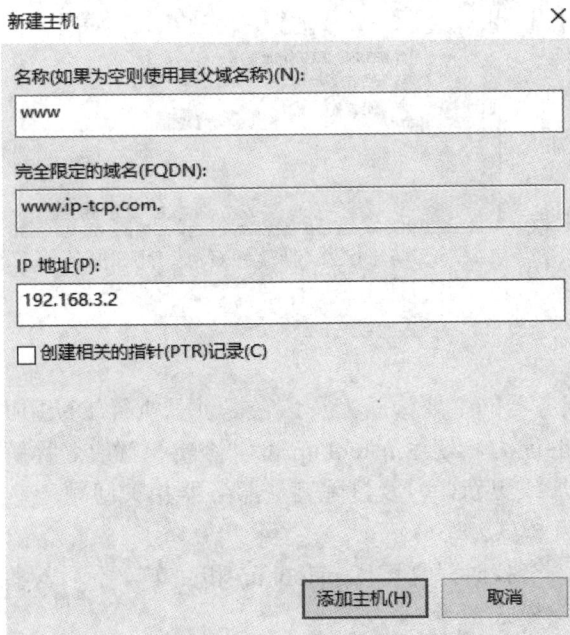

新建主机　　　　　　　　　　　　✕

名称(如果为空则使用其父域名称)(N):

www

完全限定的域名(FQDN):

www.ip-tcp.com.

IP 地址(P):

192.168.3.2

☐ 创建相关的指针(PTR)记录(C)

DNS　　　　　　　✕

ⓘ　成功地创建了主机记录 www.ip-tcp.com。

确定

添加主机(H)　　取消

图 5.5.13　将主机的域名映射到对应的 IP 地址　　　　图 5.5.14　成功创建主机 A 记录

(8) 单击"确定"按钮，完成主机记录"www.ip-tcp.com"的创建，返回 DNS 管理器页面，如图 5.5.15 所示。此时，可以在这里看到刚才所创建的 ip-tcp.com 的"www"主机记录。

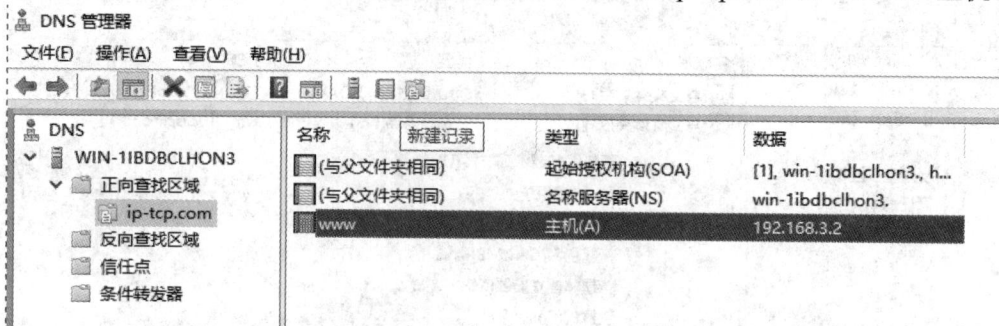

图 5.5.15　DNS 管理器页面查看已创建的主机记录

完成以上操作后，当用户访问该地址时，DNS 服务器即可自动解析成相应的 IP 地址。按照同样的操作步骤，可以添加多个主机记录。

5.5.3　DNS 客户端的设置与测试

1. 设置 DNS 客户端

首先确定客户机上已正确安装了 TCP/IP，然后通过设置 TCP/IP 属性来配置 DNS 客户机。设置 DNS 客户端的方法如下：

(1) 对于 Windows 客户机，在"网络和拨号连接"窗口中，用鼠标右键单击"本地连接"→"属性"，打开"本地连接属性"对话框，双击"Internet 协议版本 4(TCP/IPv4)属性"，打开"Internet 协议版本 4(TCP/IPv4)属性"对话框。

(2) 在"Internet 协议版本 4(TCP/IPv4)属性"对话框中可以选择"自动获得 DNS 服务器地址"单选按钮，配置自动获取 DNS 地址(由 DHCP 服务器提供)，或在"首选 DNS 服务器"文本框输入 DNS 服务器的地址 192.168.1.1，如图 5.5.16 所示。

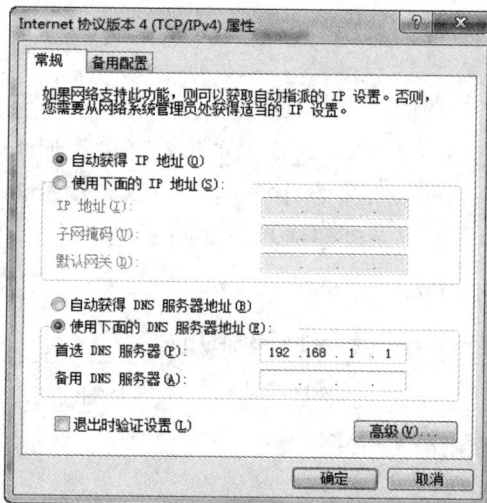

图 5.5.16　设置客户端的首选 DNS 服务器

2. 测试 DNS 服务器

"nslookup"命令行实用程序是 DNS 服务器的主要诊断工具，它提供了执行 DNS 服务器查询测试并获取详细响应作为命令输出的能力。使用 nslookup 可以诊断和解决名称解析问题，检查资源记录是否在区域中正确添加或更新，以及排除其他服务器相关问题。

nslookup 有两种模式：交互模式和非交互模式。

交互模式用于需要查找多块数据的情况。查找时只需键入 nslookup 和回车，不输入参数。在域名服务器出现故障时更多地使用交互模式。

非交互模式用于仅需要查找一块数据的情况。查找时要求输入完整的命令格式，例如查找 www.ip-tcp.com 域名的记录，在 Windows 命令行模式下输入 nslookup www.ip-tcp.com 即可，如图 5.5.17 所示。有关更多命令的使用方法，可以在提示符"＞"下键入"help"或"？"获得帮助信息。

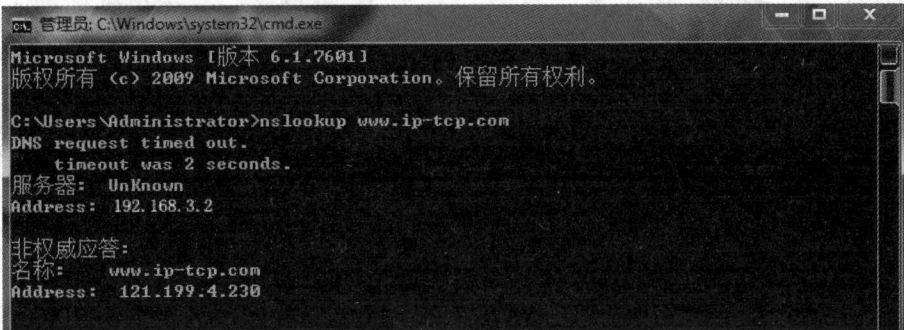

图 5.5.17　执行"nslookup"命令窗口

5.6　Windows Server 2016 搭建 FTP 服务器

FTP 是网络中常用的文件传输协议，Windows Server 2016 服务器内建 FTP 服务器，区别于电驴和 BT 下载的 P2P 模式，它和本章介绍的其他网络服务一样，同是 C/S 模式。下面介绍如何使用 Windows Server 2016 搭建 FTP 服务器。

5.6.1　安装 FTP 服务器

安装 FTP 服务器的操作步骤如下：

(1) 以管理员账户登录 Windows Server 2016 系统，单击"开始"→"程序"→"管理工具"→"服务器管理器"，打开"服务器管理器"页面，单击"管理"→"添加角色和功能"，如图 5.6.1 所示。

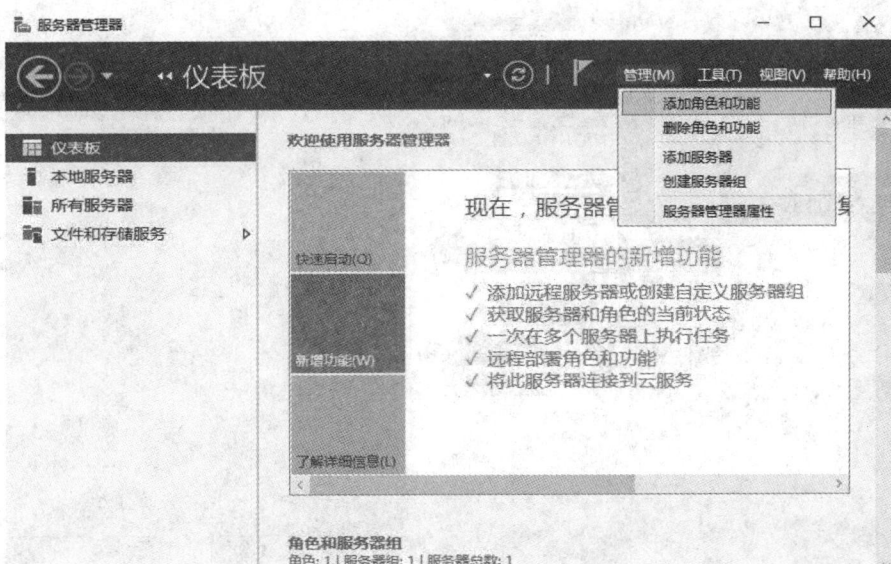

图 5.6.1　服务器管理器

(2) 进入"添加角色和功能向导"页面，选中"Web 服务器(IIS)"，因为 FTP 是 Web 服务器(IIS)提供的一种服务，然后单击"下一步"按钮，如图 5.6.2 所示。

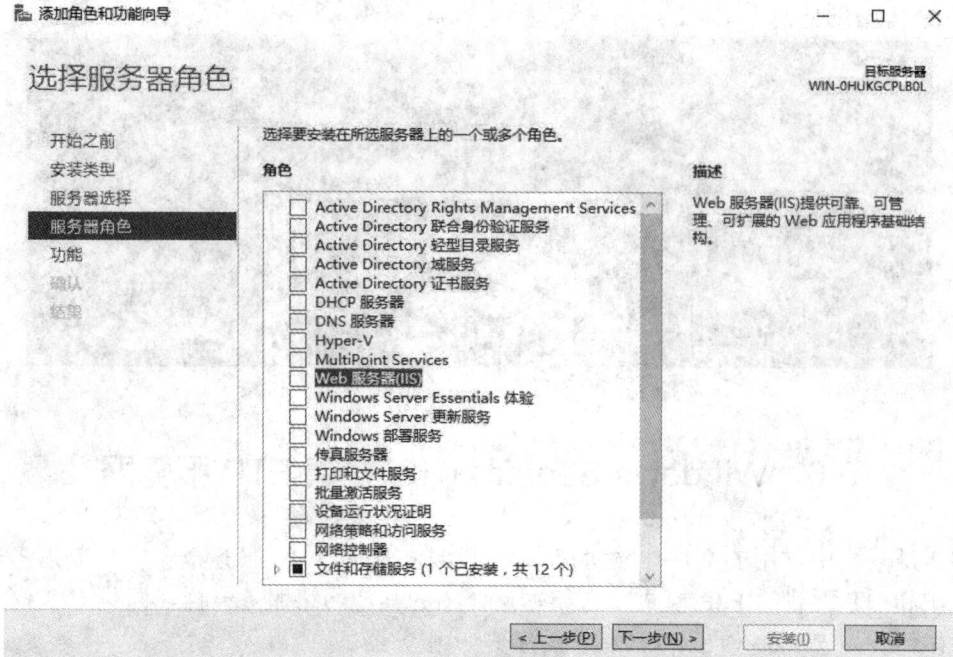

图 5.6.2　选择要安装的服务器角色

(3) 在"角色服务"列表中，勾选"FTP 服务器"选项，然后单击"下一步"按钮，如图 5.6.3 所示。

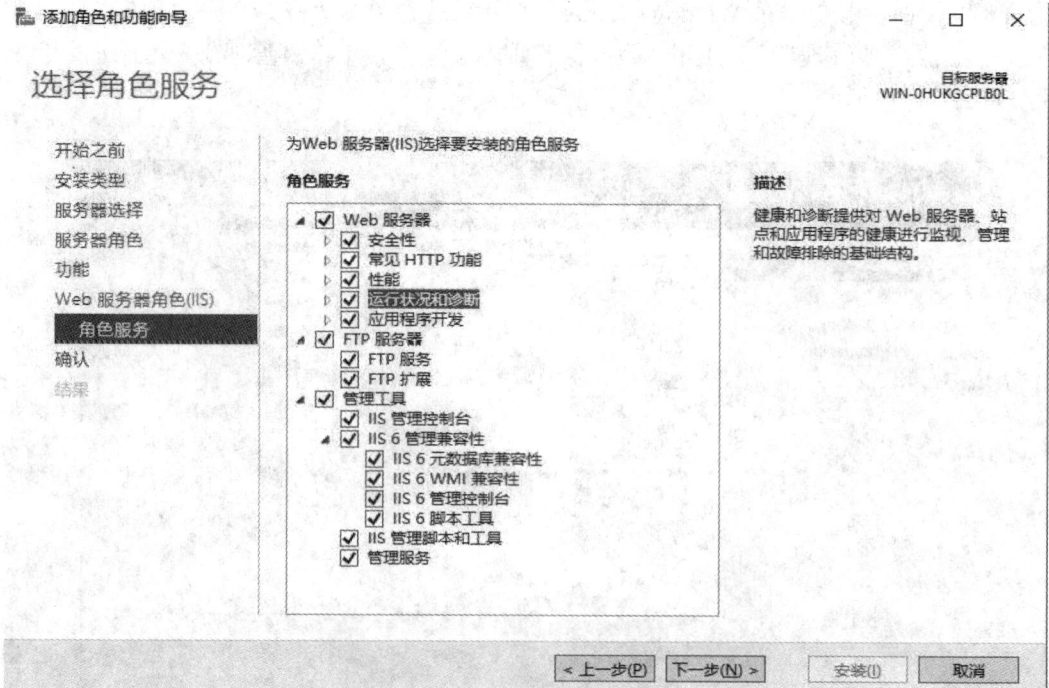

图 5.6.3　选择 FTP 服务器

(4) 进入安装过程，用户需要等待几分钟，直到安装完成，如图 5.6.4 所示。

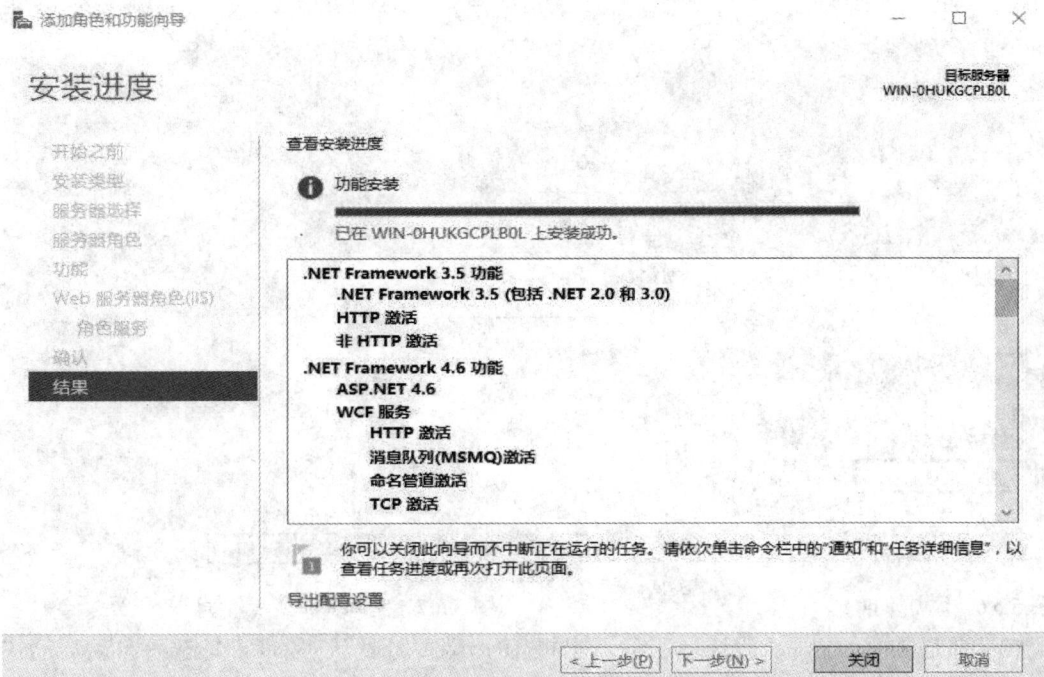

图 5.6.4　FTP 服务器安装成功

5.6.2　新建 FTP 站点

新建 FTP 站点的操作步骤如下：

(1) 在硬盘下选择一个文件夹作为 FTP 文件夹，这里选择 D 盘下的名字为 "FTP" 的文件夹，然后单击 "开始" → "管理工具" → "服务器管理器" → "IIS 服务管理器" 选项，如图 5.6.5 所示。单击右边操作栏里的 "添加 FTP 站点" 链接，如图 5.6.6 所示。

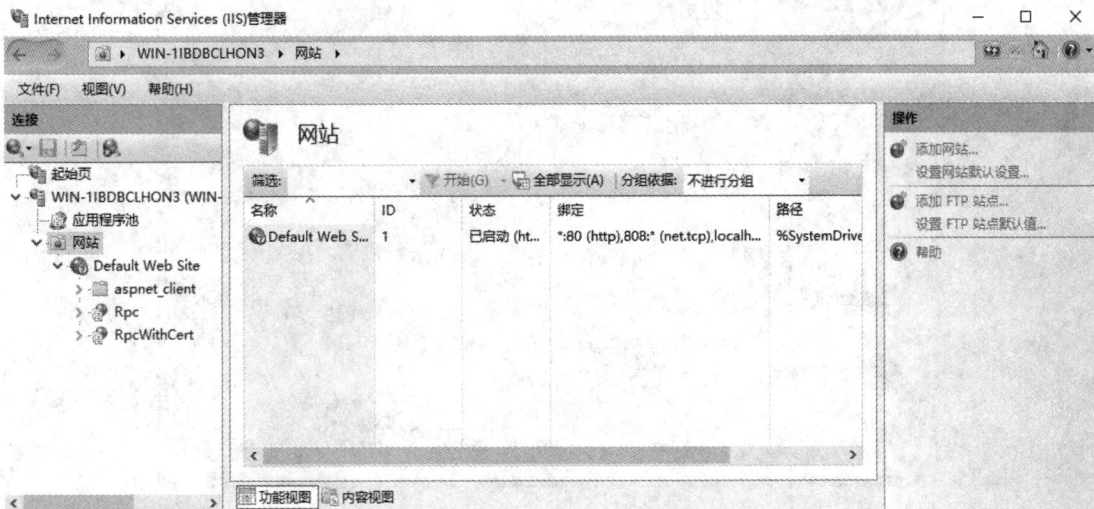

图 5.6.5　进入 IIS 管理器

(2) 完善 FTP 站点各项信息，如图 5.6.7 所示。完成后单击"下一步"按钮。

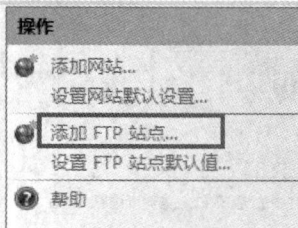

图 5.6.6　添加 FTP 站点　　　　　　　　　图 5.6.7　完善 FTP 站点信息

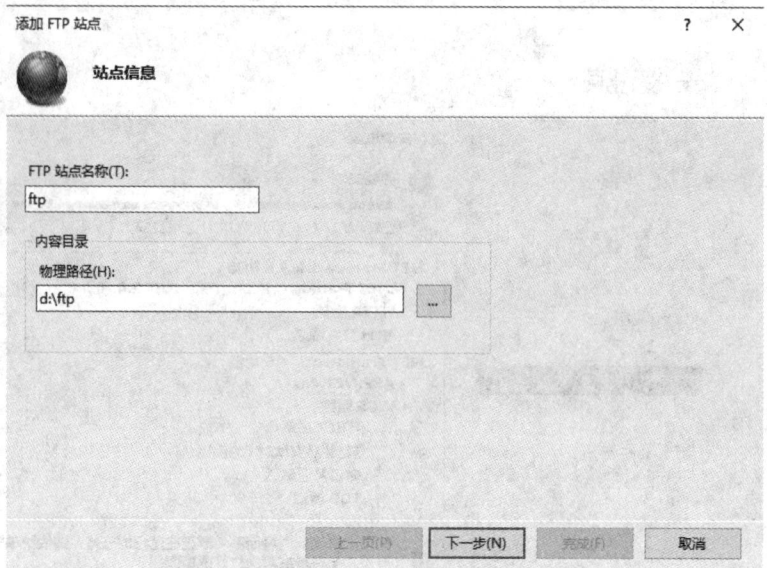

(3) 绑定 IP 地址，一般选择服务器本机 IP，端口号默认"21"，勾选"自动启动 FTP 站点"，由于没有服务器设置 SSL 证书，所以 SSL 选项选择"无"，单击"下一步"按钮，如图 5.6.8 所示。

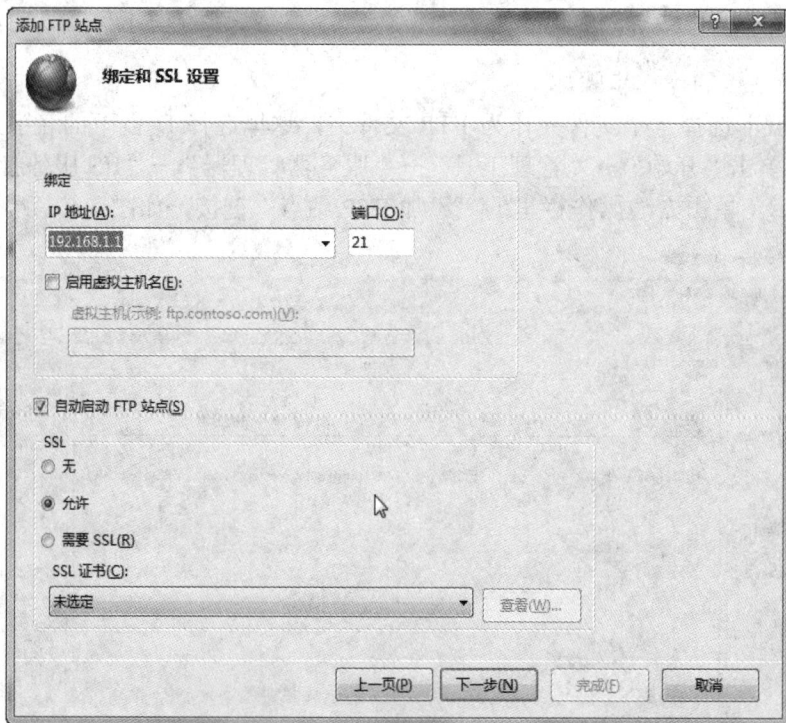

图 5.6.8　绑定服务器的 IP 地址

(4) 打开"身份验证和授权信息"页面,在身份验证下勾选"匿名"和"基本",授权允许访问方式选择"所有用户",给所有用户授予读取的权限,如图 5.6.9 所示。

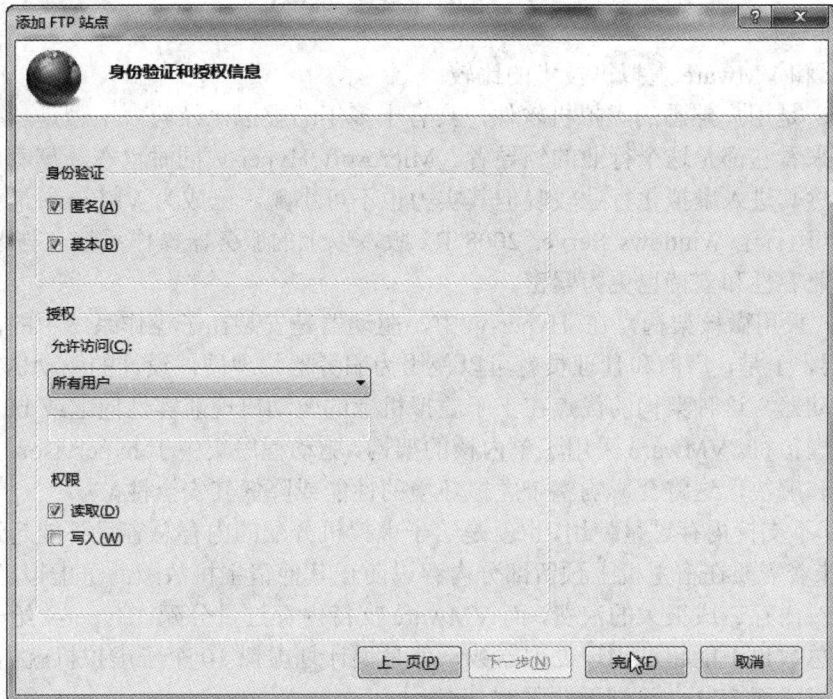

图 5.6.9　身份验证和授权信息

(5) 在客户端打开浏览器,在浏览器地址栏里输入"ftp:// 192.168.1.1"(服务器 IP 地址),这样就可以浏览当前 FTP 服务器上共享文件夹里的内容了,如图 5.6.10 所示。

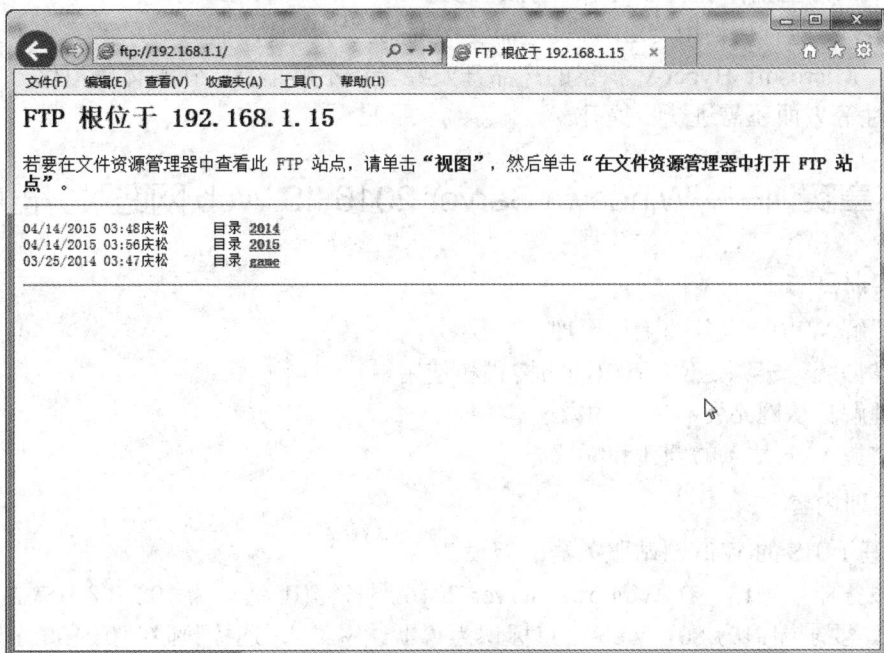

图 5.6.10　浏览 FTP 站点

5.7　常 见 问 题

Hyper-v 和 VMware 虚拟机技术的比较。

VMware 是用户熟悉的虚拟机软件，具有十多年的虚拟化经验，不管是从技术积累还是市场份额来看它都是这个行业的领导者。Microsoft Hyper-v 同时也在分享着虚拟化市场的蛋糕，虽然其进入虚拟化行业较晚但其实力也不可小觑，已成为 VMware 最强的竞争对手。Hyper-v 运行于 Windows Server 2008 R2 版本以上的服务器操作系统，与 Windows 服务器系统的兼容性和支持也更为紧密。

Hyper-v 采用微核架构，在 Hyper-v 中，驱动器是安装在子操作系统中的，而不是在 hypervisor 层，于是，厂商和管理员就可以使用为服务器物理硬件设计的驱动器，而不是虚拟硬件的驱动器。这种架构的优点在于子虚拟机上的驱动出现兼容性问题或 bug 时不会影响其他的子虚拟机。VMware 采用了单内核的架构，驱动程序集中于 hypervisor，若出现 bug 将不易发现和解决，这将会影响整个虚拟环境的性能或降低其安全性。

Hyper-v 不支持内存过量使用，也就是给子虚拟机分配的内存总容量不能超过物理内存容量。这意味着需要在宿主机上预留部分内存以防止其他宿主机故障而子虚拟机不能切换，此种方式会对内存造成很大的浪费，而 VMware 支持内存过量分配。Hyper-v 给子虚拟机分配的处理器总数也不能超过物理处理器数，就是说计划虚拟 10 个子虚拟机就需要 10 路处理器的宿主机，而 VMware 则无此限制。

Hyper-v 依赖于 Windows Server 2008 R2，相对来说 Windows 系列的产品更易受到攻击，其安全性比 VMware ESX 以 Linux 为控制台的环境更低一些。而 VMware 提供给第三方安全厂商的 API，在整体解决方案中进行安全防护。

Hyper-v 不能直接使用 USB 外设，需要借助第三方工具，非常不方便。

总之，Microsoft Hyper-v 积累的产品开发经验还不够丰富，在整体虚拟化方案的稳定性、安全性等方面还需进一步提升。

5.8　本章实训——Windows Server 2016 IIS Web 网站服务器的搭建

1．实训目的

(1) 了解 WWW 服务的工作原理。

(2) 掌握统一资源定位符(URL)的格式和使用。

(3) 理解默认网站发布网页的方法。

(4) 掌握 Web 站点的创建和配置方法。

2．实训内容

完成基于 IIS 的 Web 网站服务器的架设。

(1) 服务器端操作。在 Windows Server 2016 服务器(IP 地址为 192.168.1.5)上设置一个 Web 站点，要求端口为 80，Web 站点标识为"默认网站"，连接数限制到 100 个，连接超时设置为 60 s；日志采用 W3C 扩展日志文件格式，新日志时间间隔为 1 天；启用带宽限制，最大网络使用 1024 kb/s；主目录为 D:\ws2016web，允许用户读取和下载文件访问，默认文档为 default.asp。

(2) 客户端操作。在 IE 浏览器的地址栏中输入"http://192.168.1.5"来访问已创建的 Web 站点。配合 DNS 服务器的配置，将 IP 地址 192.168.1.5 与域名"http://www.ws2016.cn"对应起来，在 IE 浏览器的地址栏中输入"http://www.ws2016.cn"来访问已创建的 Web 站点。

第6章　互联网宽带接入技术

互联网(Internet)又称因特网或网间网，是世界上最大的广域网，是所有连接公共网络的计算机及其载有的信息资源的总称。最新的计算机网络技术都是第一时间在互联网上得到应用，所以互联网的发展历史往往又等同于计算机网络的发展历史。互联网作为一个承载着人类文明发展的信息资源平台，其定义比单纯的计算机网络丰富很多。

6.1　互联网的发展

6.1.1　互联网的历史和现状

每天早上我们习惯打开手机看看当天的天气和新闻，搭地铁时和朋友用微信聊天打发无聊的路上时间，到公司了打开电脑查看电子邮件了解当天的工作安排事宜，晚上在家里登录购物网站看看又有什么团购优惠，睡前在床上还用平板电脑看网络小说，今天我们的生活已经离不开互联网，可谁又会将互联网的诞生跟战争联系在一起呢！

20世纪60年代初，爆发古巴导弹危机，美苏冷战升温，对核战威胁的恐惧加剧，当时美国国防部认为，如果仅有一个集中的军事指挥中心，万一这个中心被苏联的核武器摧毁，全国的军事指挥将处于瘫痪状态，其后果将不堪设想，因此有必要设计这样一个分散的指挥系统——它由一个个分散的指挥点组成，当部分指挥点被摧毁后其他点仍能正常工作，而这些分散的点又能通过某种形式的通信网取得联系。1969年11月，美国国防部高级研究计划管理局(Advanced Research Projects Agency，ARPA)开始建立一个名为ARPAnet的网络，该网络只有4个节点，分布在洛杉矶的加利福尼亚州大学洛杉矶分校、加州大学圣巴巴拉分校、斯坦福大学、犹他州大学4所大学的4台大型计算机。选择这4个结点的一个因素是考虑到不同类型主机联网的兼容性，所以ARPAnet从一开始就考虑到了要解决异种机网络互联的一系列理论和技术问题，其中尤其重要的是TCP/IP协议簇的开发。ARPAnet采用了包交换机制，为日后互联网分组交换的传输机制奠定了实验基础。

到20世纪70年代和80年代，ARPAnet开始逐渐转为民用，使得计算机网络开始了自诞生之后的第一次飞跃。各种使用ARPAnet技术的新网络投入使用，其中最著名的一个是由美国国家科学基金会(National Science Foundation，NSF)建立的NSFnet，由于该基金会的鼓励和资助，很多大学和研究机构纷纷把自己的局域网并入NSFnet中，网络规模越来越大，逐步替代了ARPAnet的地位而成为互联网的主干网。NSFnet最大的贡献是使互联网向全社会开放，而不像以前那样仅供计算机研究人员和政府机构使用。到了1990年，Merit、IBM和MCI公司联合建立了一个高级网络科学公司——ANS(Advanced Network &Science Inc.)。

ANS 的目的是建立一个全美范围的 T3 级主干网——ANSnet, 它能以 45 Mb/s 的速率传送数据。到 1991 年底, NSFnet 的全部主干网都与 ANS 提供的 T3 级主干网相连通。ANSnet 的出现使得互联网走向商业化, 于是催化了互联网的第二次飞跃。商业机构踏入了互联网这一陌生世界, 很快就发现了它在通信、资料检索、客户服务等方面的巨大潜力。于是, 世界各地的无数企业开始纷纷涌入互联网, 自此互联网开始以惊人的速度发展, 达到了今天覆盖全球 190 多个国家和地区, 至 2021 年全球互联网用户数量已达 49.5 亿(包括移动互联网用户), 占全球总人口的 62.5%。

今天的互联网不仅仅规模上扩大, 网络速度更是从当初的 b/s 量级, 到现在的 Gb/s; 传输介质从有线到无线; 上网终端从笨重的大型机到现在轻巧的智能手机; 用途从单一的通信到现在深入人们生活的方方面面。

6.1.2　互联网的未来

随着 5G 无线网络的成功商用和 IPv6 逐步取代 IPv4, 使用无线上网越来越方便, 移动网络用户在数量上将大大超过使用固定终端上网的用户; 宽带最后一公里的光纤化将使个人用户的上网速度达到今天主干网吉比特每秒的水平; 物联网技术的发展将身边所有的设备物品都接入网络, 让人们的生活更加智能化、自动化; 三网融合技术使家里只需要一根接入线路就可以打电话、看电视和上网; 基于互联网的云技术进一步发展使得昂贵的数据中心和高性能的终端显得不再必要, 节约资源的同时也让每个人理论上可拥有无限性能的计算机; 得益于高速发展的互联网, 大数据和人工智能(AI)技术也将得到飞速发展, 使得社会效率大大提高, 更能体现出以人为本。图 6.1.1 可以帮助我们更好地理解互联网的未来。

图 6.1.1　互联网与"深度学习"——迈向真正的人工智能

下面介绍目前可以视为移动互联网终极解决方案的星链计划(Starlink)。目前该计划已经投入运行, 虽然只在小范围内试用。

2015 年, SpaceX 公司宣布推出一项太空高速因特网计划——星链计划, 凭借一定数量级的低轨道(轨道高度 400~550 km)卫星互连组网，覆盖全球，其设计的多天线通信卫星的通信能力远远超过传统卫星以及不受地面基础设施限制的全球网络。星链可以为网络服务不可靠、费用昂贵或完全没有网络的位置提供高速因特网服务，旨在为世界上的每一个人提供高速无线互联网服务。星链计划的宗旨是开发出全球卫星因特网系统，并能运用在火星等环境上，在太阳系内部署通信基础建设。

2018 年 2 月 22 日，SpaceX 公司在美国加州范登堡空军基地成功发射了一枚"猎鹰 9号"火箭，并将两颗小型实验通信卫星送入轨道，星链计划由此开启。到今天，星链计划已经发射超过 1700 颗通信卫星，在美国北部和加拿大星链已经为用户提供卫星无线接入互联网服务，未来三年内计划将服务范围扩大到接近全球，届时在地球上空的预定轨道将部署由 12 000 颗卫星组成的巨型卫星星座，如图 6.1.2 所示。

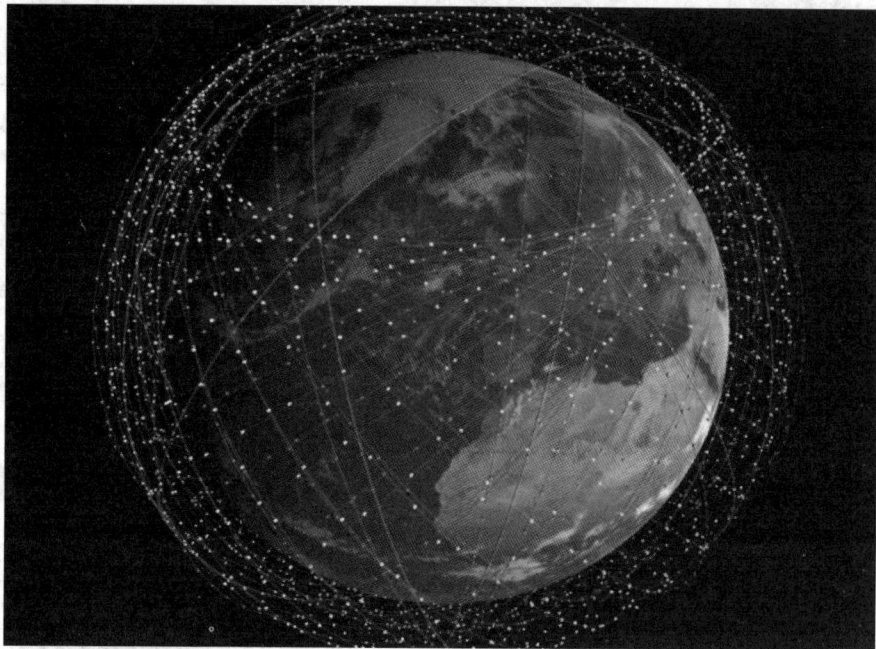

图 6.1.2   数万颗卫星组成覆盖全球的移动互联网——星链计划

6.2   接入互联网基础

下面介绍与网络访问相关的实用知识——域名系统、网关、地址转换(NAT)及如何测试网络的连通性。

6.2.1   域名系统

第 2 章介绍了 IP 地址的相关知识，我们知道在网络上需要使用 IP 地址来标识一台主机的地址，例如我们用来上网的台式机、平板电脑还有手机都要配置 IP 地址，当用户访问搜索引擎网站百度的时候，为什么从来没有在浏览器地址栏里输入过百度服务器的IP 地址，而是一串英文"www.baidu.com"呢？这是因为 DNS(域名系统)为我们将百度服务器的 IP

地址和"www.baidu.com"这个英文域名建立了映射关系,只要在浏览器地址栏里输入百度的域名"www.baidu.com",DNS 服务器就替用户将这个域名解释成百度网服务器的 IP 地址 202.108.22.5,最后浏览器是通过 IP 地址"202.108.22.5"来访问百度网页的。这样一来,对于普通上网用户来说,访问网站就不用再输入难以记忆的数字形式的 IP 地址了。DNS 服务器解析域名的过程如图 6.2.1 所示。

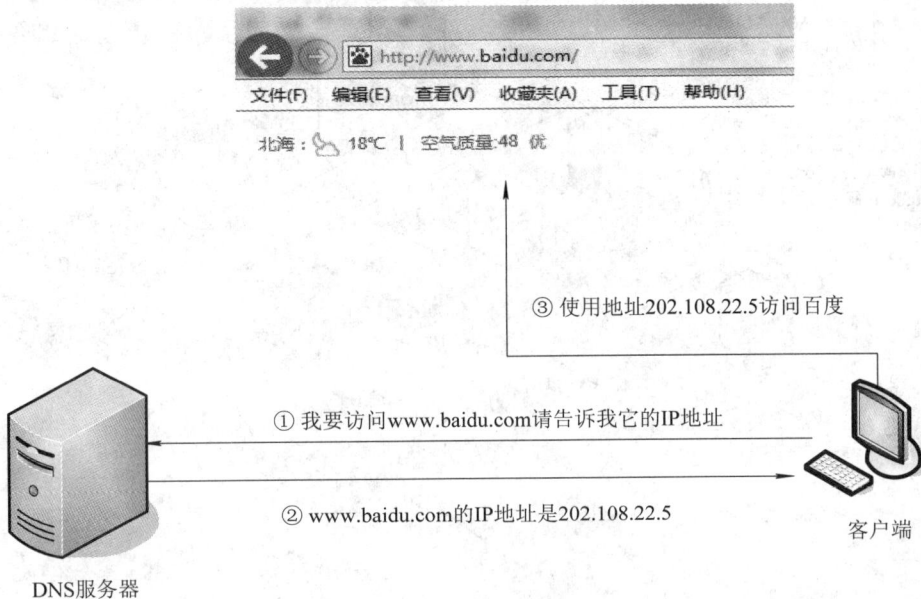

图 6.2.1　解析 DNS 地址

互联网的域名系统采用层级结构,如一棵倒置的分层树,位于最高层的根服务器虽然没有每个域名的具体信息,但储存了负责每个顶级域(如 com、net、org 等)解析的服务器地址信息,从顶级域服务器开始,下面层级的域名服务器维护相应等级的域名记录数据库,如图 6.2.2 所示。所谓域名记录,简单来说就是域名与主机 IP 地址的映射关系。按正常的解析程序,域名的解析从根服务器开始,一层层解析直到下面的叶服务器解析出完整的域名,但这样做比较麻烦,而且会对根服务器造成很大的负担。所以通常是客户端向首选的本地 DNS 服务器发出域名解析请求,本地 DNS 服务器首先检查自己的数据库,如果有该域名的记录,则直接将匹配域名的数字 IP 地址返回客户端,如果没有,则本地 DNS 服务器向上级服务器发出查询请求,直到找到该域名的正确记录,然后将该记录信息返回客户端并保存在本地数据库里,方便下次查找。而现在大多数客户端的操作系统也支持在本机上保存 DNS 缓存,这样再次访问同一网站时就不需要发出域名查询请求了,例如 Windows 系列的操作系统,在命令模式下输入"ipconfig/displaydns"可以显示所有的 DNS 缓存条目。

结合图 6.2.2,可以了解到域名也是分级的,最右边的是顶级域名,左边的域名等级依次降低,每级域名之间用点号分隔,如图 6.2.3 所示的例子,"com"是顶级域名;"baidu"是二级域名;"www"是主机名,用以标明主机的服务类型,例如,"www"表明主机提供的是万维网服务,"mail"表明主机提供的是电子邮件服务。

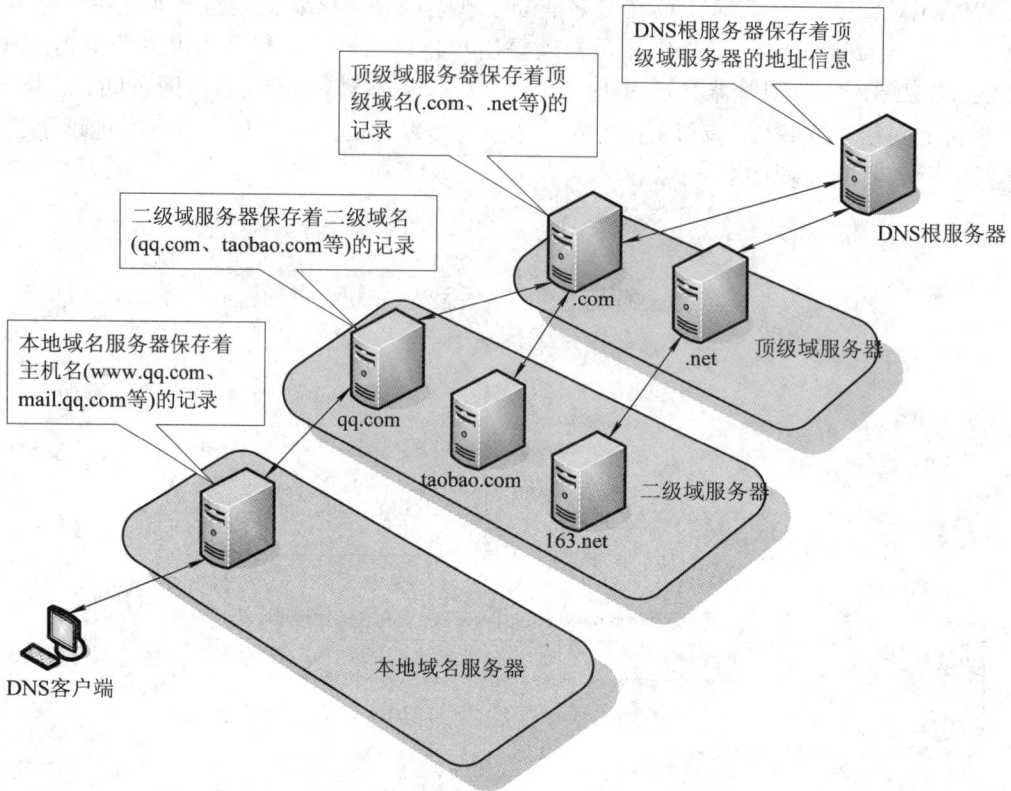

图 6.2.2　互联网域名系统的层级结构

　　顶级域名通常按地理域和机构域来分类，图 6.2.3 所示例子里的 com 代表商业公司，而 www.amazon.cn 这个域名中的 cn 代表中国地区的域名，说明这个域名由亚马逊公司的中国分部拥有。常见的顶级域名分类参见表 6-1，其中机构组织类域名有时也可作为二级域名，如 www.guet.edu.cn，这里 cn 是顶级域名，而 edu 只是二级域名，guet 为三级域名。

图 6.2.3　域名的分级

表 6-1　常见的顶级域名列表

机 构 组 织				国 家 地 区			
顶级域名	名称含义	顶级域名	名称含义	顶级域名	名称含义	顶级域名	名称含义
com	商业机构	edu	教育机构	cn	中国	jp	日本
net	网络服务	mil	军事机构	hk	中国香港	uk	英国
org	非营利组织	info	信息提供	tw	中国台湾	kr	韩国
gov	政府机构	cc	商业公司	us	美国	asia	亚洲

6.2.2　网关

我们先回顾一下本书第 2 章实训中曾经出现过的"默认网关"这个概念，在 TCP/IP 属性设置界面里需要设置 IP 地址、子网掩码、默认网关还有 DNS 服务器地址。IP 地址和子网掩码已经在第 2 章解释过了，DNS 服务器地址也就是上面提到的首选本地 DNS 服务器的地址，那默认网关到底是什么呢？

当一个网络里的主机需要将数据包发给另一个网络里的主机的时候，它首先将数据包发给本网络的网关，由本网络的网关转发给目标网络的网关，然后该目标网络的网关再发给目标主机，网关就相当于一个网络的数据转发的出入口。我们可以参考图 6.2.4 来进一步说明。网络 A 的 IP 网段是 192.168.5.0/24，网络 B 的 IP 网段是 192.168.6.0/24，因为这两个 IP 网段的网络号不相同，所以网络 A 和网络 B 分别属于不同的网络。现在网络 A 的主机 PC1(IP 地址是 192.168.5.2)要发送数据给网络 B 的主机 PC2 (IP 地址是 192.168.6.2)，PC1 先将目标主机的 IP 地址和自身的地址进行"与运算"，发现目标主机和本主机不在同一个网络，便将数据包发给网络 A 的网关 192.168.5.1，该网关检查路由表里到达网络 B 的路由，于是按路由指示把数据包转发给网络 B 的网关 192.168.6.1，网络 B 的网关接收到数据包后检查这个数据包是发给 PC2 的，便将数据包发给目标主机 PC2。由于涉及路由的选择，网关通常是位于网络边界的路由器设备或者代理服务器，所以网关地址就是边界路由器或者代理服务器的 IP 地址。

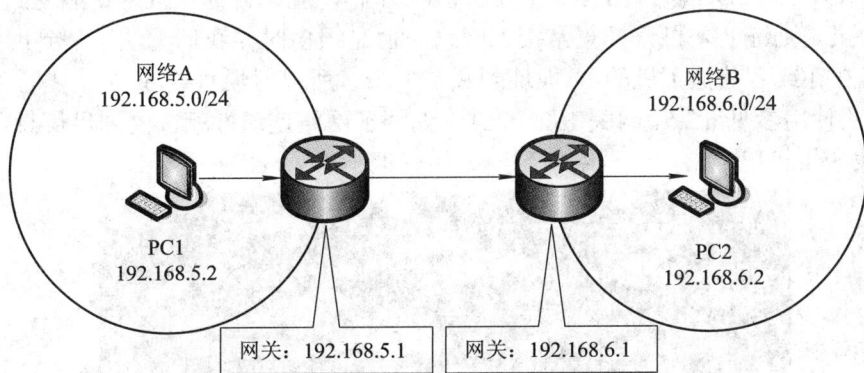

图 6.2.4　网关转发数据包的过程

理解了什么是网关，那默认网关是什么也就明白了，默认网关的意思是本地网络需要将数据发到远程网络(互联网)的时候，先把数据发给默认指定的那个网关。

6.2.3　地址转换(NAT)

网络地址转换(Network Address Translation，NAT)是将一个或多个 IP 地址转换为另一个 IP 地址的功能，是在 IPv4 地址资源日益短缺的情况下提出来的。本书的第 2 章曾经提到过私有地址的概念，企业的内部网络通常使用的是私有地址，如网段 192.168.1.0/24，如果想和互联网上的主机通信，就需使用 NAT 将内部网络的私有地址转换成公有地址。NAT 可以使企业使用较少的互联网公有地址(因为 ISP 分配公有地址需要收费)，就能获得互联网接入的能力，有效地缓解了地址不足的问题，同时提供了一定的安全性。

　　在应用 NAT 时需要在内部网络连接到互联网的路由器上安装 NAT 软件。装有 NAT 软件的路由器叫作 NAT 路由器，它至少有一个有效的外部全球 IP 地址。这样，所有使用本地地址的主机在和外界通信时，都要在 NAT 路由器上将其本地私有地址转换成全球公有 IP 地址，才能访问互联网。

6.2.4　用 ping、tracert 命令检查网络连通性

　　当将某台主机接入到网络的时候，我们如何确认这台主机是否已经连入了网络？有些读者可能认为，只要在主机上用浏览器试图浏览网络(互联网)上任意一个网页，如果能正常打开的话，就证明这台主机连上网络了。但有时浏览器也有软件方面或者代理服务器设置的问题，所以浏览不了网页或者其他的网络应用程序使用不正常并不一定就是这台主机没有连入网络。那应该如何判断呢？我们可以在操作系统的命令模式下使用两个命令来确认主机的网络连通性，一个是 ping 命令，另一个是 tracert 命令。

　　ping 命令使用 TCP/IP 协议簇里网络互联层的 ICMP 协议，这个协议主要提供网络状态信息报告服务，我们要检查这台主机是否已经接入了网络，只要在主机的操作系统命令模式下输入"ping 网络上其他主机的 IP 地址"命令就可以判断。用 Windows 操作系统作为例子，假设本机的 IP 地址配置为 192.168.1.2，子网掩码为 255.255.255.0，默认网关为192.168.1.1，单击"开始"→"运行"，在对话框里输入"cmd"，切换到命令(DOS)模式下，输入"ping 192.168.1.3"(网络上其他主机的 IP 地址)，观察目标主机是否能返回正确的回显信息，如果是则证明本机已经正常接入网络。但是很多时候我们无法了解到网络上有没有其他主机存在或者其他主机的 IP 地址到底是多少，所以习惯直接 ping 默认网关的 IP 地址，该命令的使用参见 6.2.5，网关 192.168.1.1 返回了网络连通性相关的回显信息，参数"时间<1ms"表明主机已正常接入网络，到网关的延迟小于 1 ms。

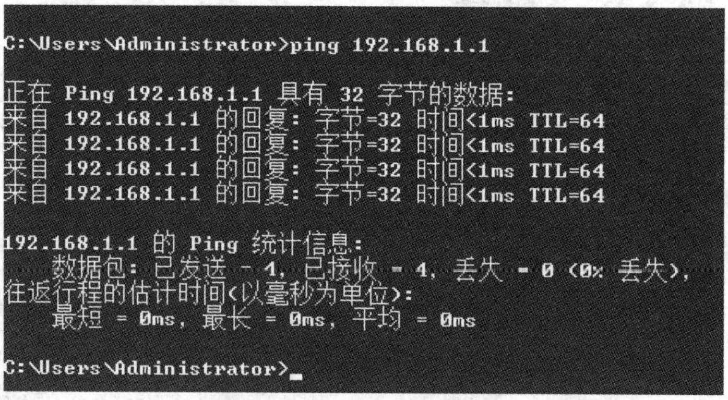

```
C:\Users\Administrator>ping 192.168.1.1

正在 Ping 192.168.1.1 具有 32 字节的数据:
来自 192.168.1.1 的回复: 字节=32 时间<1ms TTL=64
来自 192.168.1.1 的回复: 字节=32 时间<1ms TTL=64
来自 192.168.1.1 的回复: 字节=32 时间<1ms TTL=64
来自 192.168.1.1 的回复: 字节=32 时间<1ms TTL=64

192.168.1.1 的 Ping 统计信息:
    数据包: 已发送 = 4, 已接收 = 4, 丢失 = 0 <0% 丢失>,
往返行程的估计时间<以毫秒为单位>:
    最短 = 0ms, 最长 = 0ms, 平均 = 0ms

C:\Users\Administrator>_
```

图 6.2.5　ping 命令的使用

　　tracert 命令(某些操作系统写作 traceroute)同样也是使用 ICMP 协议，与 ping 命令的区别就是该命令会返回到达目标主机所经过的每个网络节点的回显信息，参见图 6.2.6。比如，跟踪到达百度网站服务器(IP 地址 202.108.22.5)的网络连通性，可以看到途中经过的每个节点都返回本机到该节点正确的延迟信息。tracert 命令通常用在检查主机无法访问远程站点，但本地网络又确认是正常的场合。

```
Microsoft Windows [版本 6.1.7601]
版权所有 (c) 2009 Microsoft Corporation。保留所有权利。

C:\Users\Administrator>tracert 202.108.22.5

通过最多 30 个跃点跟踪
到 xd-22-5-a8.bta.net.cn [202.108.22.5] 的路由:

  1    1 ms    1 ms    2 ms  172.16.0.1
  2    4 ms    1 ms    3 ms  172.16.0.1
  3    4 ms    1 ms    1 ms  121.31.128.182
  4    8 ms    5 ms    5 ms  221.7.172.41
  5   42 ms   44 ms   45 ms  219.158.23.189
  6   57 ms   55 ms   55 ms  219.158.11.217
  7   64 ms   63 ms   62 ms  124.65.194.102
  8   56 ms   57 ms   57 ms  61.51.113.254
  9   67 ms   67 ms   56 ms  202.106.43.66
 10   55 ms   55 ms   55 ms  xd-22-5-a8.bta.net.cn [202.108.22.5]

跟踪完成。
```

图 6.2.6　tracert 命令的使用

6.3　互联网宽带接入

要使用互联网的资源，首先要有 ISP(互联网服务供应商)提供的互联网接入服务，所谓的互联网接入就是 ISP 将用户端的设备或者网络通过本地环路接入局端网络，而 ISP 的局端网络本身就属于互联网的一部分，对于普通用户来说，只需要关注 ISP 接入用户端所使用的技术。现在互联网接入技术已经走过了窄带阶段(网络接入速度 64 kb/s 以下)，迎来了宽带时代。下面介绍几种常见的宽带接入技术。

6.3.1　ADSL

ADSL 中文全称为非对称的数字用户线路，所谓非对称，也就是下行的带宽(最大 8 Mb/s)大于上行的带宽(最大 1 Mb/s)，符合普通宽带用户的使用习惯。ADSL 使用原有的电话线路，不需增加线路，安装方便，覆盖范围广，是目前使用最多的一种宽带接入方式，不过 ADSL 即将被后面介绍的光纤接入替代。ADSL 具体接入方式如图 6.3.1 所示。

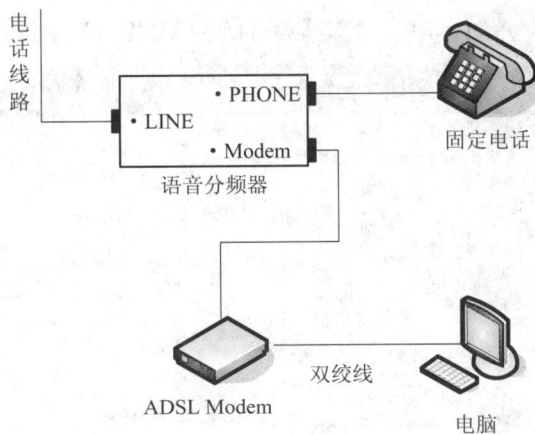

图 6.3.1　ADSL 宽带接入

ADSL 相对于窄带时代的 PSTN 接入技术来说改进的不仅是网络的速度，因为采用了频分复用技术(如图 6.3.2 所示)，同一线路可以传输两种信号，宽带上网信号通过频率

4400 Hz 以上频带传输，电话语音信号则加载在 4400 Hz 以下的频带，这样打电话和上网可以同时进行，互不干扰，解决了原来 PSTN 接入当拨号上网时电话占线的问题。图 6.3.1 所示的语音分频器就是起到将两种频率的信号分开的作用，而 ADSL Modem(调制解调器)则将原来电话线路传输的模拟信号转为电脑可以识别的数字信号。语音分频器和 ADSL Modem 实物如图 6.3.3 所示。

图 6.3.2　ADSL 的频分复用技术

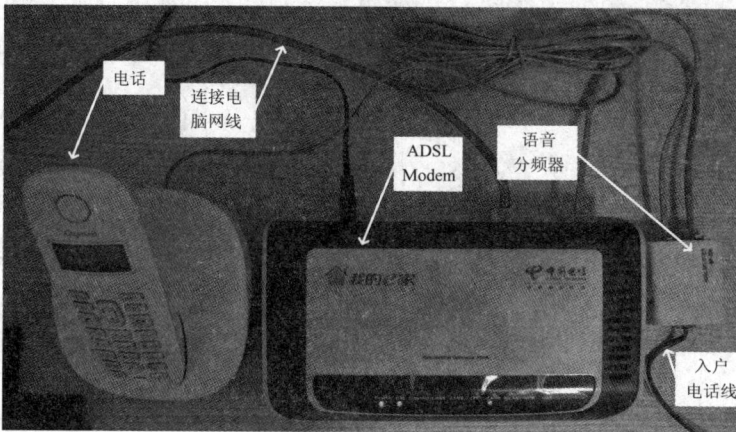

图 6.3.3　ADSL 接入设备实物图

ADSL 使用 PPPoE 广域网协议，把线路和设备按照图 6.3.1 连接好之后，需要在电脑上进行拨号，才能上网，以 Windows 10 操作系统为例，具体操作步骤如下：

(1) 用鼠标右键单击系统桌面上的"网络"图标，在弹出的菜单里选择"属性"，进入"网络和共享中心"设置界面，单击"设置新的连接或网络"，如图 6.3.4 所示。

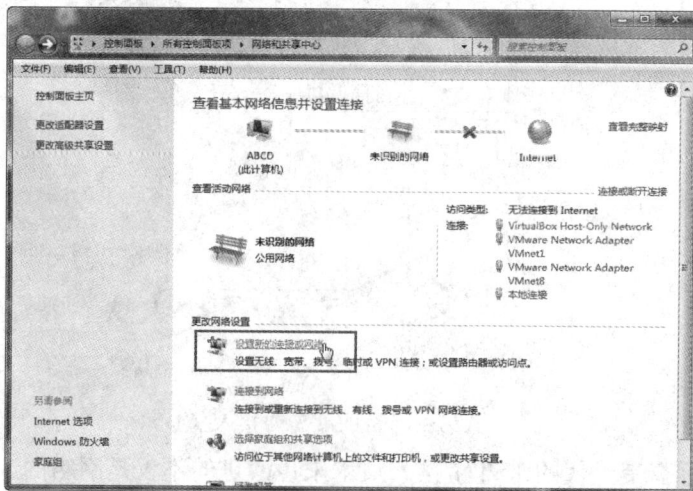

图 6.3.4　设置新的连接或网络

(2) 在弹出的"设置连接和网络"对话框中选择"连接到 Internet",单击"下一步"按钮,如图 6.3.5 所示。

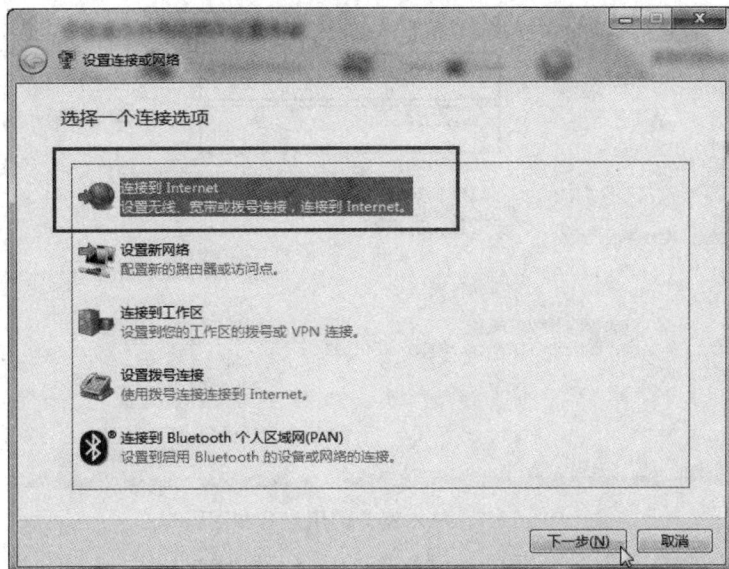

图 6.3.5 选择"连接到 Internet"

(3) 在"连接到 Internet"对话框中选择"宽带(PPPoE)"项,如图 6.3.6 所示。接下来系统提示"键入您的 Internet 服务提供商(ISP)提供的信息",在"用户名"和"密码"的输入框内分别填入在 ISP 申请到的 ADSL 宽带的账户名和密码,连接名称保留为默认的"宽带连接",然后单击"连接"按钮,如图 6.3.7 所示。接着系统提示"连接已经可用",此时已成功建立了 ADSL 宽带连接。

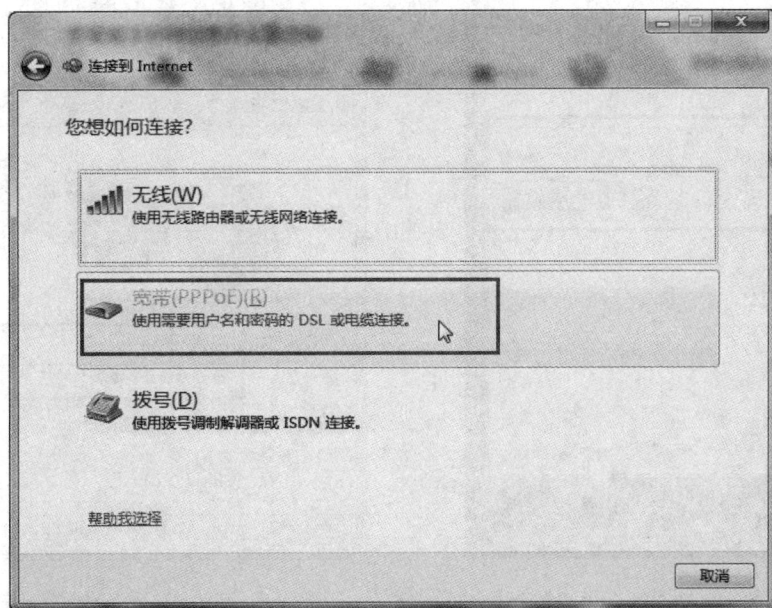

图 6.3.6 选择"宽带(PPPoE)"

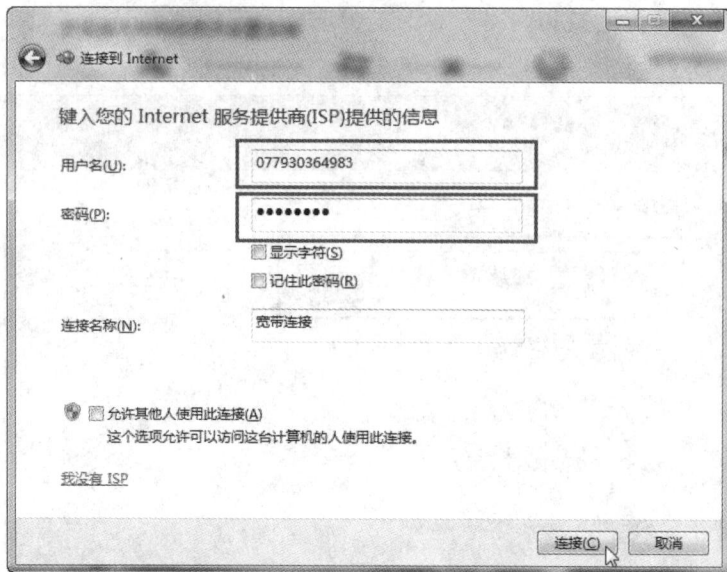

图 6.3.7　填入宽带的用户名和密码

（4）在系统桌面右下角托盘区单击网络图标，选择"宽带连接"，单击"连接"按钮，如图 6.3.8 所示，弹出宽带连接的对话框，再次输入 ADSL 宽带密码，单击"连接"按钮，如图 6.3.9 所示。系统开始宽带拨号过程，待出现提示"已经连接"，则宽带拨号成功，此时便可以访问互联网了。

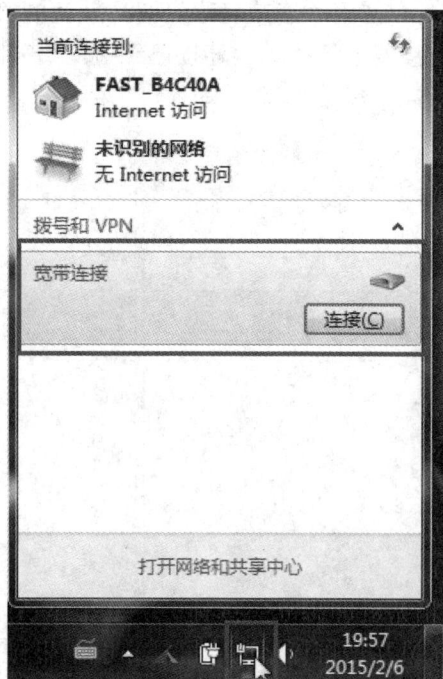

图 6.3.8　选择"宽带连接"项目进行连接　　　　图 6.3.9　输入宽带密码

如果用户是在家里或宿舍使用自己的电脑，安全性较高，那可以在第(3)步或第(4)步勾选"保存密码",这样就不用每次上网都输入宽带的密码了。

6.3.2　小区宽带接入

小区宽带接入也称 LAN 接入,目前大多数学校的学生宿舍的宽带就是采用这种方式。ISP 敷设光纤到住宅楼或小区,然后通过局域网布线方式提供楼内或小区住户的宽带接入,也就是小区所有的住户同在一个局域网内,共享一根光纤的带宽,这种接入方式适合还没有安装固定电话线路的新建小区。宽带接入进入住户家里的通常是一根 5 类双绞线,可以直接接上电脑使用,不需调整解调器,组网方式简单,能够提供比 ADSL 接入速度更快的网速。缺点就是由于小区内所有的宽带用户都共享一个出口的带宽,所以当同时上网的用户数量增加时,会造成对网络资源的竞争,影响网络的速度。

小区宽带接入的用户端也是采用 PPPoE 拨号上网方式,其设置方法和 ADSL 宽带上网一样,这里不再赘述。

6.3.3　Cable Modem 接入

Cable Modem(线缆调制解调器)是一种高速 Modem,它利用现成的有线电视(CATV)网进行数据传输,由于有线电视网采用的是模拟传输协议,因此网络需要用一个 Modem 来协助完成数字数据的转换,不过这已经是一种比较成熟的技术,网速可达 10 Mb/s。随着有线电视网的发展壮大和人们生活质量的不断提高,通过有线电视网的 Cable Modem 接入访问 Internet 的业务已成为越来越受业界关注的一种高速接入方式。

采用 Cable Modem 上网的缺点是由于 Cable Modem 采用的是相对落后的总线型网络结构,这就意味着网络用户共同分享有限带宽,另外,购买 Cable Modem 和初装费也都不便宜,同时与电信、联通等网络运营商的网络互通也有问题,这些都阻碍了 Cable Modem 接入方式在国内的普及。不过它还是有一定的市场潜力,毕竟中国 CATV 网已成为世界第一大有线电视网,其用户已达到 8000 多万。

6.3.4　光纤接入

近年来固网运营商一直在推进光进铜退的工程,使得基于光纤的高速宽带开始走进普通用户的视野,光纤到户(FTTH)不再是梦想而是现实。理论上光纤接入方式可提供至少 100 Mb/s 的带宽,而且稳定性好,不易受干扰,但需要预安装光纤,还需购置光Modem(光猫),如图 6.3.10 所示,而且费用相对较高。尽管如此,光纤接入仍然是互联网宽带接入的主流。

目前已经在运营的光纤宽带接入业务主要基于 EPON(以太网的无源光网络)技术,这是一种纯介质网络,在 OLT(光线路终端)和ONU(光网络单元)之间的光分配网络(ODN)

图 6.3.10　光 Modem——将光信号转为电信号

没有任何有源电子设备，避免了外部设备的电磁干扰和雷电影响，减少了线路和外部设备的故障率，提高了系统可靠性，同时节省了维护成本，是电信维护部门一直期待的技术。PON 的业务透明性较好，原则上可适用于任何制式和速率信号。

电信公司为了节约成本和便于安装，主要采用的是单纤接入方式，而安装的标配设备也偏好使用光猫和宽带路由器合一的设备，如图 6.3.11 所示。

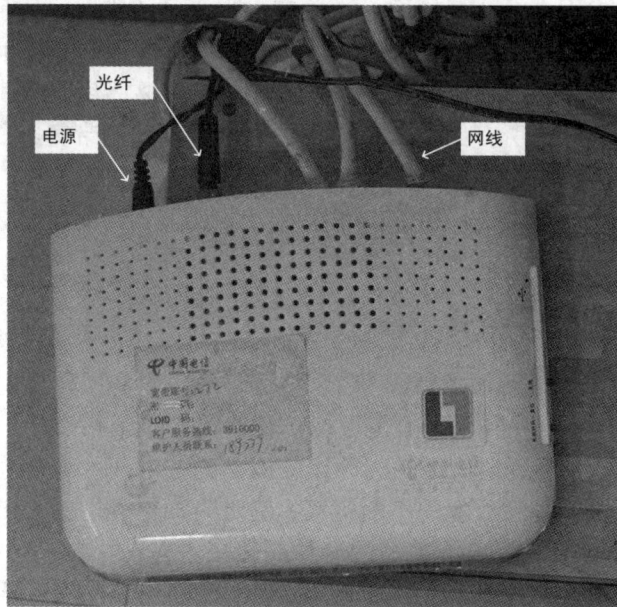

图 6.3.11　光猫路由器 E8-C

光纤接入宽带配置步骤如下：

(1) 以目前主流的光猫和宽带路由器合一的光纤接入方式为例，组网拓扑图如图 6.3.12 所示。按此图连接好线路和设备，注意光纤插在光猫路由器的光接口，通常该端口标记为"网络 E"，而电脑的网线插在路由器的 RJ45 接口，通常该端口标记为网口 X(X 为 1～4 的数字)。

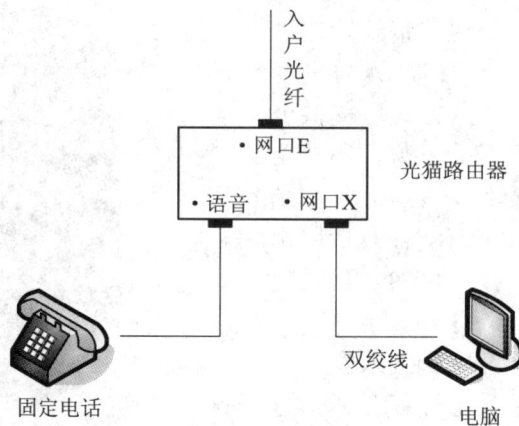

图 6.3.12　光纤接入宽带组网图

(2) 主要的配置操作在光猫路由器这里,电脑设置为自动获得 IP 和 DNS 地址,如图 6.3.13 所示。在电脑上打开浏览器,在地址栏填入"http://192.168.1.1",访问路由器(型号 E8-C)的管理页面,如图 6.3.14 所示,输入超级用户名"telecomadmin",密码默认为 "nE7jA%5m"。

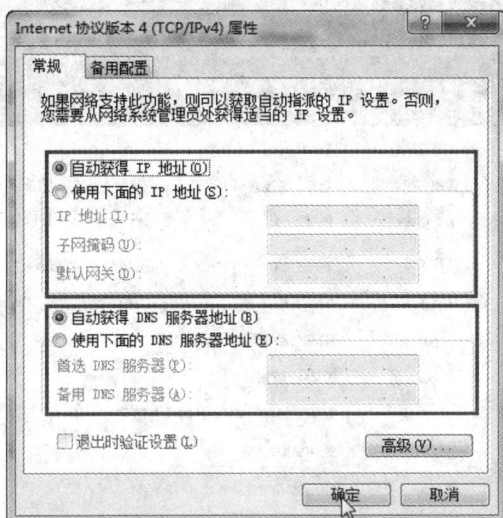

图 6.3.13 电脑的本地连接属性设置为自动获取 IP 和 DNS

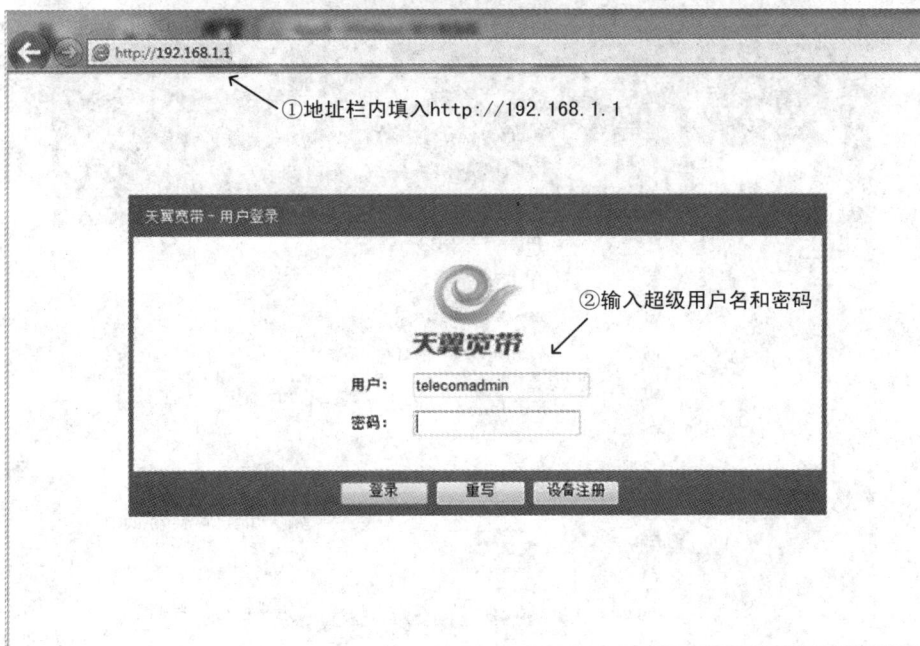

图 6.3.14 路由器管理的登录页面

(3) 进入路由器的管理界面后,点击"网络"选项卡,在菜单左边选择"internet 连接", 出现 Internet 连接设置界面,选择"新增一条连接",其他设置如图 6.3.15 和图 6.3.16 所示。 勾选绑定端口和无线 SSID1 是为了连接这些端口的电脑和使用 WiFi 的终端只要发起数据传送，就触发路由器拨号上网。

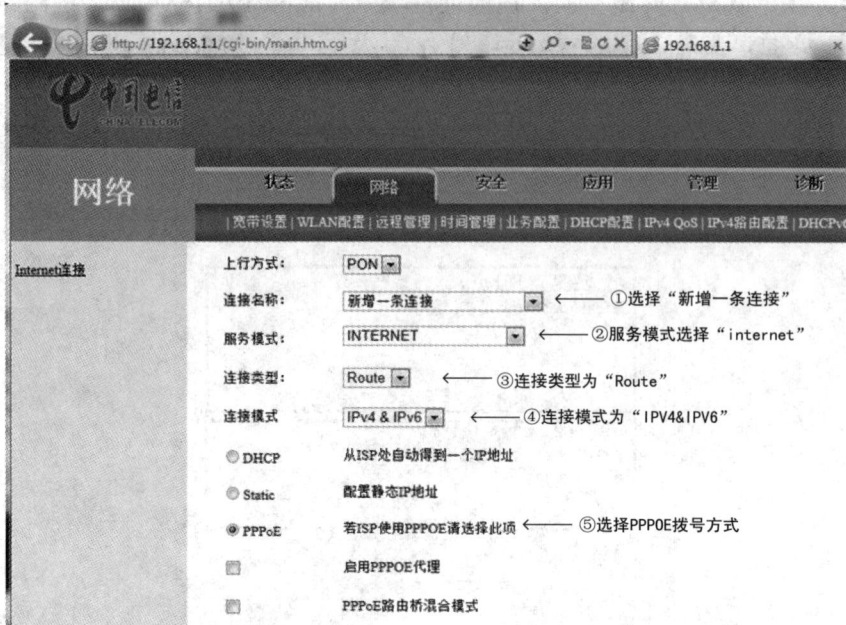

图 6.3.15　新增一条 Internet 拨号连接的配置参数 1

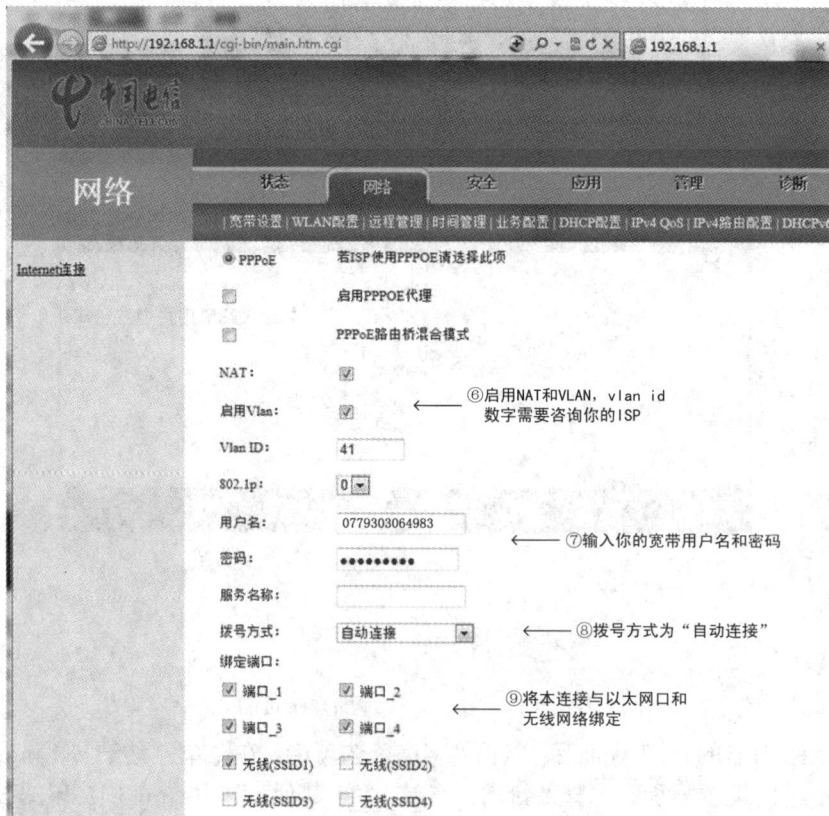

图 6.3.16　新增一条 Internet 拨号连接的配置参数 2

（4）至于路由器的语音连接 VoIP 的设置，已超出本书的范围，这里不作介绍。设置好这些连接之后，在界面上单击"保存"按钮，接着单击"管理"选项卡，在菜单上选择"设备管理"→"设备重启"，单击"重启"按钮，如图 6.3.17 所示。等待路由器完成重启之后就会自动拨号上网，用户可以通过查看设备状态来检查路由器是否拨号成功，如图 6.3.18 所示。

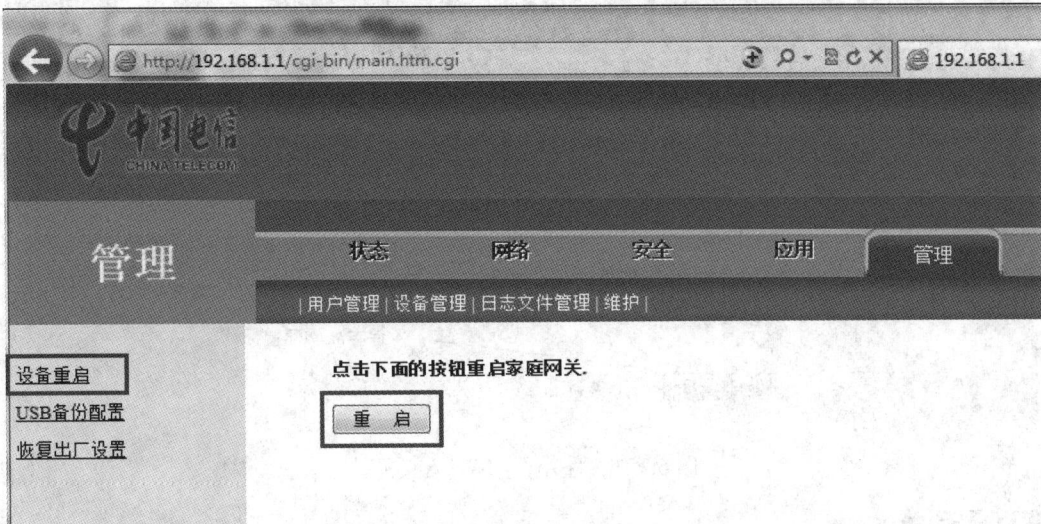

图 6.3.17　保存连接之后，重启设备

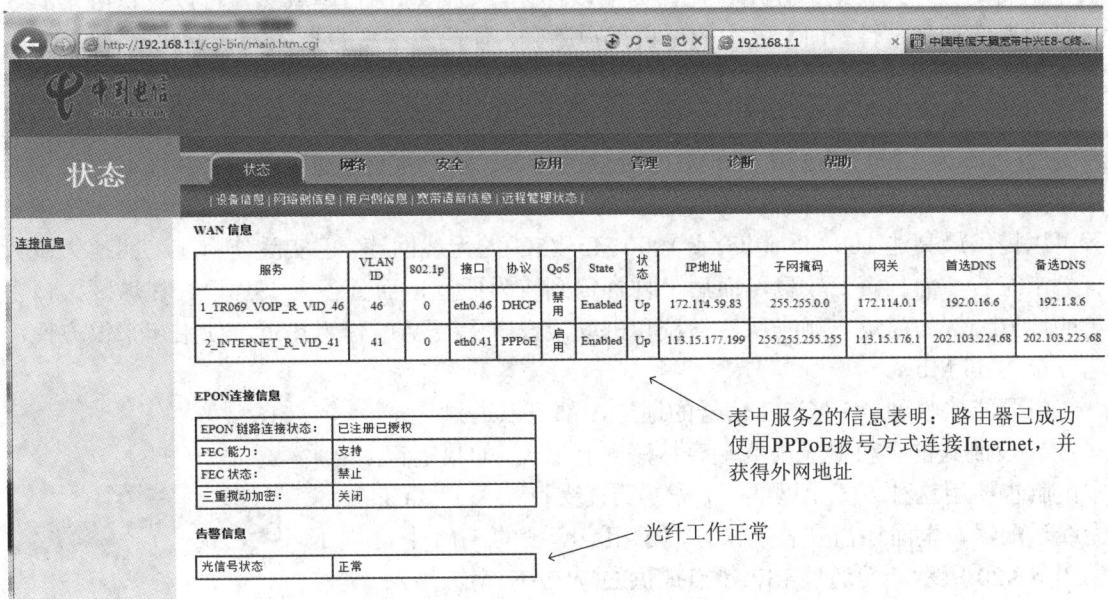

图 6.3.18　检查路由器的拨号上网状态

至此，路由器已经成功拨号上网，用户的电脑上网就不再需要拨号了。当然还可以对路由器的无线网络进行配置，单击"网络"选项卡进入"WLAN 高级配置"，按图 6.3.19 所示进行 WLAN 的配置，可以使手机、平板电脑也能通过连接路由器的 WiFi 来访问 Internet。

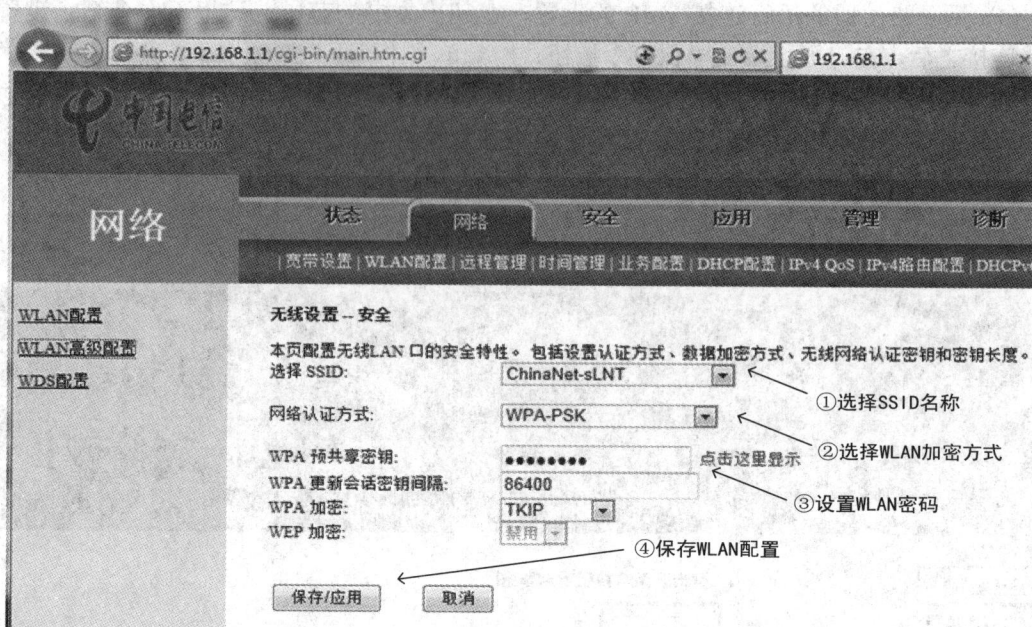

图 6.3.19　路由器的 WLAN 配置

6.3.5　无线接入

无线接入方式灵活，使用方便，终端多样化，技术标准日趋成熟，可以提供媲美有线网络的速度和稳定性，加上庞大的手机用户基础，使得无线宽带接入方式近几年发展迅猛，成为年轻人和移动办公人员的首选。

目前我国在运营的无线接入宽带业务主要有两种，一种是使用 4G 或 5G 蜂窝电话的无线频段(频率为 2300 MHz 或 700 MHz)提供的接入，另一种就是通过各大 ISP 在城区架设的热点提供的 WLAN 信号接入，使用免费的 2.4 GHz 或 5 GHz 频段。前一种无线接入宽带业务可以提供最高达 100 Mb/s(4G)或 1000 Mb/s(5G)的无线网速，但实际使用起来网速大概只有一半左右，而且资费较贵，而后一种资费则较为便宜，而且各大 ISP 已经在城区人口密集的地方，例如商场、咖啡厅、学校和机场架设有无线 AP 作为热点，使用起来很方便，速度可达 54 Mb/s。

只要能接收到 4G 或 5G 信号的地方，都可以通过支持 4G 或 5G 制式的手机等无线终端直接联入互联网，如果笔记本电脑也要用这种方式上网的话，需要购置支持相关制式的无线适配器，里面还需安装一张办理了相应套餐的 SIM 卡，如图 6.3.20 所示。而通过 ISP 热点提供的 WLAN 宽带接入方式则不需要购置适配器，因为现在的笔记本电脑都内置 WiFi 模块，不过需要设置连接操作，下面为读者介绍。

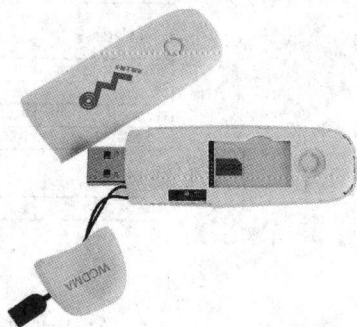

图 6.3.20　4G 上网适配器

热点无线接入宽带配置步骤如下：

(1) 在热点区域，打开笔记本电脑，在系统的右下角托盘区点网络图标，扫描热点的 WLAN 信号，然后选择 ISP 提供的无线连接，如图 6.3.21 所示，单击"连接"按钮。

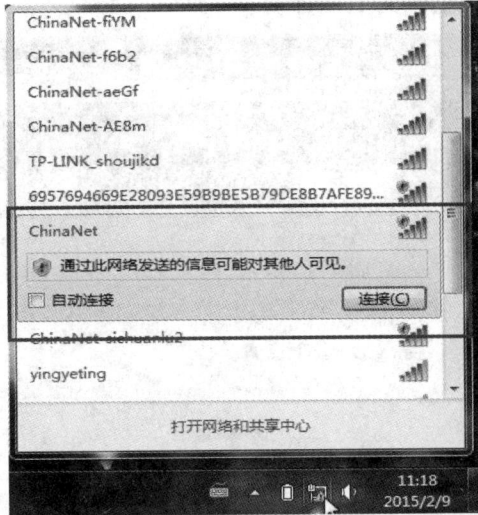

图 6.3.21　连接你的 ISP 提供的无线连接

(2) 单击"连接"按钮之后，系统会自动弹出一个登录认证的窗口，与通常直接在 WLAN 接入时的认证方式不同，这是基于网页登录的认证，如图 6.3.22 所示，输入无线宽带的账号(通常使用手机号码)，单击"获取密码"按钮，则本次登录的密码将会发送到用户的手机上。

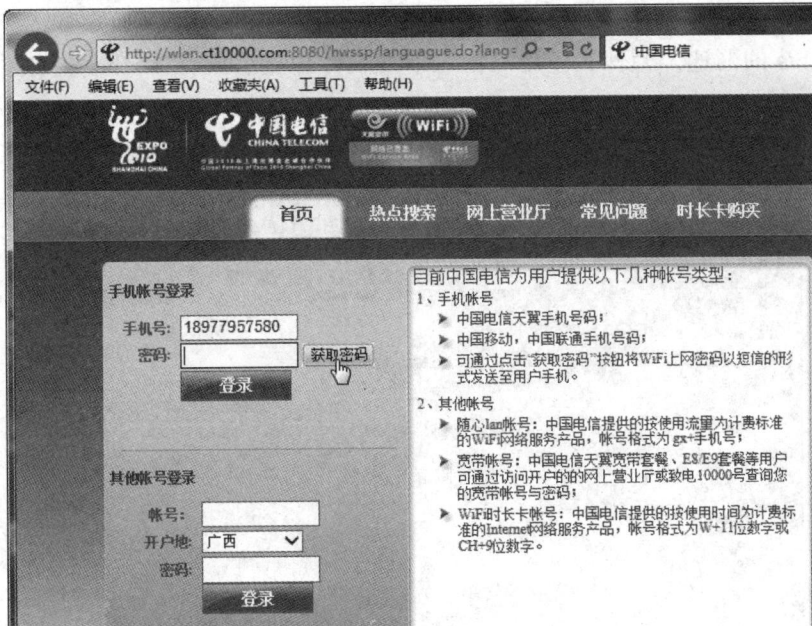

图 6.3.22　使用手机号码登录无线宽带

(3) 收到登录密码的短信后，在图 6.3.22 所示界面上的手机登录密码框里输入正确的密码，单击"登录"按钮，会显示如图 6.3.23 所示的成功登录信息，至此便完成了无线接入宽带上网的认证操作，此时便可以畅游互联网了。

(4) 当用户不再使用热点的无线网络时，需要单击如图 6.3.23 所示界面上的"断开网络"按钮，让 ISP 及时完成正确的上网计费。

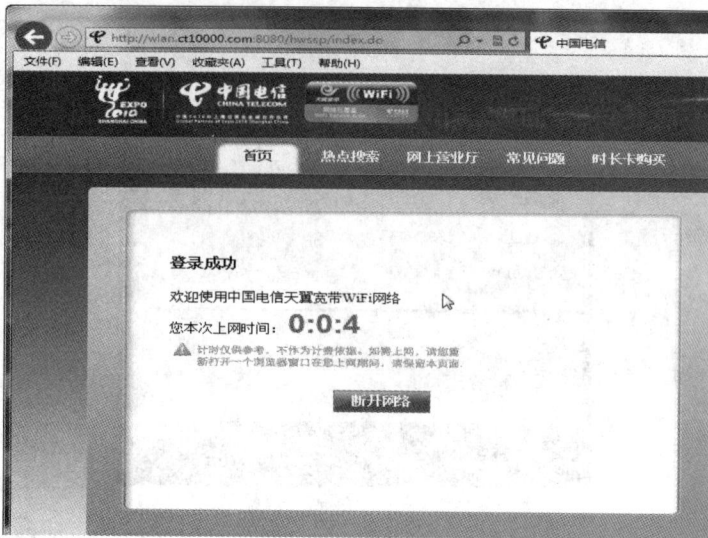

图 6.3.23　成功登录热点的 WLAN 网络

6.3.6　常见问题

互联宽带接入的常见问题如下：

(1) 为什么宽带实际的速度和 ISP 承诺提供的速度相差甚远。例如安装宽带的时候，ISP 声称是 20 Mb/s 的网速，为什么使用迅雷等下载软件却显示只有 2 Mb/s 左右的速度，如图 6.3.24 所示。

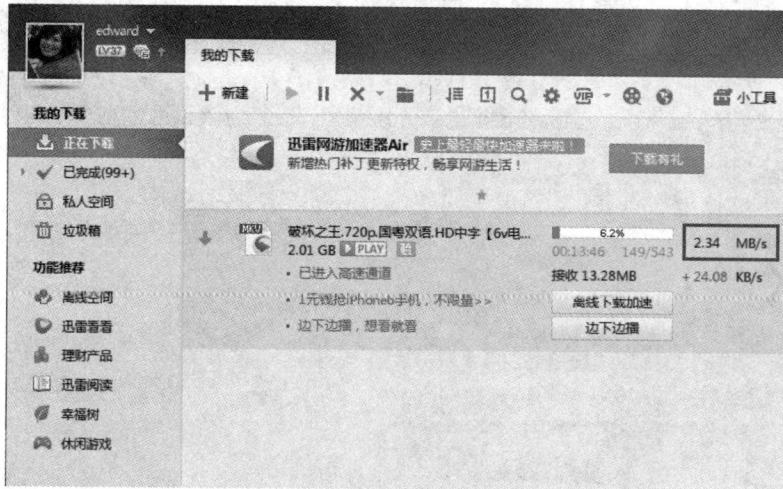

图 6.3.24　迅雷显示的下载速度

这是因为 ISP 计算宽带网速的时候，使用的是 b/s 单位，也就是比特每秒，而迅雷等网络应用软件通常使用 B/s 为计算单位，也就是字节每秒。每字节等于 8 个比特，那么 ISP 声称的宽带速度是 20 Mb/s，换算为 B/s 就是 2.56 MB/s，所以图 6.3.24 显示的下载速度是符合 ISP 承诺的。

(2) 宽带拨号失败，显示的错误代码是什么意思？如图 6.3.25 所示，应该怎么解决？

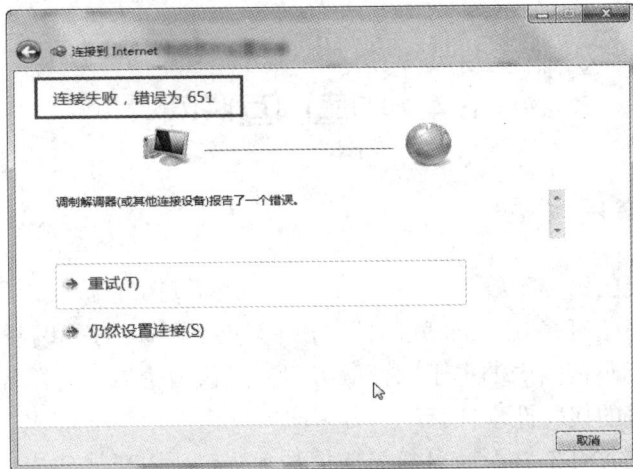

图 6.3.25　宽带拨号失败显示错误代码"651"

错误代码"651"代表终端与拨号服务器的网络连接失败，此时，可以检查 ISP 接入线路有没有问题，Modem 的 LINK 灯或者路由器的 WAN 灯是否闪亮，或者打热线电话咨询对应的 ISP，看他们的网络有没有问题。

其他常见的宽带故障代码如"691"代表宽带账号或者密码出错，可重新检查后再输入正确的账号和密码，或者是宽带账户已经欠费；代码"711"代表操作系统的连接服务没有启动，可以在系统的"控制面板"→"管理工具"→"服务"里找到"Remote Access Auto Connection Manager"，然后启动它就可以了；代码"678"代表本地网络可能出现故障，可以检查电脑的网线是否有问题，网卡的指示灯是否闪亮，如果是网卡在系统里被禁用了，可以在系统的"控制面板"→"网络和 Internet"→"网络连接"里启用它，如图 6.3.26 所示。

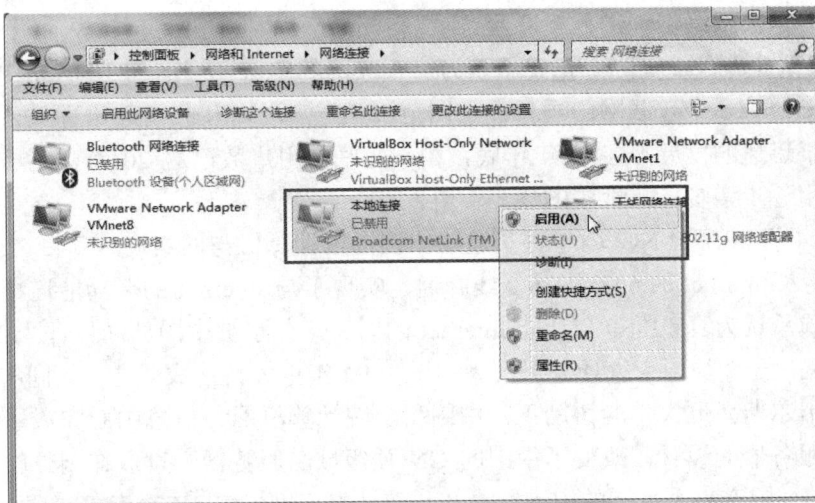

图 6.3.26　启用"本地连接"

(3) 为什么操作系统右下角托盘区的网络连接图标有一个叹号 ，这是什么意思？

网络连接图标上有个叹号意味着系统与互联网连接出现故障，如果能正常连接互联网的话，该图标上是没有叹号的 。

6.4 中国的互联网

6.4.1 中国互联网发展

中国互联网发展的第一阶段为 1986—1993 年，是研究试验阶段，在此期间中国一些科研部门和高等院校开始研究 Internet 联网技术，并开展了科研课题和科技合作工作。这个阶段的网络应用仅限于小范围内的电子邮件服务，而且仅为少数高等院校、研究机构提供电子邮件服务。此阶段的代表性事件有：

1987 年 9 月，CANET 在北京计算机应用技术研究所内正式建成中国第一个国际互联网电子邮件节点，钱天白教授于 9 月 14 日发出了中国第一封电子邮件"Across the Great Wall we can reach every corner in the world.(越过长城，走向世界)"，揭开了中国人使用互联网的序幕。这封电子邮件通过意大利公用分组网 ITAPAC 设在北京的 PAD 机，经由意大利 ITAPAC 和德国 DATEX-P 分组网，实现了和德国卡尔斯鲁厄大学的连接，通信速率最初为 300 b/s。

1990 年 11 月 28 日，钱天白教授代表中国正式在 SRI-NIC(Stanford Research Institute's Network Information Center)注册登记了中国的顶级域名 CN，并且从此开通了使用中国顶级域名 CN 的国际电子邮件服务，从此中国的网络有了自己的身份标识。由于当时中国尚未实现与国际互联网的全功能连接，中国 CN 顶级域名服务器暂时建在了德国卡尔斯鲁厄大学。

第二阶段为 1994—1996 年，是中国互联网发展的起步阶段。1994 年 4 月，中关村地区教育与科研示范网络工程进入互联网，实现和 Internet 的 TCP/IP 连接，从而开通了 Internet 全功能服务。从此中国被国际上正式承认为有互联网的国家。之后，CHINANET、CERNET、CHINAGBNET 等多个互联网络项目在全国范围相继启动，互联网开始进入公众生活，并在中国得到了迅速的发展。1996 年年底，中国互联网用户数已达 20 万，利用互联网开展的业务与应用逐步增多，此阶段的代表性事件有：

1994 年 4 月 20 日，NCFC(世银贷款的中国国家计算机与网络设施项目)工程通过美国 Sprint 公司连入 Internet 的 64K 国际专线开通，实现了与 Internet 的全功能连接。从此中国被国际上正式承认为真正拥有全功能 Internet 的国家。此事被中国新闻界评为 1994 年中国十大科技新闻之一，被国家统计公报列为中国 1994 年重大科技成就之一。同年，在钱天白教授和德国卡尔斯鲁厄大学的协助下，中国科学院计算机网络信息中心完成了中国国家顶级域名(CN)服务器的设置，改变了中国的 CN 顶级域名服务器一直放在国外的历史。而由国家计委投资，国家教委主持的中国教育和科研计算机网(CERNET)正式立项。该项目的目标是利用先进实用的计算机技术和网络通信技术，实现校园间的计算机联网和信息资源共享，并与国际学术计算机网络互联。

1995 年 1 月，邮电部电信总局分别在北京、上海设立的通过美国 Sprint 公司接入美国的 64K 专线开通，并且通过电话网、DDN 专线以及 X.25 网等方式开始向社会提供 Internet 接入服务，也就是 CHINANET 正式运营。

第三阶段从 1997 年至今，是中国互联网的快速增长阶段。

国内互联网用户数 1997 年以后基本保持每半年翻一番的增长速度。截至 2020 年，我国网民规模为 9.04 亿，互联网普及率达 64.5%，庞大的网民构成了中国蓬勃发展的消费市场，也为数字经济发展打下了坚实的用户基础，未来几年还将继续保持较快增长。另外，截至 2021 年 12 月，我国网民使用手机上网的比例达 99.7%，手机成为上网的最主要设备；网民中使用台式电脑、笔记本电脑、电视和平板电脑上网的比例分别为 35.0%、33.0%、28.1%和 27.4%。

在网络基础资源方面，截至 2020 年 12 月，我国国际出口带宽为 11 511 397 Mb/s，较 2019 年底增长 30.4%。其中，国内三大运营商(中国电信、中国联通、中国移动)的国际出口带宽为 11 243 109 Mb/s。而在域名注册和 IPv6 应用方面，截至 2021 年 12 月，我国域名总数达 3593 万个，IPv6 地址数量达 63 052 块/32，同比增长 9.4%；移动通信网络 IPv6 流量占比已经达到 35.15%。在信息通信业方面，截至 2021 年 12 月，累计建成并开通 5G 基站数达 142.5 万个，全年新增 5G 基站数达到 65.4 万个；有全国影响力的工业互联网平台已经超过 150 个，接入设备总量超过 7600 万台套，全国在建"5G+工业互联网"项目超过 2000 个，工业互联网和 5G 在国民经济重点行业的融合创新应用不断加快。

网络零售成为我国消费经济的增长重要动力，截至 2020 年 3 月，我国网络购物用户规模达 7.10 亿，较 2018 年底增长 16.4%，占网民整体的 78.6%。2020 年 1—2 月份，全国实物商品网上零售额同比增长 3.0%，实现逆势增长，占社会消费品零售总额的比重为 21.5%，比上年同期提高 5 个百分点。

6.4.2　主要的互联网服务提供商(ISP)

1. CHINANET——中国公用计算机互联网

CHINANET 是目前中国最大规模的商业化 Internet 接入网，2022 年统计用户数量已达 1.7614 亿户，移动用户数累计 3.8610 亿户，由中国电信公司运营，以国内九大城市为网络核心节点，国际出口带宽达 440 Gb/s，现在第二代的 CHINANET——CN2 已经投入建设。

2. CERNET——中国教育与科研计算机网

CERNET 是由国家投资，教育部管理，清华大学等单位承担建设和运行，供全国高等学校和科研机构接入的国家级学术性计算机互联网络。作为一个非营利性的互联网机构，建成三十年来，CERNET 为我国的教育信息化贡献巨大，目前许多重大的国家学术科研、图书文献、仪器设备、学科资源、远程教育和招生录取等系统都依托 CERNET 运行。

3. UNINET——中国联通互联网

UNINET 是由中国联通公司运营的公用计算机互联网，现在已经与中国网通的互联网部分合并，国际出口带宽为 418 Mb/s，与 CHINANET 在北京、上海、广州分别实现骨干直连。

4．CMNET——中国移动互联网

CMNET 是中国移动公司独立建设的全国性的、以宽带互联网技术为核心的电信数据基础网络，现在已经与中国铁通互联网部分合并，骨干网部分由北京、上海、广州、南京、武汉、成都、西安、沈阳八大城市节点构成。

6.5　本章实训——无线宽带路由器的配置

通过实训掌握使用无线宽带路由器拨号接入互联网，架设家庭无线网络，适用于以 6.3 节提到的几种宽带接入方式来组建家庭共享上网的场合。

本实训项目以 TL-WDR5600 这款产品为例，其他路由器的配置也大同小异，如果读者所用的产品与本实训的不同，也可以参考对应的产品说明书。TL-WDR5600 为 WiFi 5 标准产品，具有 4 个 LAN 以太网接口，1 个 WAN 接口，采用四天线 2×2 MIMO 架构，同时支持 2.4 GHz、5 GHz 双频，如图 6.5.1 所示。

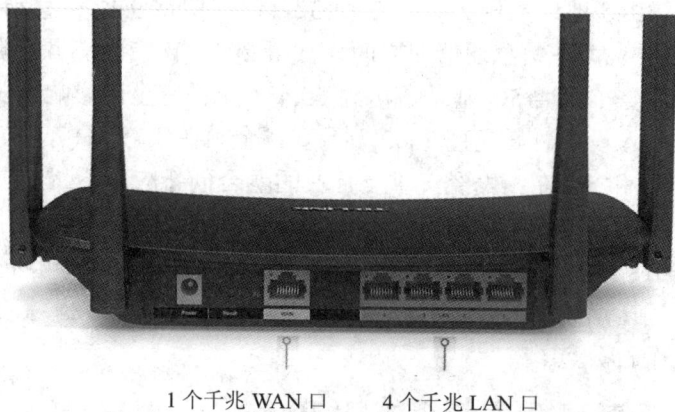

　　1 个千兆 WAN 口　　4 个千兆 LAN 口

图 6.5.1　无线宽带路由器 TL-WDR5600

(1) 路由器加电后，将 ISP 提供宽带接入的网线插进路由器的 WAN 接口，将连接电脑的网线插入路由器的 LAN 口，有 4 个 LAN 口，所以可以直接连接 4 台电脑共享上网。这样连接之后，路由器会自动启用 NAT 地址转换功能，将 LAN 口的电脑的内网私有 IP 地址转换成 WAN 口的外网公有 IP 地址，使得内网电脑可以访问互联网。

(2) 此产品支持通过电脑和手机进行设置，下面分别介绍其设置步骤。

1．通过电脑设置路由器

(1) 电脑网线插入路由器 LAN 口之后，本地以太网设置成自动获取 IP(参考 6.3.4 节)，打开 IE 浏览器，在地址栏里输入 http://192.168.1.1(路由器初始管理地址)，访问路由器的 Web 管理界面。如果路由器是刚购买的，处于出厂状态，则弹出的页面提示设置一个路由器的管理员密码，按照提示设置即可。如果弹出的页面提示输入管理员密码，则表示之前已经设置过，输入密码后单击"确定"按钮，如图 6.5.2 所示。

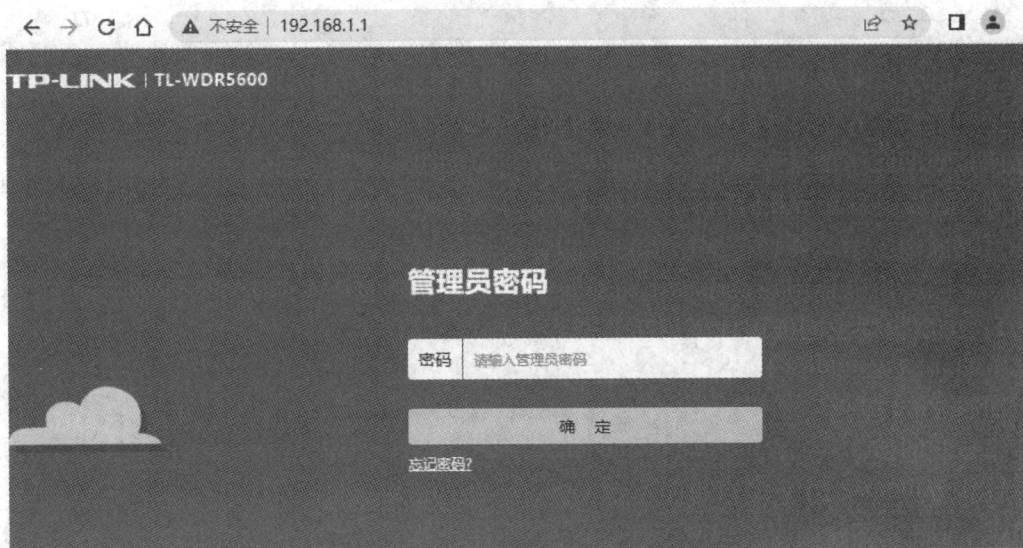

图 6.5.2　访问路由器的管理页面

(2) 登录管理界面后，路由器会自动跳到上网设置界面，如图 6.5.3 所示。通常上网都是采用宽带拨号上网方式，输入 ISP 提供的宽带账号名和密码，单击"下一步"按钮。

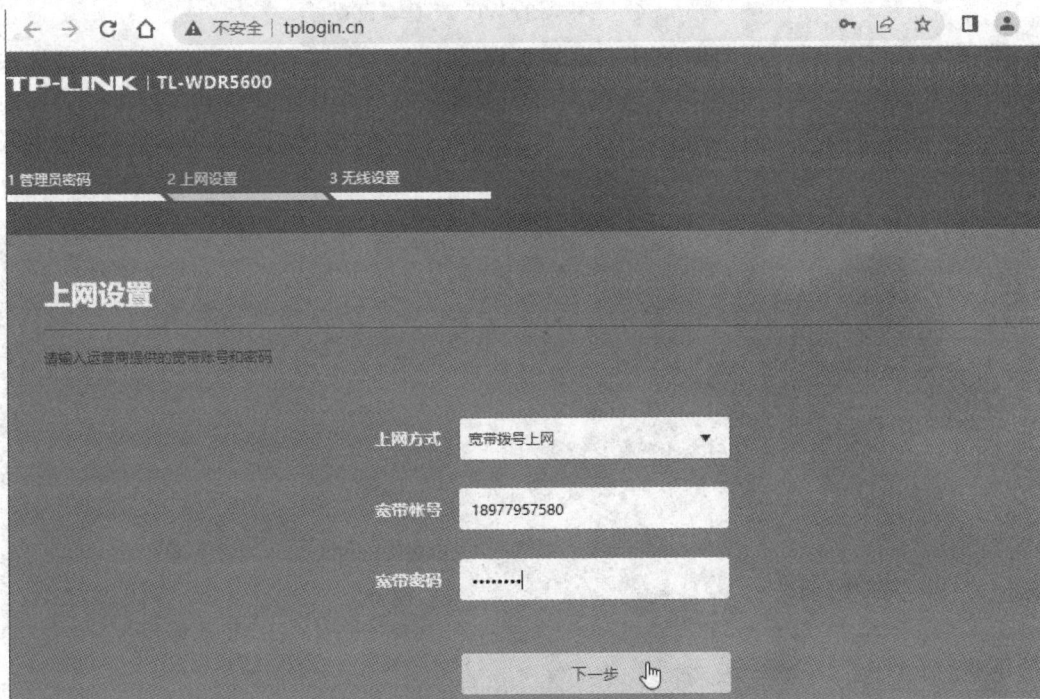

图 6.5.3　路由器的宽带拨号设置

(3) 路由器跳转到 WiFi 设置界面，因为路由器是双频的无线产品，所以需要分别设置 2.4 GHz 和 5 GHz 的无线网络，推荐这两者保持同样的设置(无线网络名称和密码)，如图 6.5.4 所示。

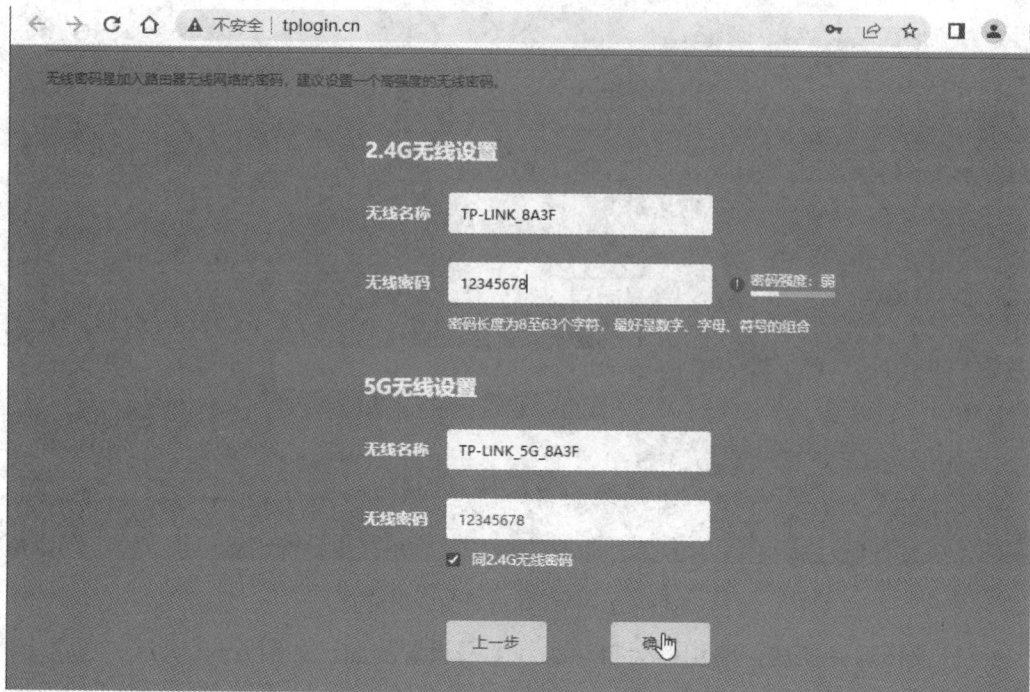

图 6.5.4　路由器的 WLAN 基本设置

(4) 第(3)步完成后，路由器的基本设置工作已完成，此时会自动跳转到路由器状态界面，如图 6.5.5 所示。在这里可以查看路由器的上网状态、无线网络状态，还可以管理内网所有的上网设备等。

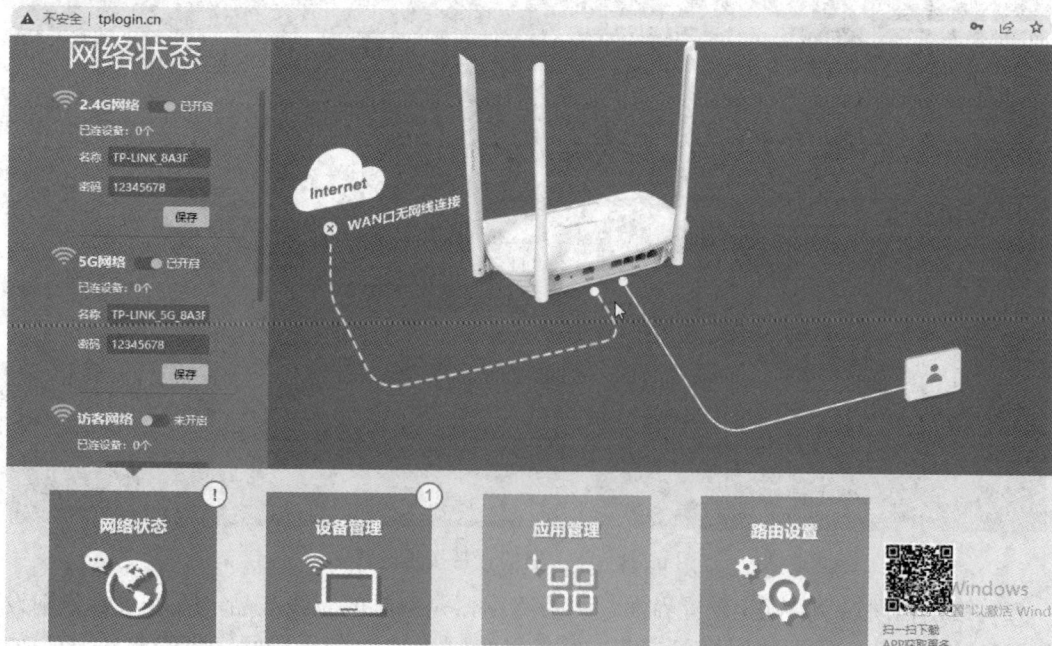

图 6.5.5　路由器的状态

2. 使用手机设置路由器

(1) 打开手机无线局域网设置，连接路由器的 WiFi，如图 6.5.6 所示。如果不清楚路由器初始的 WiFi 名称和密码，可以翻看产品底部的标签。

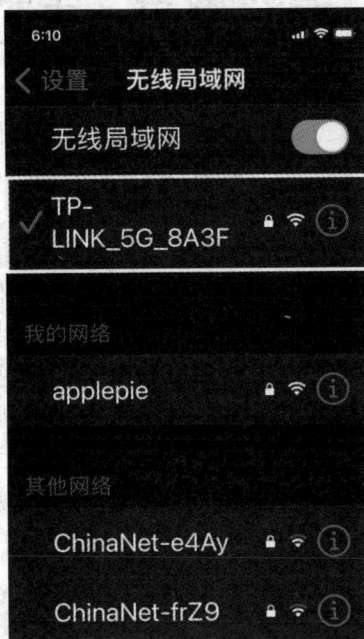

图 6.5.6　手机连上路由器 WiFi

(2) 打开手机网页浏览器，清空地址栏并输入产品底部标签上查看到的管理地址(默认为 tplogin.cn)，如图 6.5.7 所示。这里可以选择下载 APP 或者继续以网页端管理路由器，单击"继续访问网页版"，接下来和电脑端设置路由器的步骤一样，不再赘述。

图 6.5.7　手机端登录路由器管理界面

第 7 章 网络安全基础

7.1 网络安全概述

网络安全是指网络系统的硬件、软件及系统中的数据受到保护，不因偶然的或者恶意的原因而遭受到破坏、更改、泄露，系统能够连续、可靠、正常地运行，网络服务不中断。

互联网的发展日新月异，但同时，因为网络具有开放性、隐蔽性、跨地域性等特性，存在很多安全问题亟待解决。以下是几起近年来发生的网络安全事故。

事件一：2014 年春运第一天 12306 爆发用户信息泄露漏洞。

2014 年铁路春运售票第一天，在经历了 1 小时死机之后，12306 铁路客户服务中心网站再次爆发用户账号"串号"问题，大量用户身份证号码等信息遭泄露。有网友爆料称 12306 出现"串号"情况，登录网站购票却出现其他客户信息，疑似信息遭泄露。网友们反映，登录自己账号后，"我的 12306"下拉菜单中的"常用联系人"中，显示的是其他用户的订票信息，包括姓名、身份证号码、手机号等。新版 12306 网站出现泄露大量用户资料的漏洞，危害等级为高。

事件二："2000 万开房信息泄露案"开审。

2014 年 2 月 14 日上午，"2000 万开房信息泄露事件"首例诉讼在上海浦东法院第一次开庭审理。原告王金龙起诉汉庭星空(上海)酒店管理有限公司和浙江慧达驿站网络有限公司，并要求赔偿 20 万元。王金龙通过分析，完成了《上海市民信息泄露情况分析报告》，上海有 86 万受害人，居全国首位。王金龙举例说，根据被泄露的详尽个人信息，不法分子可能筛选出 18～35 岁女性，进行化妆品、母婴产品等定向电话骚扰。更可怕的是，一旦破译邮箱密码，还可能获取受害人的微博、微信账号，向其好友行骗，甚至能入侵支付宝等其他关联账户，直接威胁资金安全。实名认证的新浪微博账户"股社区"发布了一个名为"查开房"的网址，只需输入姓名或身份证号，即可查询到包括身份证号、生日、地址、手机号、电子邮箱、开房登记日期等真实信息。

事件三：全国硕士考试报名信息遭泄露。

2014 年，某漏洞平台报道了"国内 130 万考研用户报名信息泄露事件"，并表示该漏洞导致泄露的信息正在被黑产利用。截止到 2014 年 11 月已有 130 万考研用户的信息被出售，而且数据已经被多次转卖，经过与卖家了解，数据泄漏了考研用户的姓名、手机号、座机号、身份证号、住址、邮编、学校、专业等敏感数据。

事件四：7 大酒店被曝泄露数千万条开房信息。

2015 年 2 月，漏洞盒子平台的安全报告指出，知名连锁酒店桔子、锦江之星、速 8、布丁，高端酒店集团万豪、喜达屋、洲际存在严重安全漏洞，房客的订单信息一览无余，包括姓名、家庭地址、电话、电子邮箱乃至信用卡后四位等敏感信息，同时还可对酒店订单进行修改和取消。

以上所列网络安全事故只是近年互联网安全事故的冰山一角。如今计算机网络已经深入生活的每一个角落，彻底改变了我们的生活，我们通过网络购物、娱乐、接收和发布信息等，如果网络安全得不到保证，将是一个很严重的问题，甚至演变成网络安全灾难，给网络使用者带来不可预料的损失。

7.2　网络安全的定义

网络安全是信息安全重要的一部分，具体是指网络系统的硬件、软件及其系统中的数据受到保护，不会因偶然的或者恶意的原因而遭受到破坏、更改、泄露，系统能够连续、可靠、正常地运行，网络服务不中断。

基于计算机网络的应用已经深入到生活的方方面面，人类社会的经济生活越来越依赖网络，从而扩展了网络安全的内涵，总的来说包括以下几个方面：

1. 网络硬件的安全

本书第 1 章定义的大型网络(互联网)由网络边缘、接入网、核心网构成，网络硬件的安全问题是指这些网络构成部分涉及的所有网络硬件，由于被盗、环境破坏(自然灾害、温度与湿度的影响)、使用或管理权限被窃取而出现的安全问题，或者在这些设备上进行通信的活动内容被暴露，导致用户无法正常使用这些网络硬件资源。

2. 网络协议的安全

许多网络通信协议由于本身设计上的缺陷使得使用这些协议进行通信的过程变得不安全。例如：TCP 协议的三次握手过程就容易被黑客利用发起过多的同步请求，导致服务器崩溃而拒绝服务；WiFi 早期使用的 WEP 安全协议存在 CRC 完整性检验缺陷，会导致接收端无法检验出被黑客篡改过的数据流。

3. 网络通信的安全

在网络通信过程中，数据在信道上传输必然存在被入侵者破坏而导致中断、窃听、篡改的风险，特别是无线网络广泛应用的当下，由于其天生的开放性，理论上来说所有无线通信活动都可以被入侵者监听到，如果不采用更严格的加密和认证机制，后果不堪设想。

4. 网络服务器的安全

正如前面提到的，当今社会计算机网络应用越来越广泛，各行业都有基于网络的应用。而这些应用大部分都是基于客户端/服务器模式的，其中某些敏感的领域如金融、电子商务、社交平台的网络服务器具有极高的价值，容易被黑客列为首要攻击目标。其攻击手段也越来越多样化，从网站架设平台(如 Apache 和 IIS)的漏洞到网页程序编写得不严谨，再到服务器操作系统、数据库系统的漏洞等，都可能被黑客利用达成攻击目标。

5. 网络应用账号的安全

生活在一个互联网经济社会，人们的各种网络应用账号越来越显出其价值，而每个人对于网络安全的认识有差异，使得黑客有机可乘。相对于攻击网络应用服务器来说，盗取个人的网络应用账号更加容易，其手段多数采用社会工程形式，例如致电电商用户谎称需要退回网上购物款项，然后发送虚假的网页链接给用户，诱骗其泄露账号密码。

如上所述，当今网络安全的形势越来越复杂，保障网络安全不仅需要网络管理员做好自己的工作，还涉及网络应用行业的所有人员，系统管理员、网络程序员甚至用户本身都需要有网络安全防范的意识。

7.3　影响网络安全的因素

网络不安全的原因主要有以下几个方面。

1. 物理破坏

物理破坏是指网络中的硬件设备遭受人为的和非人为的破坏，人为的破坏指盗窃、操作失误等，非人为的破坏指遭受地震、雷击和火灾等。

2. 系统漏洞

所有的操作系统、数据库系统甚至是应用软件都会存在一些缺陷和漏洞，这些缺陷和漏洞往往被黑客利用，以达到侵入系统的目的。

3. 人为操作或配置失误

在网络日常管理中，需要人员对设备进行操作和配置，那么就有可能出现人为配置失误从而造成一些安全隐患。例如对防火墙配置不当造成安全隐患，用户口令设置得过于简单或者长期不变更，以及访问权限设置不当等。

4. 黑客攻击

黑客攻击是当前对网络系统威胁最大的、最难防范的威胁之一。由于黑客攻击的手段繁多，而且层出不穷，所以用户无法作出有针对性的全面防范，只能针对某些常见的攻击作出预防和检测。

5. 计算机病毒及木马的威胁

几乎所有的计算机用户都或多或少遭受过病毒和木马的侵害。计算机病毒可以干扰网络的正常运行，甚至造成整个网络系统的瘫痪，而木马可以隐藏在计算机内部，等待时机发作，获取用户的敏感信息。

7.4　使用防火墙提高网络安全性

防火墙是专门为增强计算机网络安全性而创建的一种技术手段。防火墙就像尽忠职守的门卫，把守在本地网络与外部网络的出口处，对进出的数据包都严格审查，对符合要求的数据包放行，禁止不符合要求的数据包进出内部网络。

防火墙按照存在形式可分为软件防火墙和硬件防火墙。软件防火墙一般安装在操作系统中，而硬件防火墙是一台设备。

7.4.1 硬件防火墙

硬件墙火墙如图 7.4.1 所示，是指把防火墙程序做到芯片里面，由硬件执行这些功能，这样能减少 CPU 的负担，使路由更稳定。硬件防火墙是保障内部网络安全的一道重要屏障，它的安全和稳定，直接关系到整个内部网络的安全。因此一台性能稳定的防火墙是企业必需的设备，目前华为、思科、Dell 等厂商均可提供硬件防火墙设备。

图 7.4.1　硬件防火墙

硬件防火墙安装在网络的出口处，在网络中所处的位置如图 7.4.2 所示。

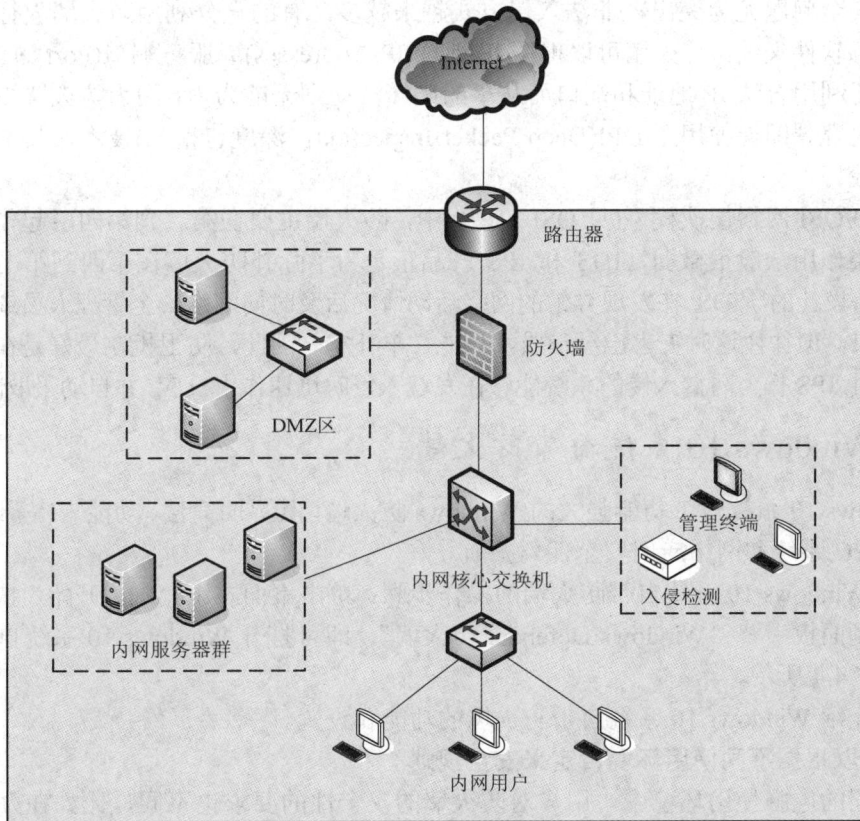

图 7.4.2　防火墙在网络中的位置

硬件防火墙价格比较昂贵，而且架设成本比较高，一般应用于企业，家庭或个人建议使用软件防火墙。

除了防火墙之外，常用的网络安全设备还有 IDS(入侵检测系统)和 IPS(入侵防御系统)。IDS 和 IPS 通常布置在防火墙后面，如图 7.4.3 所示。

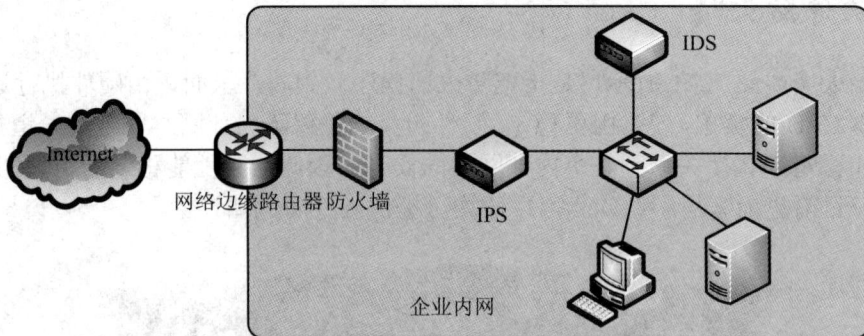

图 7.4.3　IDS 和 IPS 在网络中的位置

从图 7.4.3 中可以看出，IPS 和 IDS 均布置在防火墙之后，但是由于 IPS 有主动防御功能，所以布置在网络主干路，而 IDS 因为只有检测告警作用，所以为了不影响网络的性能就布置在网络的旁路。布置 IPS 和 IDS 可有效提升企业网络的安全级别。随着互联网的发展，网络安全问题尤为突出，非法入侵方式越来越多，有的充分利用防火墙放行许可，有的则使防毒软件失效。防火墙可以根据 IP 地址(IP-Addresses)或服务端口(Port)过滤数据包，但是它对于利用合法 IP 地址和端口而从事的破坏活动则无能为力，因为防火墙极少深入数据包检查内容。即使使用了 DPI(Deep Packet Inspection，深度包检测)技术，其本身也面临着许多挑战。

在 ISO/OSI 网络层次模型(见 OSI 模型) 中，防火墙主要在第二到第四层起作用，在第四到第七层作用一般很微弱，IDS 和 IPS 产品正是为了弥补防火墙在第四到第七层之间留下的空档而设计的。IDS 在发现异常的网络活动情况后及时向网络安全管理人员或防火墙系统发出警报，但往往这时灾害已经形成，只能亡羊补牢。因此，防卫机制最好是在危害形成之前起作用，IPS 作为防御入侵的系统能够在发现入侵时迅速作出反应，并自动采取阻止措施。

7.4.2　Windows 10 系统自带防火墙

Windows 10 系统自带功能强大的 Windows 防火墙，其界面简洁、功能丰富、设置方便，可为个人 PC 系统和网络应用安全保驾护航。

打开 Windows 10 系统自带防火墙的操作步骤：单击桌面左下角的"开始"按钮，依次打开"控制面板"→"Windows Defender 防火墙"，即可打开 Windows 10 系统自带的防火墙，如图 7.4.4 所示。

下面介绍 Windows 10 系统自带防火墙的功能和设置。

1. 可以根据不同使用环境自定义安全规则

在不同的电脑使用环境中，用户对防火墙的安全性的要求也不同，比如在办公室或家庭的局域网中，为方便局域网内用户互相传送文件或一起玩游戏，不需要太高的防火墙安全规则，而使用公共 WiFi 连接上网的时候则不希望任何外部连接接入自己的计算机，需要设置比较高的防火墙安全规则。Windows 10 自带的防火墙就能够针对不同的网络环境轻松进行不同设置。从图 7.4.4 可以看出，此时 Windows 防火墙是关闭状态的，单击该界面左侧的"启用或关闭 Windows Defender 防火墙"即可打开防火墙的自定义界面，在这里用户可以分别对家庭或工作局域网以及公用网络设置不同的安全规则，如图 7.4.5 所示。

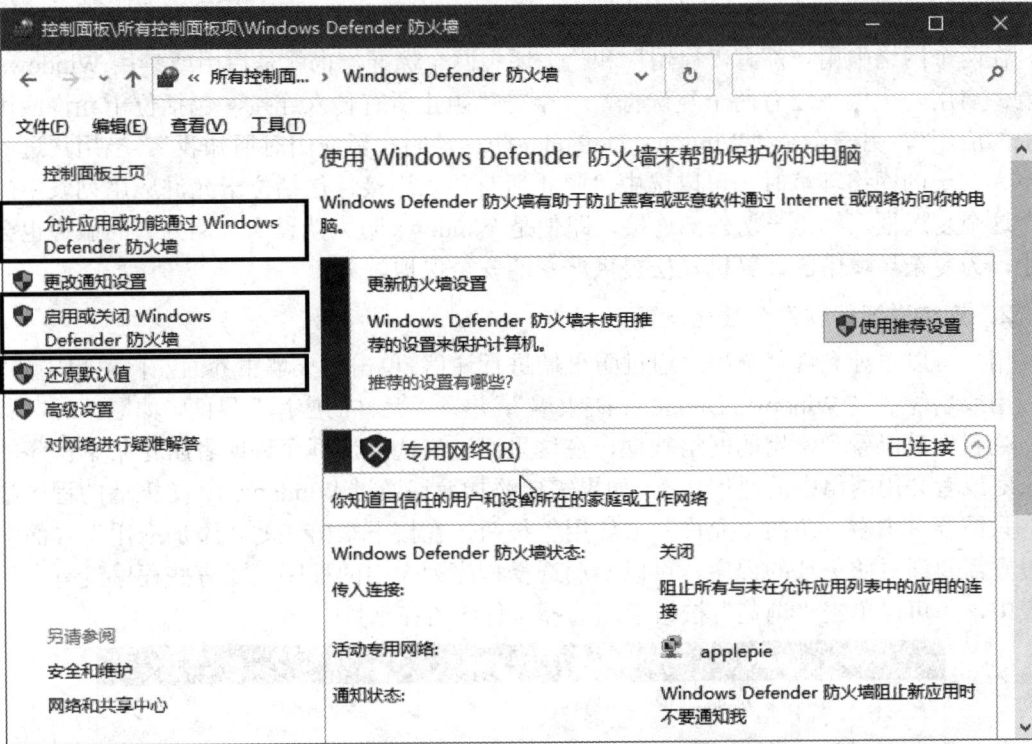

图 7.4.4　启用或关闭 Windows 10 自带防火墙

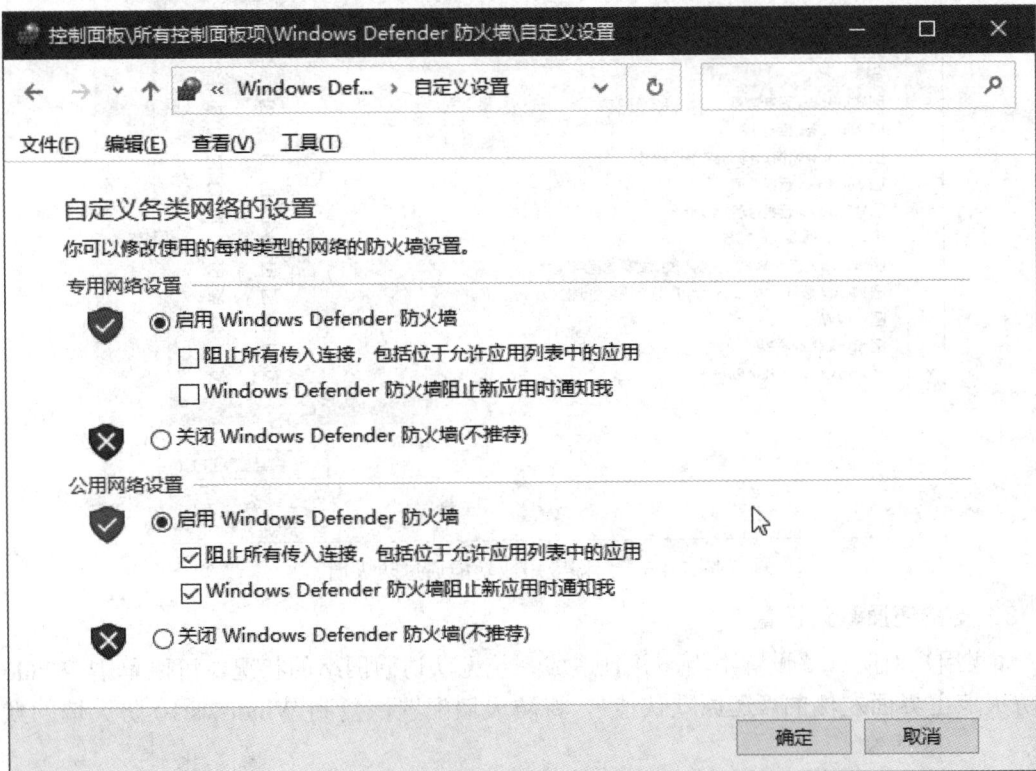

图 7.4.5　针对不同类型网络的 Windows 防火墙设置

专用网络通常是指家庭和受信任的网络，公用网络就是互联网或其他安全级别低的网络。在两个网络中用户都有"启用"和"关闭"两个选择，也就是启用或禁用 Windows 防火墙。启用防火墙下还有两个复选框，一个是"阻止所有传入连接，包括位于允许应用列表中的应用"，另一个是"Windows Defender 防火墙阻止新应用时通知我"。当用户进入一个不太安全的网络环境时，可以选中"阻止所有传入连接，包括位于允许应用列表中的应用"这个复选框，禁止一切外部连接，即使是 Windows 防火墙设为"例外"的服务也会被阻止，为复杂环境中的计算机轻松提供严密的安全保护。

2. 支持详细的软件个性化设置

用户可以单独允许某个程序通过防火墙进行通信。单击防火墙主界面左侧菜单中的"允许应用或功能通过 Windows Defender 防火墙"，进入"允许的应用"界面，如图 7.4.6 所示。

列表中可以看到常用的网络软件，在这里通过勾选复选框允许或者阻止某个程序软件在家庭或者公用网络中的通信状态。如果需要添加允许通过 Windows 10 防火墙的程序或功能，只需要单击右下角的"允许其他应用"按钮，在接下来出现的"添加应用"界面中即可设置需要通过防火墙的程序。可以手动选择程序列表中的程序，如有些程序没有出现在列表中，还可以单击"浏览"按钮手动选择该程序所在地址。

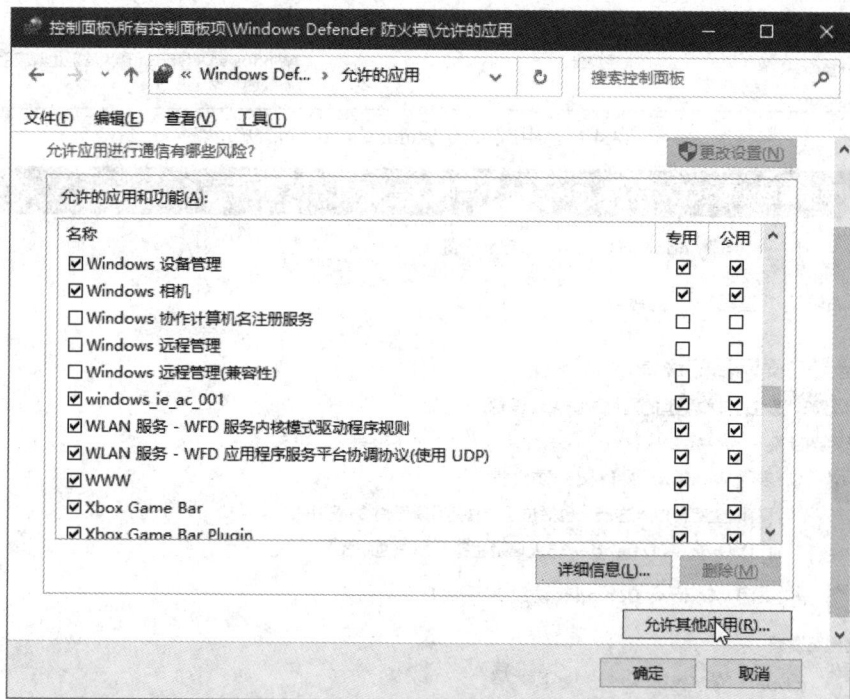

图 7.4.6　允许应用或功能通过防火墙

3. 支持还原默认设置

如果用户对防火墙设置不当，并且造成系统无法访问网络的状况，可以单击 Windows 10 防火墙主界面左侧的"还原默认值"，将防火墙配置恢复到 Windows 10 防火墙的默认状态。

用好 Windows 10 自带防火墙，不仅有助于防止黑客或恶意软件通过网络访问计算机，同时灵活的设置也能在保证安全的同时顺畅使用网络和程序及应用。

7.5　防范黑客

"黑客"一词是由英语 Hacker 音译来的，他们伴随着计算机和网络的发展而产生并壮大。黑客以往通常用来形容那些计算机高手，喜欢寻找系统和网络的漏洞，测试系统及网络的安全，研究如何修复漏洞以达到更好保护网络系统的目的。现在该词更多的是贬义，曾经带有传奇色彩的黑客现在被视为网络安全的敌人(如图 7.5.1 所示)，因为现在的黑客更倾向于通过暴力攻击系统及破坏网络安全来炫耀自己的技术或者牟取利益。

下面是按动机和技术层面划分的几种常见的黑客类型。

图 7.5.1　传奇的黑客形象

1. 黑帽黑客

黑帽黑客是专门研究病毒木马和操作系统，寻找漏洞，并且以个人意志为出发点攻击网络或者计算机的犯罪分子。他们发布恶意软件，来销毁文件、劫持计算机或者偷窃密码、信用卡号、社交网络账号、电商账号和其他个人信息。他们的动机是谋私利，目的是获取金钱、实施报复或者是传播祸患。

黑帽黑客技术水平较高，在计算机网络原理和编程方面都有很高的造诣，经常开发一些网络钓鱼恶意软件、病毒木马或远程访问工具，用来攻击他人的系统或者出售获利，有些黑客则通过暗网上的论坛和其他人联系获得"工作"。

2. 白帽黑客

白帽黑客是指那些专门研究或者从事网络、计算机防御的人，他们通常受雇于各大公司，是维护世界网络、计算机安全的主要力量，有时也被称为"道德黑客"或"好黑客"，是黑帽黑客的对立面。他们的技术水平不亚于黑帽黑客，常常使用类似于黑帽黑客的渗透和测试手段识别计算机系统和网络的安全缺陷，以便提出改进建议。

白帽黑客利用其能力发现软件或者系统的安全漏洞，帮助保护组织免受危险黑客的攻击。很多白帽受雇于公司，对产品进行模拟黑客攻击，以检测产品的可靠性。

3. 脚本小子

脚本小子更多是一个贬义词，用来描述以"黑客"自居并沾沾自喜的初学者。脚本小子不像真正的黑客能够发现系统漏洞，他们通常使用别人开发的程序来恶意破坏他人系统。其通常的刻板印象为一位没有专科经验的少年，破坏无辜网站企图让他的朋友们感到惊讶，因而称之为脚本小子。

脚本小子常常从某些网站上复制脚本代码，然后到处粘贴，却不一定明白它们的原理与方法。他们羡慕黑客的能力与探索精神，不过与黑客不同的是，脚本小子只是对计算机系统有一定的了解，并不注重程序语言、算法和数据结构的研究，尽管这些对于真正的黑客来说是必须具备的素质。

7.5.1　黑客的攻击手段

1．扫描并攻击系统和网络的漏洞

许多网络和系统都有一些安全漏洞，其中某些漏洞是由于网络设计本身并不健壮、使用的通信协议不安全而造成的，还有些属于操作系统或应用软件本身具有的漏洞，在补丁未被开发出来之前一般很难防御黑客的破坏。

2．利用系统默认账号进行攻击

有些系统或者网络设备的管理账号保留了默认账号，而且系统管理员或者用户设置的密码过于简单，容易被黑客暴力破解，或者黑客利用 Guest 等低权限的账号(通常这些账号都没有设置密码)入侵系统之后再获取高权限来实施破坏。

3．放置特洛伊木马程序

特洛伊木马等后门程序可以直接侵入用户的电脑并进行破坏。它常被伪装成工具程序或者游戏等，有些甚至内嵌到一个看似正常的网页里，一旦内网的用户打开了这些程序或网页，它们就会在计算机系统中悄悄下载安装一个可以在 Windows 后台隐秘自动运行的程序。当用户连接到互联网时，这个程序就会自动通知黑客，报告用户的 IP 地址以及预先设定的端口。黑客在收到这些信息后，再利用这个潜伏后门程序窃取用户的资料、窥探用户网络，最后把用户电脑变成僵尸主机发起网络攻击。

4．网络监听

网络监听是一种被动的攻击模式，通常黑客在网络中放置一台伪装成合法主机的监听设备，这在无线网络环境下更容易实现，这时这台设备可以接收到本网段在同一条物理信道上传输的所有信息，而不管这些信息的发送方和接收方是谁。如果两台主机正在进行通信的信息没有加密，就会被黑客轻而易举地截取包括口令和账号在内的信息资料。

5．拒绝服务攻击

拒绝服务攻击也就是 DDoS 攻击，通常较难防范，因为黑客是通过向服务器或网络发送合法的连接请求来达到攻击目的的，只不过黑客所发起的访问请求比正常用户的访问量要多几百个数量级，直至会把服务器的资源耗尽或者使网络拥堵崩溃，无法继续正常的服务。这种攻击利用的是网络协议本身的缺陷，一直得不到很好的解决。

7.5.2　如何提高网络安全来防御黑客的攻击

网络的威胁不断增多，网络攻击的工具和方法不断翻新，如何更好地防止黑客，可以参考以下措施。

1．保障物理安全

网络的物理安全非常重要，也就是网络机房和服务器机房环境的安全。应做好机房日常管理，严禁非授权人士出入，日常出入需注意锁好配线间和机房大门，或者设置指纹门禁，安装摄像头和移动检测设备等。

2．开放和关闭网络

日常注意检查系统和网络所提供的服务，及时关闭非指定的服务，某些网络设备不再使用的端口和链路也要及时关闭，不给黑客可乘之机。另外，网络访问控制可以设置更高的级别，提高安全性，但需注意不能影响正常的业务使用。

3．为网络配置必要的防御硬件

日常网络管理工作做到上面两点之后，还需要从硬件方面增强网络自身的防御力，例如在网络边缘布置防火墙，把好网络入口的第一道关；在被保护网络的入口并联 IDS(入侵检测系统)，随时检测漏网之鱼；在内网增加堡垒主机，万一还是有黑客攻击进来，可以引诱他攻击错误的目标；配置漏洞升级服务器(SUS)，随时升级客户端和服务器的系统漏洞。

4．常怀警惕之心，防范社会工程

现在人们的网络安全意识越来越强，黑客的手段也随之升级。所谓社会工程，是指对他人进行心理操纵术，使其采取行动或泄露机密信息。它是一种以信息收集、欺诈或系统存取为目的的骗局，与传统的骗局不同，黑客通常通过线下的社交手段获取用户的关键信息之后，再将此信息用于线上破解用户的账号、密码等。

例如，一名黑客打来电话，自称是你的服务商，并说你的账户已被标记为异常活动，需要验证你的身份，实际上就是在骗取你的身份信息。有的黑客冒充你所在单位的同事(如佩戴假工牌的技术支持人员)、顾问或其他受信任的外部权威人员(如审核人员)，进而获得你的信任，并跟随你进入内部受限工作区域。还有的黑客甚至可能添加你为社交媒体好友，然后从你的个人资料或发帖中收集信息。

随着电子商务和移动支付的发展，现在最常见的例子就是黑客(诈骗组织)冒充购物网站的客服致电给你，声称你购买的商品存在质量问题需要退款，然后向你发送退款链接。实质此链接是木马网站，用来骗取你的移动支付的账号、密码和验证码，达到盗取你账号里钱款的目的。

黑客也可能通过假冒高管的电子邮件或者在社交媒体中假冒成高管，向你紧急借钱，或要求你转账给特定的账户。

那么如何防范使用社会工程手段的黑客呢？我们需要常怀警惕之心，采取以下预防措施：

(1) 摒弃贪欲之心，不要相信天上会掉馅饼。如果突然接到关于退款或者中奖之类的来电基本可视为欺诈，应及时报警。

(2) 为每个网络应用服务使用不同的登录名或密码，最好不要重复使用相同的密码，以确保一个密码的失窃不会影响到其他的信息系统。

(3) 尽量启用双因素身份验证，这样，即使用户名和密码被盗，盗贼也难以轻松进入你的账户。

(4) 定期检查账户登录情况和个人数据，以查找身份盗窃和账户欺诈行为；定期检查访问日志情况以确认账户未被入侵和滥用。

(5) 从公共信息数据库中删除你的私人信息，Firefox 监控等一些安全网站或工具可以帮助我们查找自己的私人信息暴露情况，及时删除暴露的私人信息。

7.6 数据的加密与备份

7.6.1 加密技术

当信息被窃取之后，如果信息没有加密，信息的内容就会泄露，网络的安全就得不到保证。因此，在使用网络传输敏感信息时，需要采用某种加密算法把信息加密，让信息变成密文再传输。这样即使信息被窃取了，由于没有解密的密钥，窃取者也无法知道我们要传输的信息。

加密算法如果按照密码体制来分，主要有两种，一种叫序列密码算法，一种叫分组密码算法。

1. 序列密码算法

序列密码(也称流密码)的思想是将明文序列与密钥流序列逐位异或得到密文。例如要发送数据 10011，密钥流是 10110，两者异或得到密文 00101。序列密码算法的优点是产生密钥序列简单，加密和解密过程不复杂，易于硬件实现，加解密速度快，常用于保密通信，如军事和外交等领域。

2. 分组密码算法

分组密码算法是将明文序列划分成长度为 n 位的分组，每组分别在密钥的控制下变换成等长的密文输出序列。

7.6.2　Windows 10 自带文件加密

Windows 10 自带文件加密的机制是首次加密时系统会产生一个密钥，存放在系统账户里，用户开机进入此账户时通过验证此密钥完成解密，其他用户试图使用或解密这些文件时无任何反应或弹出出错对话框。

当磁盘文件系统是 NTFS 格式时，系统自带加密功能，操作步骤如下：

用鼠标右键单击要加密的文件名或文件夹，选择弹出菜单中的"属性"，在打开的属性窗口中单击"高级"按钮，进入高级属性对话框，如图 7.6.1 所示。

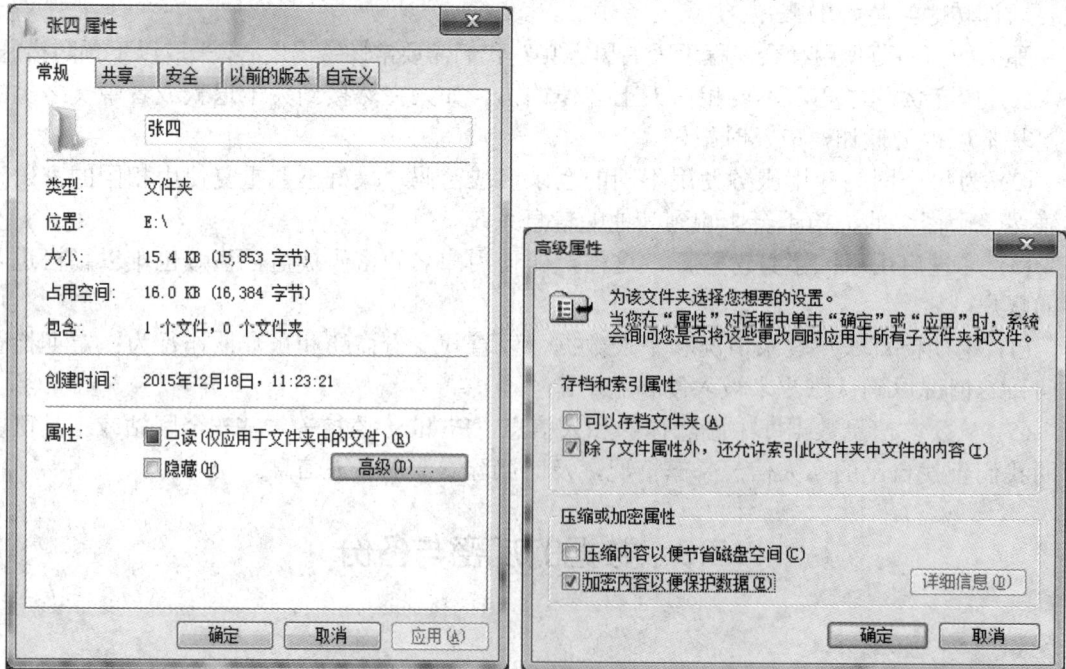

图 7.6.1　文件或文件夹加密

点选"加密内容以便保护数据",然后单击"确定"按钮,加密完成后,该文件或文件夹的图标变成绿色,成为当前登录用户专属资料,如果更换其他用户登录系统是无法打开该文件或文件夹的。

7.6.3 Windows 10 安全权限对用户数据的保护

在 Windows 10 中,如果不想让别人看到重要文件夹中的文件,也不允许复制此文件夹,那么就给此文件夹设置权限,取消公用账户操作此文件夹的权限。

设置文件夹权限的方法如下:

用鼠标右键单击要设置的文件夹,选择弹出菜单中的"属性",在打开的属性窗口中单击"安全"选项卡,然后单击"编辑"按钮,打开添加权限设置窗口,选中公用账户,将所有权限设为"拒绝",设置好后单击"确定"按钮即可,如图 7.6.2 所示。

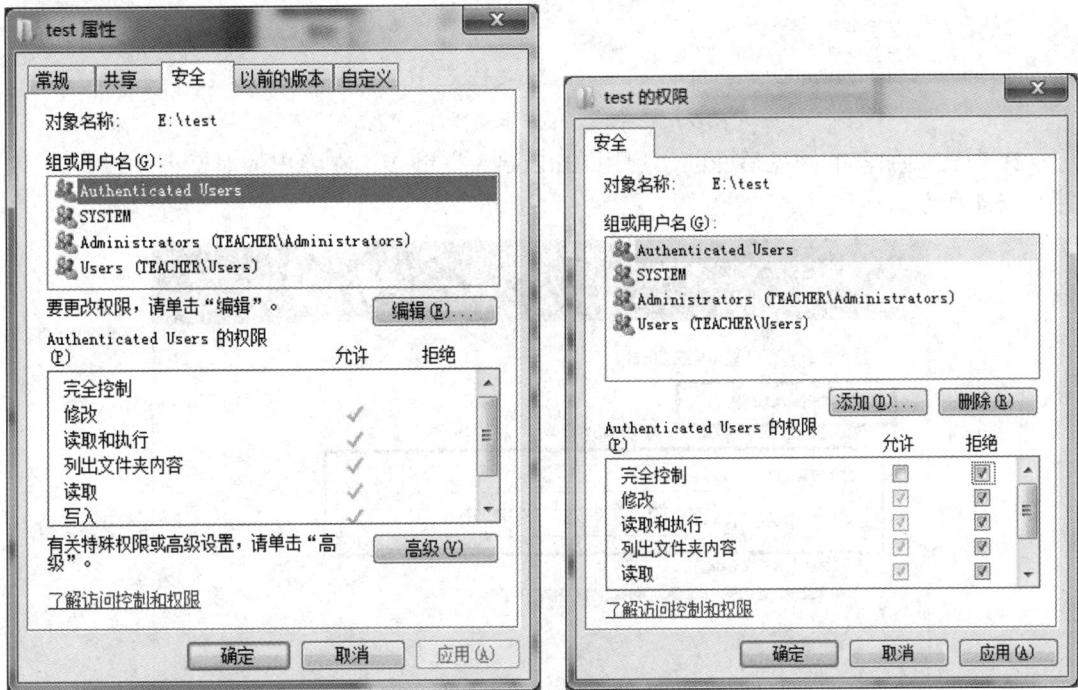

图 7.6.2 安全权限设置

进行以上设置以后,别人就无法打开此文件夹,也无法复制此文件夹,比使用加密软件更方便。

7.6.4 Windows 10 的 BitLocker 驱动器加密

自 Windows 7 开始,Windows 操作系统为用户提供了一个驱动器加密的功能,可以把某一个盘或几个盘进行加密,从而提高数据的安全性。其操作步骤如下:

(1) 打开"控制面板"窗口,单击"控制面板"窗口中的"BitLocker 驱动器加密"链接后,打开 BitLocker 驱动器加密窗口,如图 7.6.3 所示。

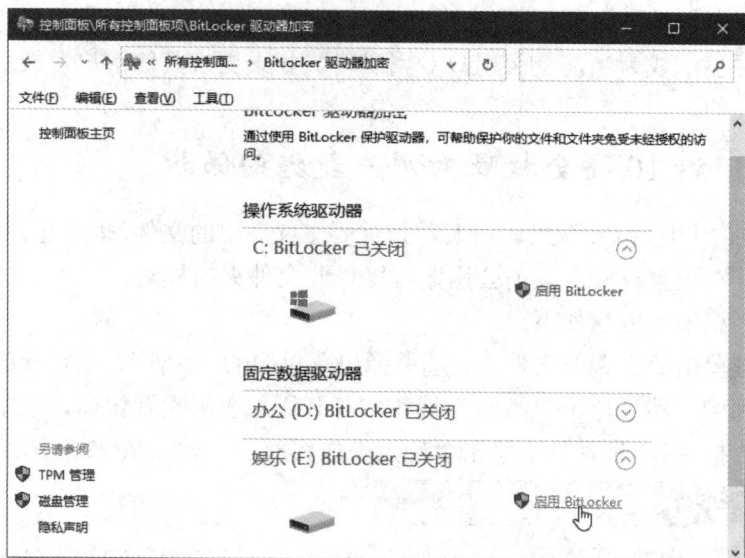

图 7.6.3　BitLocker 驱动器加密窗口

(2) 单击要加密的硬盘后面的"启用 BitLocker"链接，在弹出的对话框中输入密码，如图 7.6.4 所示。

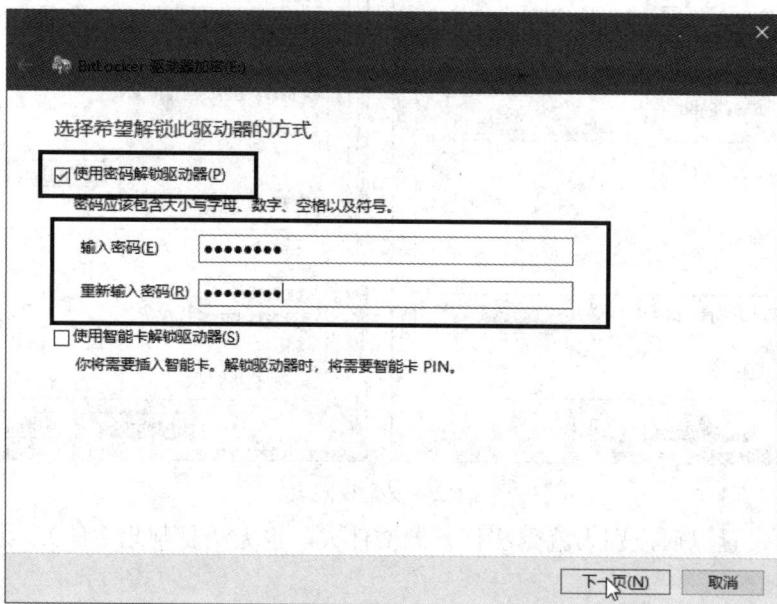

图 7.6.4　BitLocker 驱动器加密对话框

(3) 为了保险，程序要求用户把密钥保存到一个地方，用户可以根据自己的需要选择保存方式，如图 7.6.5 所示。

(4) 单击"下一页"按钮后，进入选择加密的驱动器空间大小页面，有"仅加密已用磁盘空间""加密整个驱动磁盘空间"两个选项，选择其一，设置完后，单击"开始加密"。

加密完成后，重新启动电脑，就会看到加密的分区加锁了，之后打开该驱动器时就要求输入密码。

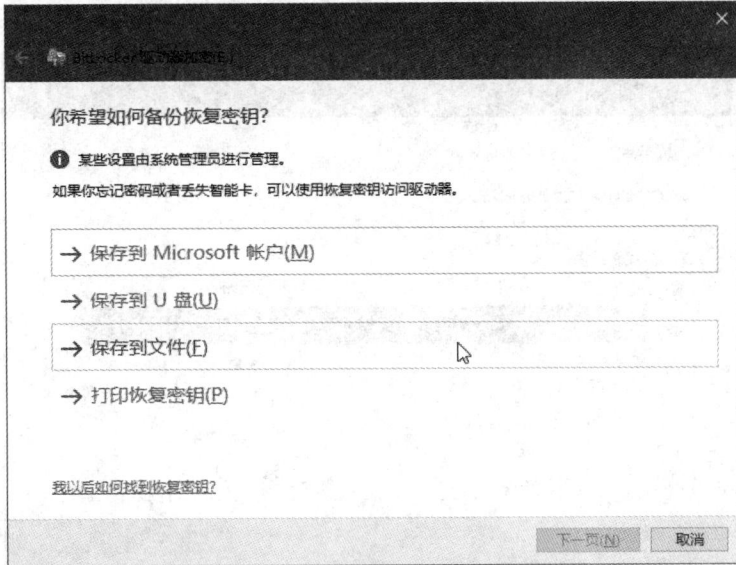

图 7.6.5　保存恢复密钥

7.6.5　Windows 10 系统中备份和还原用户数据

为了防止某些重要的数据被黑客或病毒破坏，用户可以对重要的数据进行备份和还原。数据备份的方法有多种，如直接将数据复制到移动盘等其他存储设备中，也可以使用 Windows 自带的备份工具备份。此备份工具可以备份 Windows 10 的重要数据，同时也保留了兼容 Windows 7 的备份文件及其还原方法，如果之后因系统故障导致无法启动，即可还原至之前备份的状态。操作方法如下：

(1) 打开"控制面板"窗口，单击"备份和还原"链接，进入"备份和还原"窗口，如图 7.6.6 所示。

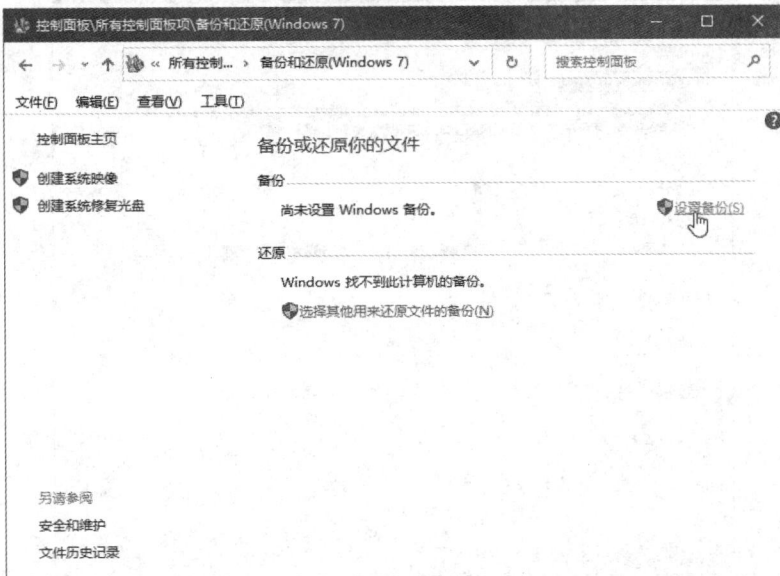

图 7.6.6　Windows 10 备份与还原

(2) 单击右边"设置备份"链接，选择备份文件保存的位置，如图 7.6.7 所示。

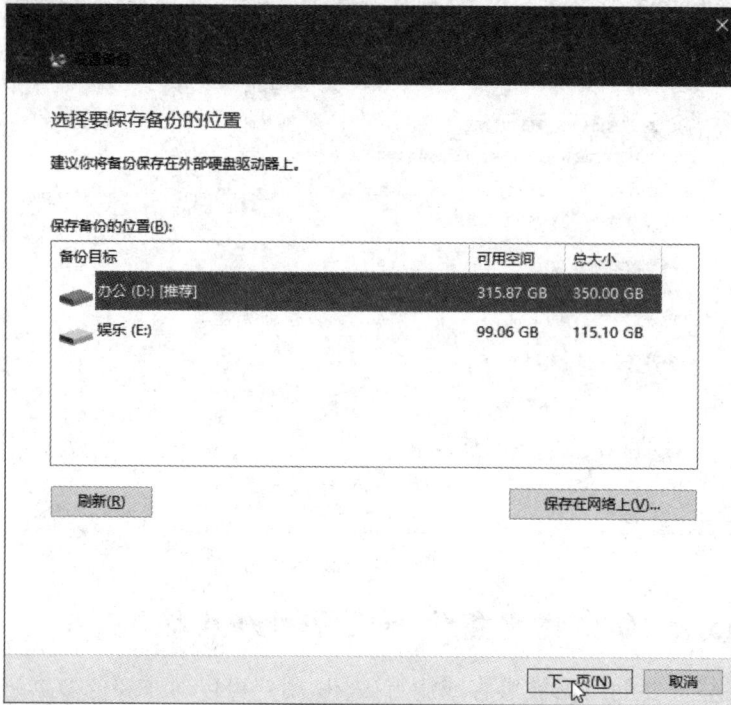

图 7.6.7　选择文件备份的驱动器

(3) 单击"下一页"按钮，选择备份的内容，一般默认第一项即可，如图 7.6.8 所示。再单击"下一页"按钮，即开始自动备份过程，此刻的系统运行状态即被保存下来，可方便日后系统故障时恢复到当前的状态。

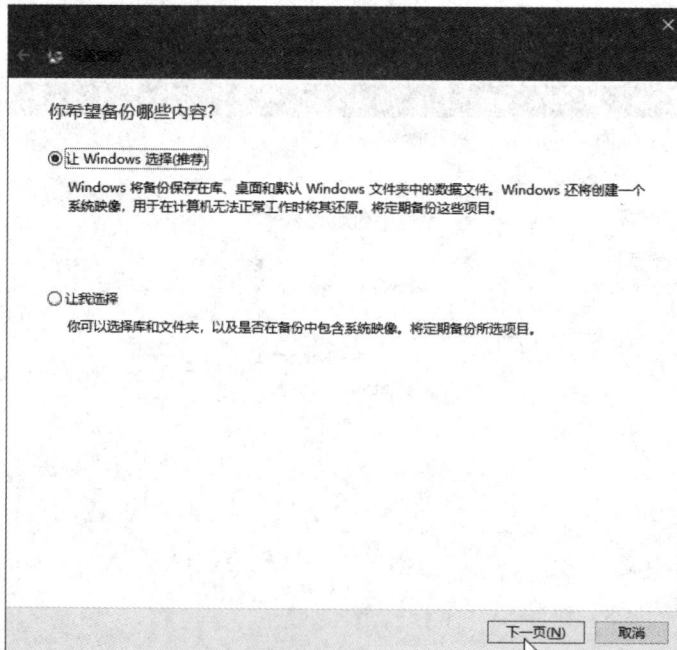

图 7.6.8　选择系统备份的内容

7.7　认 证 技 术

网络安全认证技术是网络安全技术的重要组成之一。认证指的是证实被认证对象是否属实和是否有效的过程，简单地说就是通信双方相互确认身份，以保证通信的安全。最常见的认证方法有口令、数字签名、指纹识别、声音识别、视网膜识别等。如果按所认证的主体来区分，认证技术可分为身份认证技术和信息认证技术两种。

1. 身份认证技术

身份认证技术是在计算机网络中确认操作者身份的过程而产生的有效解决方法。计算机网络世界中一切信息包括用户的身份信息都是用一组特定的数据来表示的，计算机只能识别用户的数字身份，所有对用户的授权也是针对用户数字身份的授权。如何保证以数字身份进行操作的操作者就是这个数字身份的合法拥有者，也就是说保证操作者的物理身份与数字身份相对应，身份认证技术就是为了解决这个问题，作为防护网络资产的第一道关口。身份认证有着举足轻重的作用。

常见的身份认证方法有：静态密码、智能卡(IC 卡)、短信密码、动态口令、数字签名等几种。数字签名又称电子加密，可以区分真实数据与伪造、被篡改过的数据。这对于网络数据传输，特别是电子商务是极其重要的，一般要采用一种称为摘要的技术，摘要技术主要是采用 HASH(哈希)函数。HASH 函数提供了这样一种计算过程：输入一个长度不固定的字符串，返回一串固定长度的字符串(又称 HASH 值)，将一段长的报文通过函数变换转换为一段定长的报文，即摘要。在网络世界中为了达到更高的身份认证安全性，挑选两种或多种认证混合使用，即所谓的双因素认证。

2. 消息认证技术

消息认证技术主要用于保证消息的保密性、完整性、可靠性。保密性是指对敏感信息进行加密，这样即使别人截获后也无法得到真实内容。完整性指的是防止截获人在文件中加入其他伪造的信息。可靠性是指要对数据和信息的来源进行验证，以确保发信人的身份。

在实际运用中，保证保密性一般采用对称加密算法对数据进行加密，保证完整性一般采用哈希散列算法对数据进行加工，保证可靠性一般采用数字签名。数字签名是非对称加密算法的一种典型运用。

7.8　网络安全软件产品简介

为了增强计算机网络的安全性，需要在计算机上安装必要的杀毒软件和防火墙安全辅助软件，给系统多加一层防护，这样才能更加安全地使用网络。常见的防病毒软件有 360 安全卫士、瑞星、金山、卡巴斯基等。下面以 360 卫士为例来介绍安全软件方面的知识。

360 安全卫士是 360 旗下一款非常优秀的产品，它运用云安全技术，拥有查杀木马、清理恶评插件、保护隐私、防盗号、免费杀毒、修复系统漏洞和管理应用等功能。界面如图 7.8.1 所示，首页简洁，聚焦安全防护中心、查杀修复、电脑清理、优化加速四大核心功能。

使用 360 安全卫士的方法非常简单，单击主界面中对应的按钮即可进行相应的安全操作。

图 7.8.1　360 安全卫士主界面

(1) 单击"立即体检"按钮，可以全面检查电脑的各项状况。体检完成后会提交给用户一份优化电脑的意见，用户可以根据需要对电脑进行优化，也可以选择一键优化。

(2) 单击"安全防护中心"按钮，可以进行浏览器防护、系统防护、入口防护、隔离防护四大方面 22 层全方位保护。

(3) 单击"查杀修复"按钮，就可以找出电脑中疑似木马的程序并在取得用户允许的情况下删除这些程序。

(4) 单击"电脑清理"按钮，可帮用户清理无用的垃圾、上网痕迹和各种插件等，让用户电脑的运行速度更快。

(5) 单击"优化加速"按钮，一键即可优化电脑所有的加速项，提高电脑速度。

(6) 单击"更多"按钮，进入"全部工具"界面，如图 7.8.2 所示。这里汇总了各种常用功能，可以个性化选择实用工具，打造属于用户自己的卫士主界面。

图 7.8.2　功能大全界面

安全卫士的详细功能及操作说明，可以访问 http://www.360.cn/weishi/introduction.html 网页。

7.9　本章实训——360 安全卫士防黑功能设置

7.9.1　360 安全卫士给系统设置防黑加固

360 安全卫士里有一个防黑加固的功能，这个功能可以检测电脑系统是否安全，还可以进行一些相应的设置，修补漏洞，让电脑离网络黑手远一点。操作步骤如下：

(1) 打开最新版的 360 安全卫士，单击右下角的"更多"按钮，打开"全部工具"界面，如图 7.8.2 所示。

(2) 在"全部工具"选项卡中，单击"电脑安全"组下的"防黑加固"，安装此功能。

(3) 在"我的工具"选项卡界面里找到"防黑加固"，单击进入"防黑加固"界面。

(4) 单击"立即检测"，软件接下来就会检测出电脑系统所存在的问题，如图 7.9.1 所示。用户可以根据检测结果、当前状态以及加固建议进行相应的操作处理。

(5) 单击"立即处理"按钮完成本次操作。

图 7.9.1　检测电脑的黑客漏洞

7.9.2　360 安全卫士给路由器设置防黑

家里的无线宽带路由器的 WLAN 信号容易外泄被附近人接收到，虽然设置了无线连接的密码，但是有时还是会被破解导致被蹭网甚至路由器被攻击。最新版的 360 安全卫士具有路由器防黑功能，可以检测路由器防黑设置是否合格并给出处理措施，让路由器更安全。

操作步骤如下：

(1) 单击右下角的"更多"按钮，打开"全部功能"界面，如图 7.8.2 所示。

(2) 在"全部工具"选项卡中，单击"网络优化"组下的"路由器卫士"，安装此功能。

(3) 安装完毕后，点击进入"路由器卫士"界面，该功能会自动检测网络中的宽带路由器，如图 7.9.2 所示，输入路由器的登录密码，进入"我的路由"界面，显示当前检测到的路由器，如图 7.9.3 所示。

图 7.9.2　输入路由器的登录账号和密码

图 7.9.3　路由器卫士当前管理的路由器

(4) 单击图 7.9.3 所示的"路由防黑"选项卡，然后单击"立即检测"，如图 7.9.4 所示。

图 7.9.4　"路由防黑"界面

(5) 检测出路由器存在安全问题，如图 7.9.5 所示，用户可以根据建议进行相应的操作处理。

图 7.9.5　路由防黑检测结果

第 8 章　实用网络技术及方案设计

本章主要介绍日常生活中实用的网络技术以及计算机网络方案设计。

8.1　新颖实用的网络技术

计算机网络技术的发展日新月异，改变着人们的生活和工作习惯，近年来无线网络技术突飞猛进，移动智能终端的普及，让我们可以在任何地方都能访问互联网，使得人们对网络越来越依赖。下面介绍几项新颖实用的网络技术。

8.1.1　便捷的无线网络

1. 手机 WiFi 热点

几大电信运营商的竞争，使得无线上网的资费越来越便宜，随着无线电话 5G(第五代移动通信技术)的正式上市运营，商用无线广域网的速度也达到了 1000 Mb/s 以上，真正实现了随时随地的高速上网。

手机 WiFi 热点类似宽带路由器的无线热点功能，即多台手机、无线终端共用其中一台手机的 5G 信号上网，这台手机相当于一个 WiFi 热点，其无线组网原理如图 8.1.1 所示。这是一个中心型的无线网络结构，处于网络中心的手机就是热点手机，其利用自身

图 8.1.1　手机 WiFi 热点无线组网原理图

的 WiFi 信道架设成 WiFi 热点，上行至互联网的信道为 5G 信道。现在各大运营商的 5G 上网套餐价格便宜，这样的共享对于手机用户来说意义不大，但对于经常需要在通勤中使用 iPad 和笔记本电脑的用户来说却有许多便利。

　　下面以小米手机为例介绍手机热点的设置步骤。先测试手机能否通过 4G(5G)信号上网，然后打开手机的"设置"界面，如图 8.1.2 所示。

晚上8:01　　　　　　　　　　　　　　　　　　　　　　⊠ ▭

设置

🔍　搜索系统设置项

👤　**1438230669**
　　管理帐号、云服务、支付信息等　　　　　　　　　　›

▯　**我的设备**　　　　　　　　　　MIUI 12.0.3　›

📶　**双卡与移动网络**　　　　　　　　　　　›

📶　**WLAN**　　　　　　　　　　已开启　›

✳　**蓝牙**　　　　　　　　　　已关闭　›

◎　**个人热点**　　　　　　　　　　已关闭　›

》）　**连接与共享**　　　　　　　　　　›

🔒　**锁屏**　　　　　　　　　　›

图 8.1.2　手机"设置"界面

　　继续点开"设置"界面的"个人热点"，进入"个人热点"的设置界面，滑动打开"便携式 WLAN 热点"，如图 8.1.3 所示，这时本手机就可作为 WiFi 热点供周围的无线终端访问互联网了。图 8.1.3 中的其他几个选项用于手机热点的各种设置，其中比较重要的是"设置 WLAN 热点"选项。点开"设置 WLAN 热点"界面，如图 8.1.4 所示，对本手机 WiFi 热点的网络名称、密码、安全性和选择 AP 频段(2.4 GHz 或 5 GHz)进行设置。图 8.1.3 中的"单次热点流量限额"和"自动关闭热点"选项的作用顾名思义，这里不再赘述；"设备管理"下的"已连接设备"选项可显示本手机热点接入终端的数量，还可查看接入的无线终端哪些是合法的，对于蹭网的终端可以拉入黑名单进行屏蔽。按上面的步骤设置完毕之后，即可进行无线客户端连接操作，其方法和使用无线宽带路由器 WiFi 一样，详见第 4 章的实训。苹果手机 iOS 操作系统也有相似的 WiFi 热点设置步骤，有兴趣的读者可以参考上面的步骤自行设置。

晚上8:02

←

个人热点

便携式 WLAN 热点
便携式热点"燃烧的远征"已激活

设置 WLAN 热点
燃烧的远征 WPA2 PSK便携式　　>

二维码分享　　>

单次热点流量限额　　>
设置单次开启WLAN热点后流量的使用上限

自动关闭热点
长时间无设备连接,自动关闭热点

设备管理

已连接设备　　0台设备　>
查看已连接的设备

晚上8:02

×　　　　✓

设置 WLAN 热点

网络名称　　　　　燃烧的远征

密码　　·········　　👁

安全性　　　　　WPA2 PSK　>

设备标识　　　　移动热点　>

选择 AP 频段　　5.0 GHz 频段　>

图 8.1.3　WiFi 个人热点设置界面　　　　图 8.1.4　个人热点的关键设置

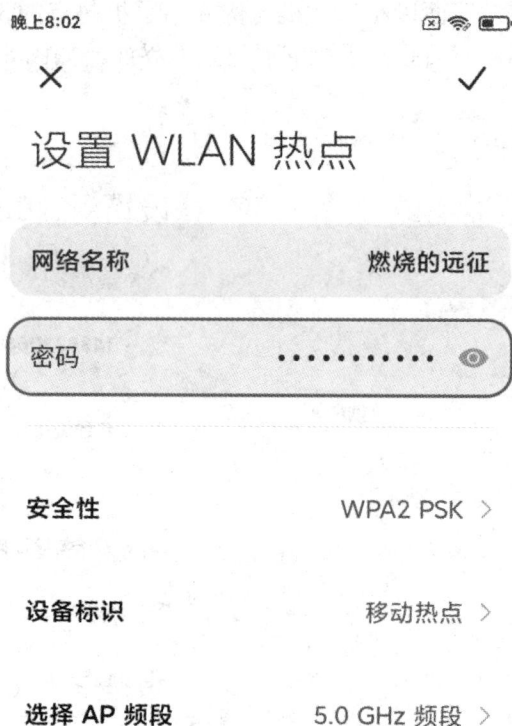

2．AirPlay 屏幕投射技术

　　AirPlay 是苹果公司开发的一种无线影像投射技术，iOS 4.2 以上的版本支持该功能。AirPlay 技术就是将 iPhone、iPad、iPod touch 等 iOS 设备上的包括图片、音频、视频文件通过 WiFi 传输到支持 AirPlay 的设备(例如 Apple TV，如图 8.1.5 所示)上显示播放。现在越来越多的设备支持 AirPlay，例如国内很多品牌的电视机顶盒，所以即使没有 Apple TV，家里的普通电视也一样可以接收苹果设备投影过来的影像，当然为了保证更好的体验效果，最好使用大屏幕的液晶电视。下面就以苹果 iPad3 和国内某品牌的机顶盒(如图 8.1.6 所示)为例介绍 AirPlay 的使用方法。

图 8.1.5　原生支持 AirPlay 的 Apple TV 高清机顶盒

图 8.1.6　iPad3 和支持 AirPlay 的国内某品牌机顶盒

首先 iPad3 和机顶盒必须处于同一个 WLAN 网络内，以保证 iPad 和机顶盒之间可以互访。iPad 会自动检测到机顶盒，并且提供 AirPlay 选项，打开 iPad 的控制中心即可看到，如图 8.1.7 所示。

图 8.1.7　iPad 控制中心

单击"AirPlay"按钮，会显示检测到的网络所支持的 AirPlay 设备，如图 8.1.8 所示，这里还有个"镜像"选项，可以打开它，这样 iPad 上面显示的影像就可同步镜像到电视上了。

图 8.1.8　选择网络内的投射设备

选择好投射的设备后，就可以把想要推送的照片、视频等投射到电视上，如图 8.1.9 所示。使用镜像技术还可以尽情享受在大屏幕上玩手机游戏的畅快感觉，如图 8.1.10 所示。

图 8.1.9　利用 AirPlay 技术将 iPad 里的照片投射到电视上

图 8.1.10　利用镜像技术将游戏画面投射到电视上

除了苹果的 AirPlay，还有其他类似的无线影像投射技术，例如索尼、英特尔、微软公司联合开发的 DNLA，Wi-Fi 联盟推出的 Miracast 等。现在计算机桌面操作系统 Windows 10 和手机的安卓系统都支持 Miracast 投屏技术，所以可在手机和计算机之间进行投屏。下面介绍将手机投屏到笔记本电脑的具体操作步骤(前提条件是笔记本电脑和手机同在一个局域网内)。

首先打开笔记本电脑 Windows 10 系统的"设置"界面(单击"开始"菜单按钮)，在搜索框里输入"投影"，如图 8.1.11 所示，单击"投影设置"，进入"投影到此电脑"设置界面。参考图 8.1.12 进行设置，单击"启动'连接'应用以投影到此电脑"的链接，此时电脑即进入等待投影连接的蓝色画面。接下来进行手机的操作(以小米手机为例)，从顶部下滑弹出手机快捷菜单，翻到第二页，即有"投屏"功能按钮，如图 8.1.13 所示。点击该按钮，即弹出同一网络内可被投屏的设备界面，搜索到笔记本电脑之后单击该设备，如图8.1.14

所示。此时电脑屏幕即可显示手机的屏幕画面，如图 8.1.15 所示。

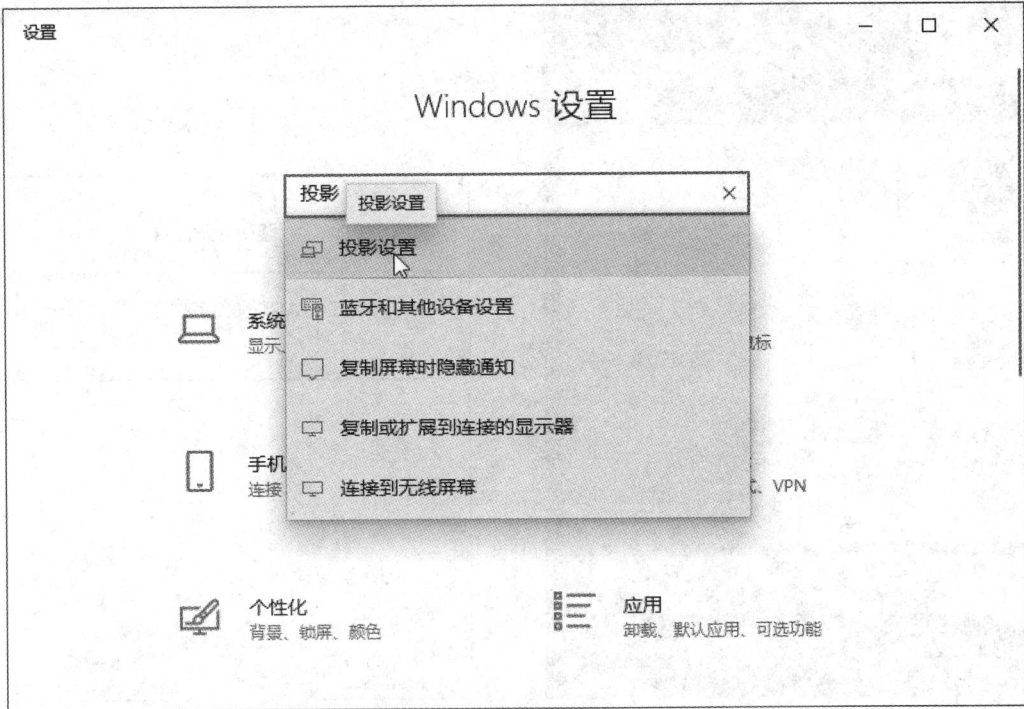

图 8.1.11　Windows 10 设置界面

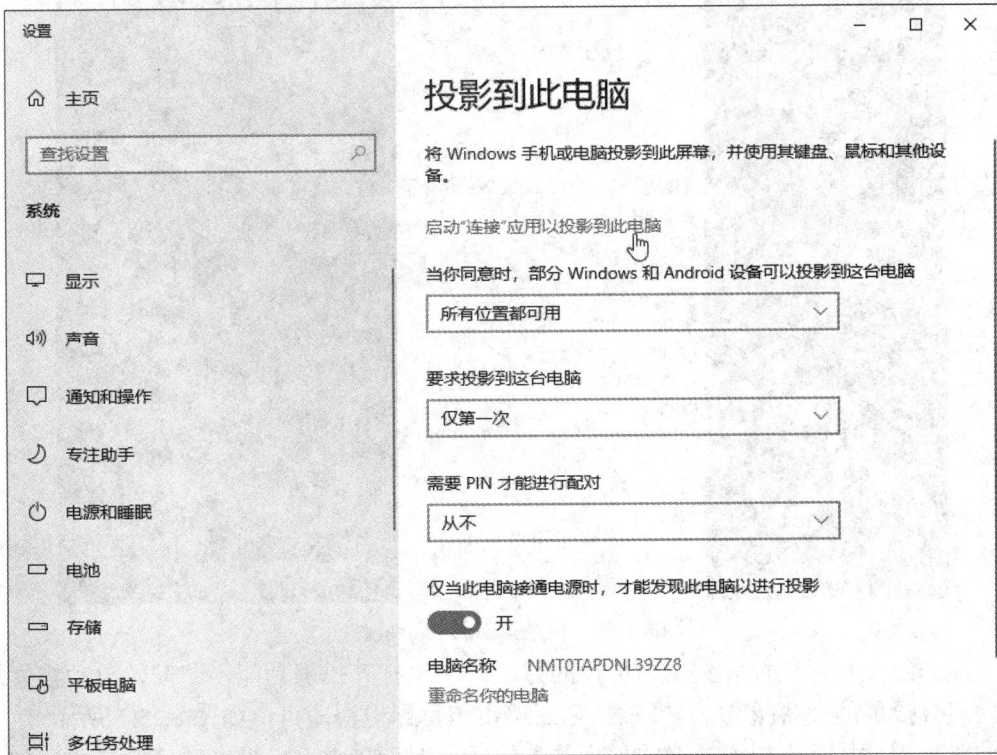

图 8.1.12　Windows 10 投影(投屏)设置界面

图 8.1.13 手机投屏功能

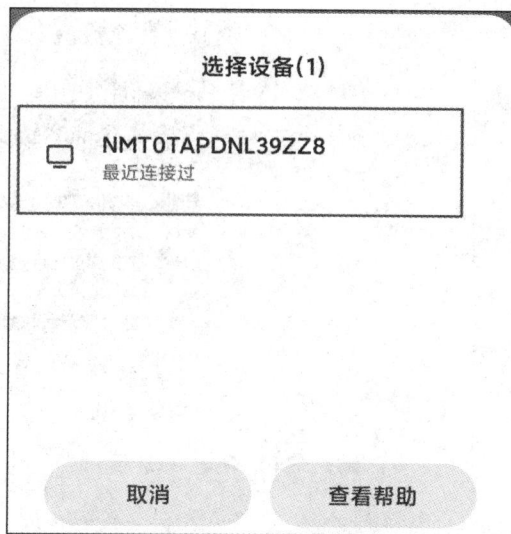

图 8.1.14 选择投屏的目标计算机

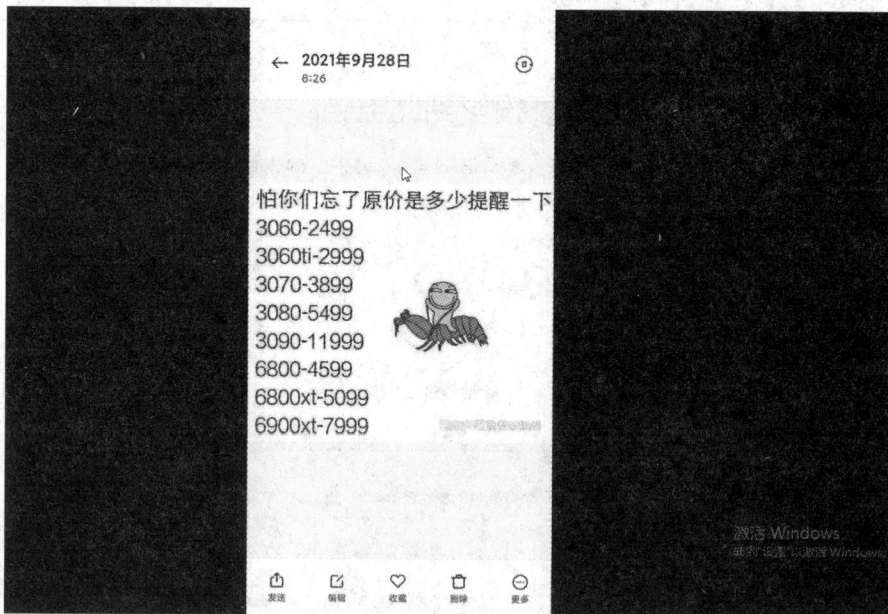

图 8.1.15 电脑屏幕接收手机画面

最后介绍安卓手机投屏到家用电视的方法。手机打开投屏功能,即开始自动搜索同一网络内可被投屏的设备(电视),搜索到之后单击该目标电视即可,如图 8.1.16 所示。

此时只需要按下电视遥控器的"投屏"按钮,即可接收手机投屏过来的画面。如果某些型号电视机的遥控器没有投屏按钮或者没有原生的投屏功能,可以在手机端和电视端下载安装专用的投屏软件如乐播投屏，然后手机和电视同时运行该软件即可。

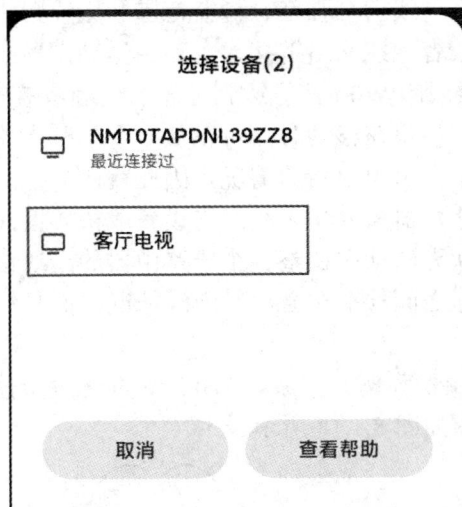

图 8.1.16　安卓手机投屏到电视

3. 无线局域网 mesh 无缝覆盖

日常在家里或宿舍里使用 WiFi 上网时经常会碰到一个问题，当房间面积比较大或者多楼层、多房间的时候，WiFi 信号覆盖就不太好。例如，房间角落的 WiFi 信号时断时续，或者宽带路由器布置在一楼，在三楼就接收不到无线网络信号，传统方法是购买多个宽带路由器，然后设置成无线中继模式，或者将多个宽带路由器的无线局域网设置成一样(同样的无线网络名称和接入密码)。这种方法看似解决了 WiFi 信号覆盖不好的问题，但实际使用时会发现，手机等无线终端在几个路由器之间来回穿梭时，它们是不能"无缝"切换的，在上下楼、玩游戏或视频聊天过程中总会断开。针对这些情况，家用路由器厂商为用户找到了一个完美的解决方法，即参考多个中心的无线网络架设方案(见本书第 4 章)推出的 WiFi mesh 无缝覆盖漫游技术。图 8.1.17 所示为华硕 Aimesh 网络拓扑图。

图 8.1.17　华硕 Aimesh 网络拓扑图

WiFi mesh 的核心思想是一个主路由器充当 mesh 无线网络的无线控制器，控制分布在各个房间的子路由器，包括无线信号强度、覆盖范围和无线网络配置参数。子路由器和主路由器之间必须存在有线或者无线网络链接，主路由器动态控制着各个子路由器的射频功率和传输距离，使得整个楼层的 WiFi 信号达到理想的无缝覆盖效果。所有的子路由器继承主路由器的无线网络配置，用户在移动时，可以从一个子路由器无线网络无缝切换到另一个子路由器的无线网络，不会出现中断的情况，因此就比另外一个类似的技术——无线桥接先进了。无线桥接的子路由器需要将无线网络设置成桥接模式，同时子路由器还不受主路由器的控制，主路由器就无法动态调整各个子路由器的无线覆盖范围达到良好的无线覆盖效果，用户在各个路由器之间移动时会出现断线情况，而且每个子路由器需要单独设置无线网络的名称和密码。

下面以华为 Q2 pro 路由器为例介绍家庭 WiFi mesh 无缝覆盖技术的实现，结合楼层建筑平面图绘出的网络拓扑图如图 8.1.18 所示。

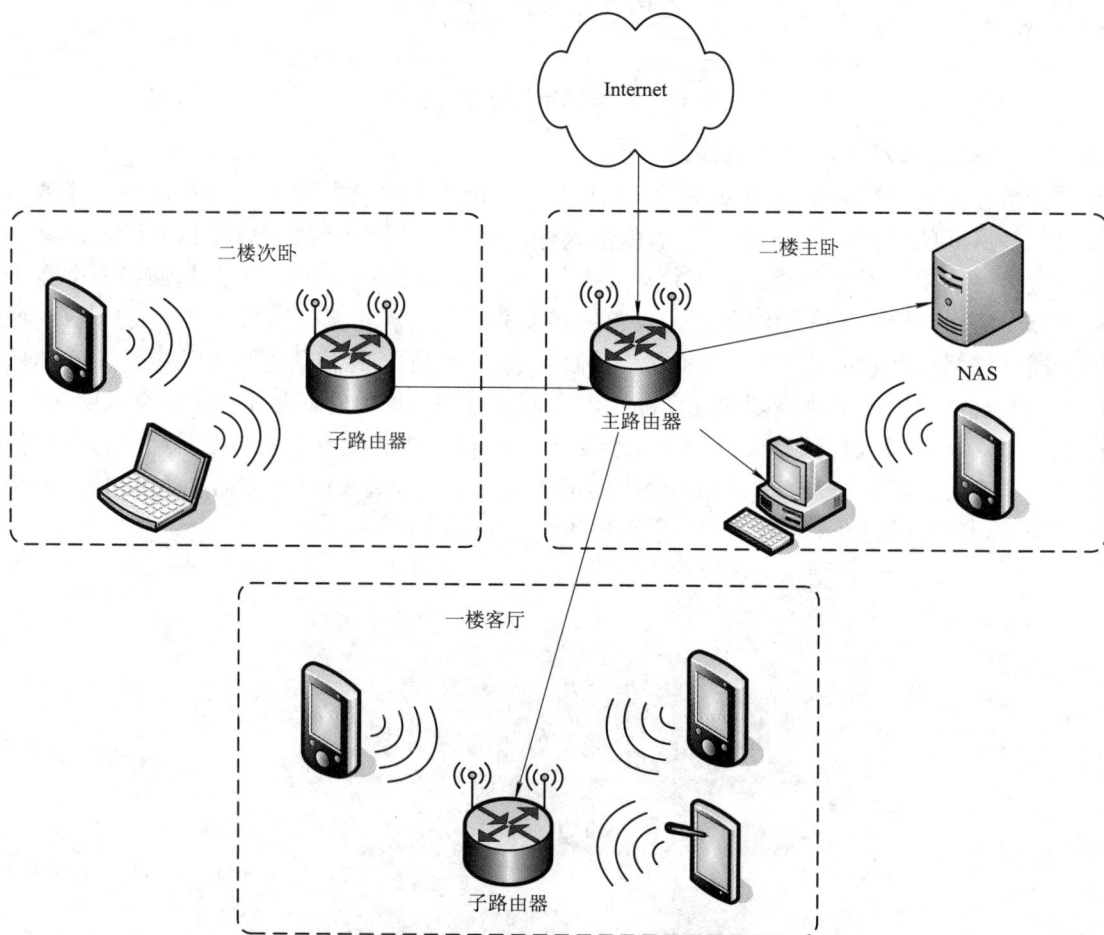

图 8.1.18　WiFi mesh 组网拓扑图

首先在二楼主卧电信运营商的宽带接入处就近布置主路由器，华为 Q2 pro 路由器套装产品通常包括一个子路由器和一个主路由器(母路由器)，如图 8.1.19 所示。

图 8.1.19　华为 mesh 无线宽带路由器 Q2 pro

　　图 8.1.19 中较高大的是主路由器，较小的即为子路由器。主路由器接入互联网的设置步骤参考第 6 章的实训，其 RJ45 网络口不区分 WAN 和 LAN 口，这是这款产品的一个特点。主路由器设置好 WiFi 热点的名称、密码及频段(2.4 GHz 或 5 GHz)，手机连接测试能够上网之后就可以布置子路由器了。然后，到二楼次卧预埋网线(需连接主路由器 RJ45 网口)的信息点，把网线插入子路由器的网口，再把子路由器插到墙上插座，子路由器的信号灯就由红色变成蓝色，如图 8.1.20 所示。这说明子路由器已连接上主路由器并继承了其WiFi 热点的配置，此时就在本楼层实现了 WiFi mesh 的无缝漫游覆盖，如果其他楼层或房间需要 WiFi 信号，用同样的方法布置子路由器即可。假如其他房间没有预埋网线，华为Q2 pro 还支持通过电力线传输网络信号，这是下节要讲到的内容。

图 8.1.20　布置 mesh 子路由器

8.1.2　高速的有线网络

1. 有线电力适配器

随着家庭电器的智能化程度越来越高，越来越多的家电(例如时下热销的智能电视)需要接入计算机网络，由于其通常不支持无线网络接入，这就给我们带来布线上的麻烦，特别是装修施工完成后，很难再安装墙座网络接口，而有线电力适配器(俗称电力猫)就是为了解决这类问题而诞生的。有线电力适配器利用室内的供电线路替代传统的网线，可轻易实现建筑楼层内的计算机网络扩展，如图 8.1.21 所示。下面通过实践操作演示电力猫的使用方法。

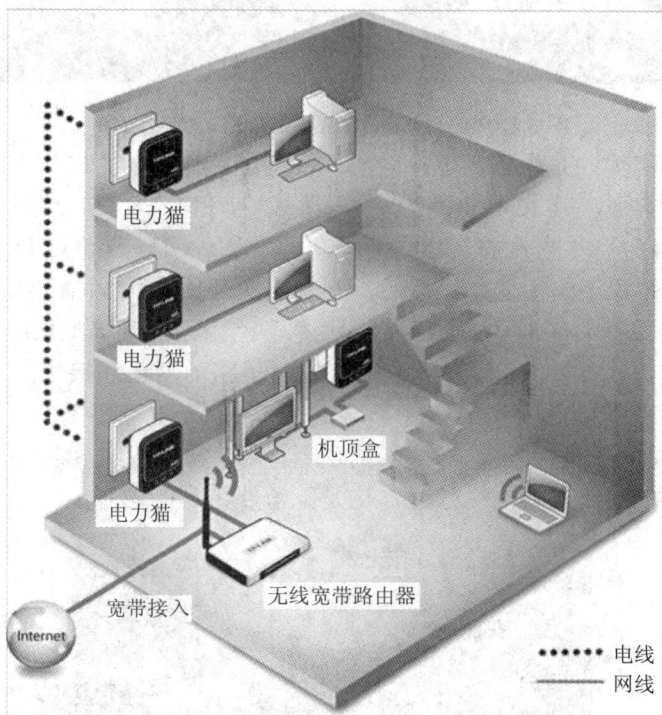

图 8.1.21　使用电力猫扩展网络

首先，将运营商的宽带入户的网线插入无线宽带路由器的 WAN 接口，并且将此房间内的上网终端通过网线连接到宽带路由器，而其他房间无法布置网线，如果要在其他房间上网，在 WLAN 信号无法穿透的情况下，必须使用电力猫扩展有线网络，这里我们用 dostyle PL202 电力猫作为例子，如图 8.1.22 所示。

电力猫需要配置两个以上才能使用，在宽带路由器端的供电墙座(排插)上插入一个电力猫，将一根网线的一头插入宽带路由器的 LAN 接

图 8.1.22　dostyle PL202 电力猫

口，另一头插入电力猫的 RJ45 网线接口，如图 8.1.23 所示，这样计算机网络的信号就可以通过室内电力线传输。其他房间需要接入网络的地方，则在房间的供电墙座(排插)上再插一个电力猫，引出一根网线接入上网终端，这样就可以上网了，如图 8.1.24 所示。

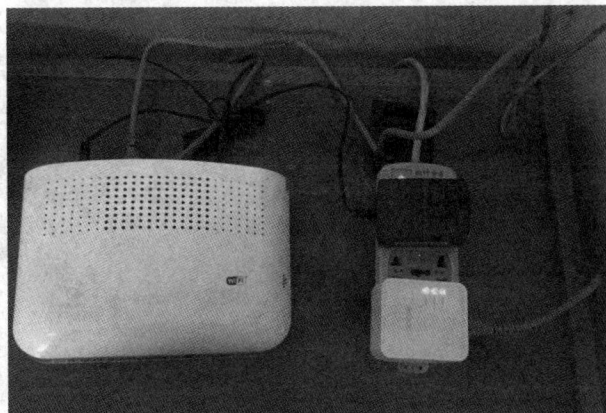

图 8.1.23　电力猫将宽带信号引入室内电力网

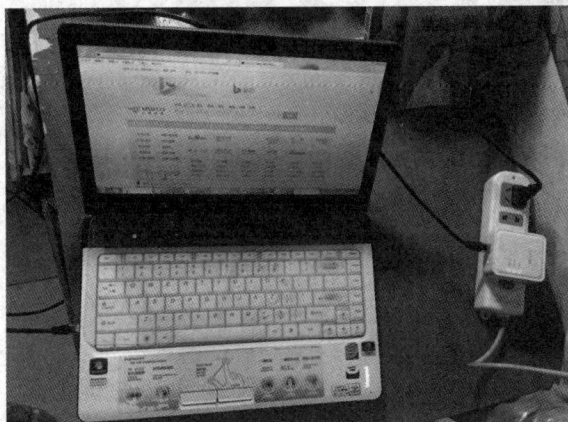

图 8.1.24　通过另一个电力猫导出宽带信号

　　本实例使用的电力猫是 dostyle PL202，网络传输速度可达到 500 Mb/s。需要注意的是，用电力猫扩展的计算机网络无法跨越入户电表，而且在同一电表的回路下，最多支持 7 台电力猫。

　　在 8.1.1 节提到的华为 Q2 pro 子母路由器之间便自带了电力猫功能，所以不需要预埋网线，这样使得 WiFi mesh 布置起来更加方便，当然跨越了多个墙上电力插座之后，子母路由器之间的网络连接效果就不如有网线直连的效果好了。

2. 家用云存储

　　现在互联网商家都紧跟潮流推出各种云服务，云存储就是其中常用的一种，例如百度公司的百度云、腾讯公司的微云和苹果公司的 icloud，让我们可以随时随地用计算机或手机备份照片和上传、下载文件，但有时涉及隐私的照片或文件不方便上传到互联网，那可不可以自己在家里也搭建一个私有的云存储呢？答案是肯定的，而且实现起来也不需要高深的技术。

　　首先要选购带 USB 接口的智能路由器。这里以联想智能路由器 newifi Y1S 为例。Y1S

是一款带有 3 个 USB2.0 和两个千兆 LAN 口的无线宽带智能路由器。先将移动硬盘接入路由器的 USB 口,如图 8.1.25 所示,再接上电源和网线,加电启动,如图 8.1.26 所示。计算机连接上路由器,打开浏览器登录路由器的管理界面,进行 PPPoE 宽带拨号和 WLAN 的配置,操作步骤和其他宽带路由器配置操作基本相同,可以参考本书第 6 章的实训。配置好路由器后就可以拨号上网,无线终端也能通过连接路由器访问互联网,如图 8.1.27 所示。

图 8.1.25　将移动硬盘接入路由器 USB 口

图 8.1.26　路由器插好网线加电启动

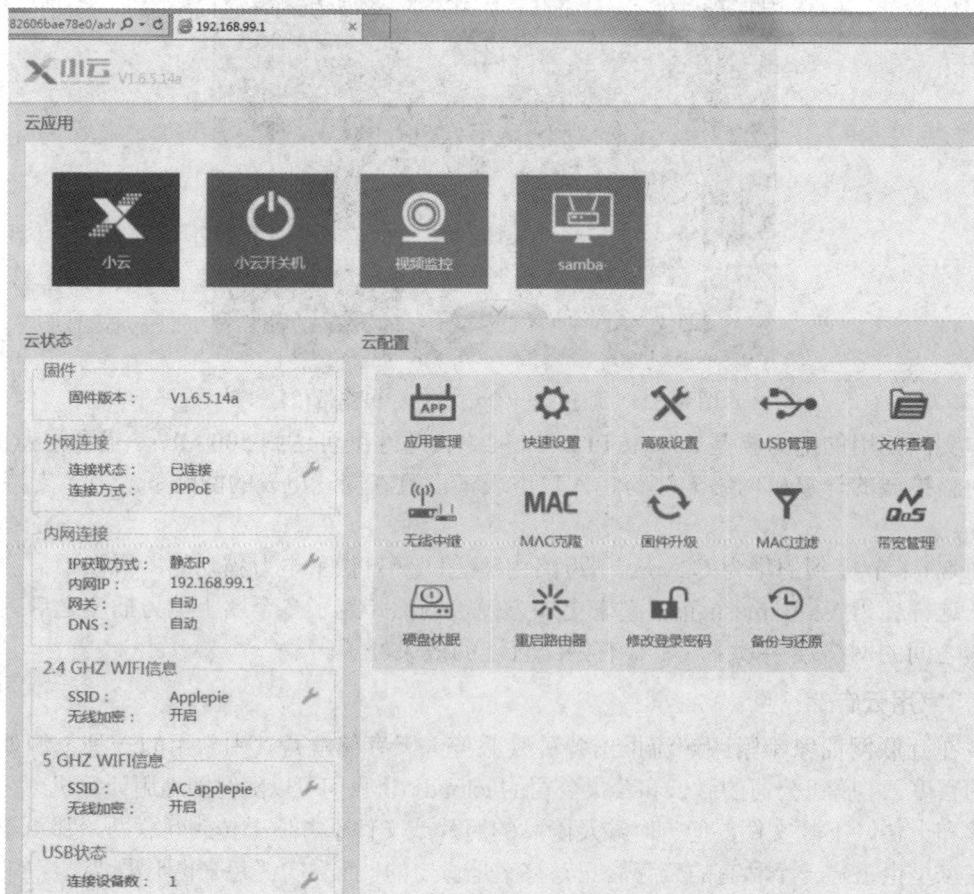

图 8.1.27　配置好路由器 WLAN 参数

　　打开 USB 管理，在这里可以看到之前插入路由器的硬盘，单击"文件查看"按钮，可以查看移动硬盘里面的文件，如图 8.1.28 所示，如果要传送或下载文件，需要打开计算机的网上邻居，如图 8.1.29 所示，选择路由器"XROUTER"。

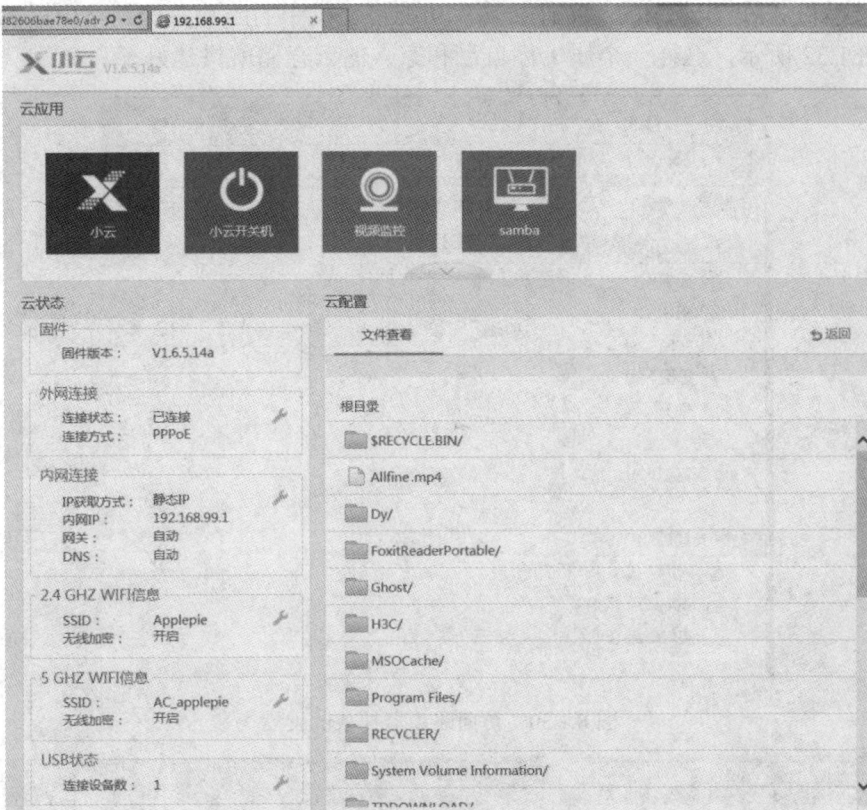

图 8.1.28　在路由器配置界面可以查看移动硬盘的文件

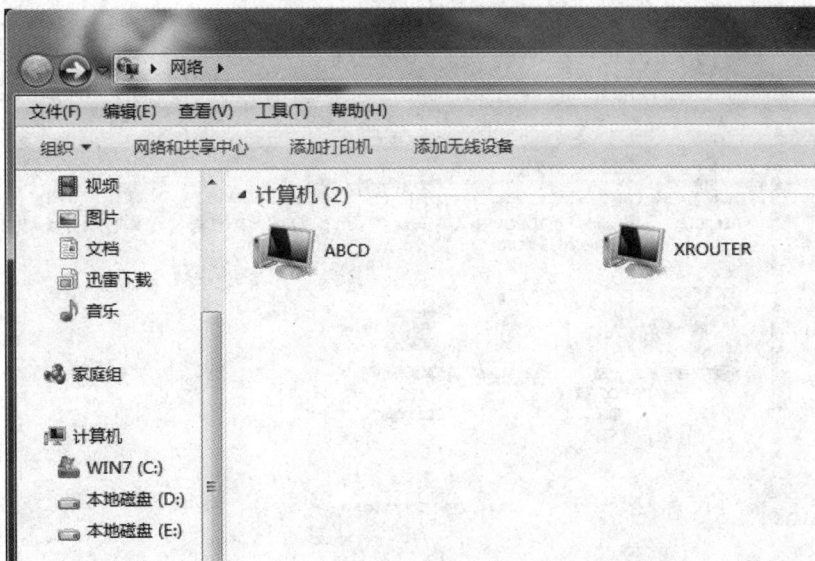

图 8.1.29　通过网上邻居访问路由器

　　如果没发现路由器，则应在地址栏输入路由器地址，如"\\192.168.99.1"，这时网上邻居的窗口就会出现路由器挂载的移动硬盘"xRouter_MNT_sda5"，如图 8.1.30 所示，点击进去之后就可以像访问电脑本机的目录一样访问路由器的移动硬盘，如图 8.1.31 所示。你也可以通过手机 APP 客户端的"文件传输"功能将手机中的照片备份到路由器的移动硬盘上，如图 8.1.32 所示，这样一个属于你自己和家人的云存储就搭建好了。

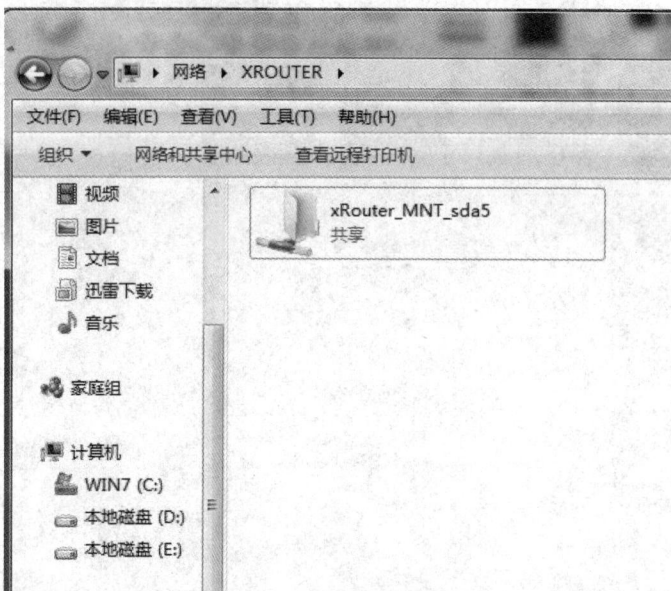

图 8.1.30　访问路由器挂载的硬盘

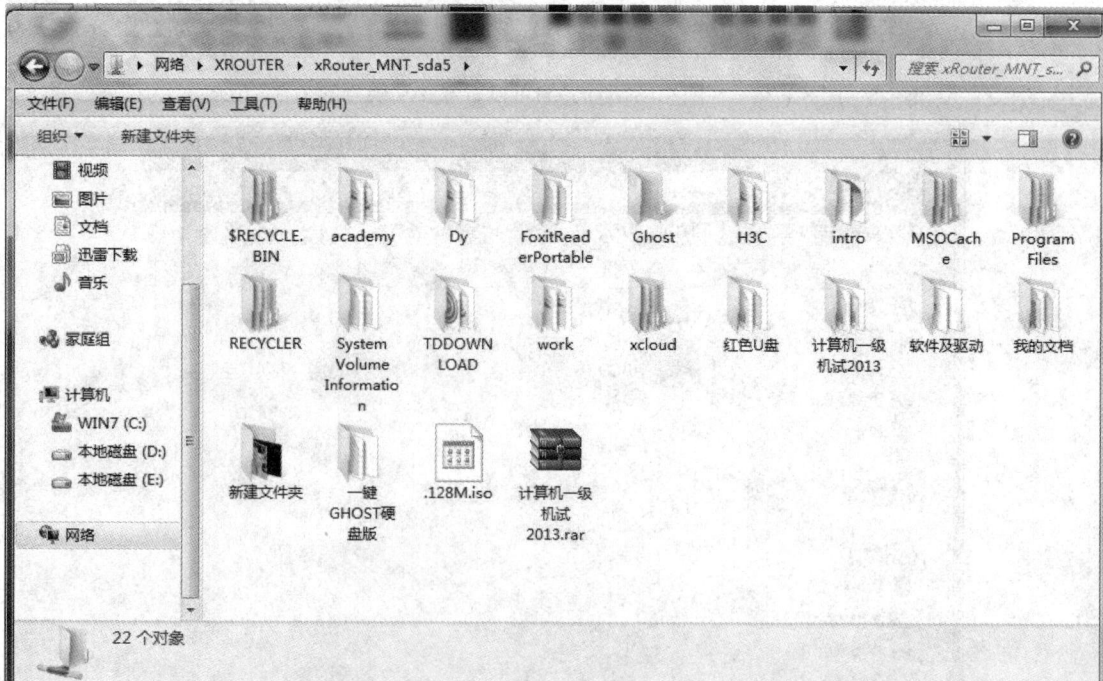

图 8.1.31　进入路由器硬盘可以上传、下载文件

图 8.1.32 通过手机 APP 可以将照片备份到家用云存储里

3. 家用 NAS

前面介绍的用路由器挂载移动硬盘相当于轻型的 NAS(Network Attached Storage)，只有一个网线的存储功能。而真正的 NAS 涵盖了家庭和中小企业日常网络应用的方方面面，包括私人云盘、电影服务器、远程办公、手机相册管理、网站服务器等功能。NAS 最早是一个网络外挂硬盘的概念，即在内网上外挂一个简单可访问的存储空间。后来在商业上 NAS 定位于个人桌面、家庭进行网络存储和文件共享，取得了一定成功。随着近年来网络技术的发展，出现了不少面向中小企业的 NAS，但是仍定位于 FTP 服务器的替代、简单的文件共享功能。在家庭里或者 5 人以下的团队里使用 NAS 共享电影或者资料是比较常见的场景。也就是说，NAS 本质是一个面向家庭、小企业的专业网络存储器。

目前的 NAS 主要有两大类：一类是 DIY 方案，自己购买硬件组装；另一类是官方成品机，常见的品牌是群晖、威联通、海康威视、铁威马等。下面介绍目前主流的成品机群晖 NAS 解决方案，以型号 DS918+产品为例，其为四盘位的 NAS 服务器，如图 8.1.33 所示。

每个盘位最大支持 12 TB 硬盘，也就

图 8.1.33 群晖家用产品 DS918+

是最大存储空间可达 48 TB，完全满足小企业和家庭文件、影音存储的需求。群晖 NAS 服务器操作系统为 DSM，最新版本为 7.0，下面具体介绍常用的操作——硬盘添加和电影服务器的架设。

1) 硬盘添加

(1) 给服务器添加硬盘，使用的是 3.5 寸的机械硬盘，群晖支持热插拔硬盘，但建议关机状态下插入硬盘，先把空的硬盘托架从服务器抽出，将硬盘装上托架后推入服务器，如图 8.1.34 所示。

图 8.1.34　将硬盘插入 NAS 硬盘槽

(2) 插入硬盘之后开机，在同一网络内管理终端(Windows 系统)打开浏览器，在地址栏输入服务器地址，输入群晖管理员用户名和密码之后登录 DSM 管理界面，通过左上角的主菜单打开"存储空间管理员"功能界面，单击左边导航栏的"HDD/SSD"项目，页面显示刚加入的硬盘(容量 2 TB)呈未初始化状态，如图 8.1.35 所示。

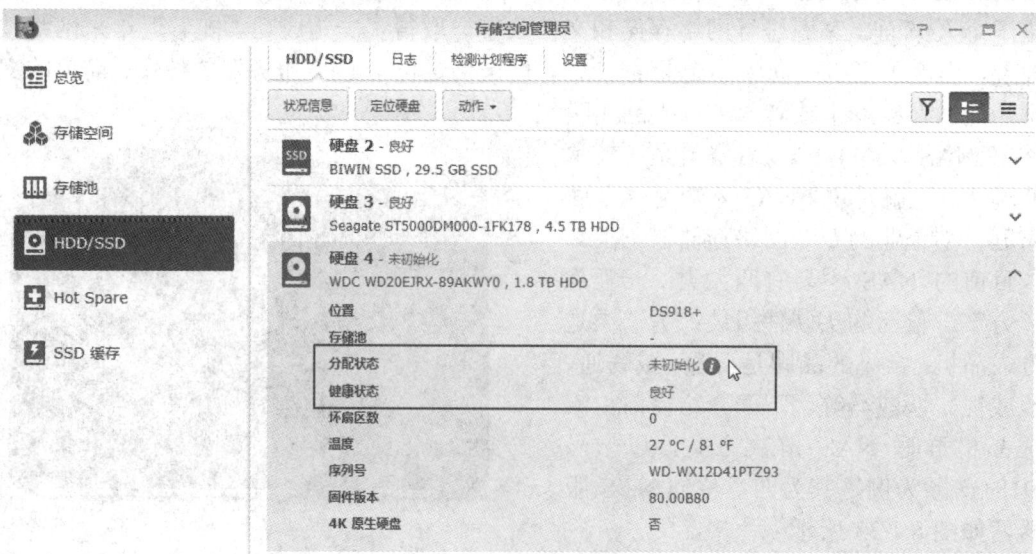

图 8.1.35　新加入服务器的硬盘状态

(3) 单击左边导航栏"存储池"项目,即显示现有存储池的情况,选择现有的"存储池 3",如图 8.1.36 所示。群晖是使用存储池和存储空间来组织管理硬盘空间的,硬盘需先加入相应的存储池,然后才能将存储池的存储容量给相应的存储空间使用。

图 8.1.36　服务器现有的存储池情况

(4) 单击存储池页面左上角的"动作"按钮,在弹出的下拉菜单里选择"添加硬盘",弹出的窗口中显示新加入的 2 TB 硬盘,如图 8.1.37 所示。勾选之后单击"下一步"按钮,开始初始化和检查硬盘的操作。

图 8.1.37　选择将新硬盘加入存储池 3

(5) 完成之后查看存储池 3 是否已经存在该硬盘，如图 8.1.38 所示。这时再查看存储空间 3 的信息，由于之前已经将存储池 3 归入存储空间 3，所以当存储池 3 增加新硬盘之后，存储空间 3 的容量也会相应增加 2 TB(实际为 1.82 TB)。

图 8.1.38　新硬盘成功加入了存储池 3

2) 电影服务器的架设

(1) 首先要创建电影视频存储的目录。点开左上角的主菜单，选择 "File Station" 功能，打开文件及文件夹管理界面，如图 8.1.39 所示。

图 8.1.39　群晖 DSM 文件和文件夹管理界面

(2) 单击左上角的 "新增" 按钮，从弹出的菜单中选择 "新增共享文件夹"，在弹出的窗口中输入文件夹名称 "video"，然后选择文件夹所在位置为 "存储空间 3"，如图 8.1.40 所示。

设置基本信息

名称:　　　　video

描述:　　　　电影文件存储文件夹

所在位置:　　存储空间 3 (可用容量: 4.78 TB) - btrfs ▼

☐ 在"网上邻居"隐藏此共享文件夹

☐ 对没有权限的用户隐藏子文件夹和文件

☑ 启用回收站

　　☑ 只允许管理者访问

注意: 如何设置回收站清空计划

下一步　　取消

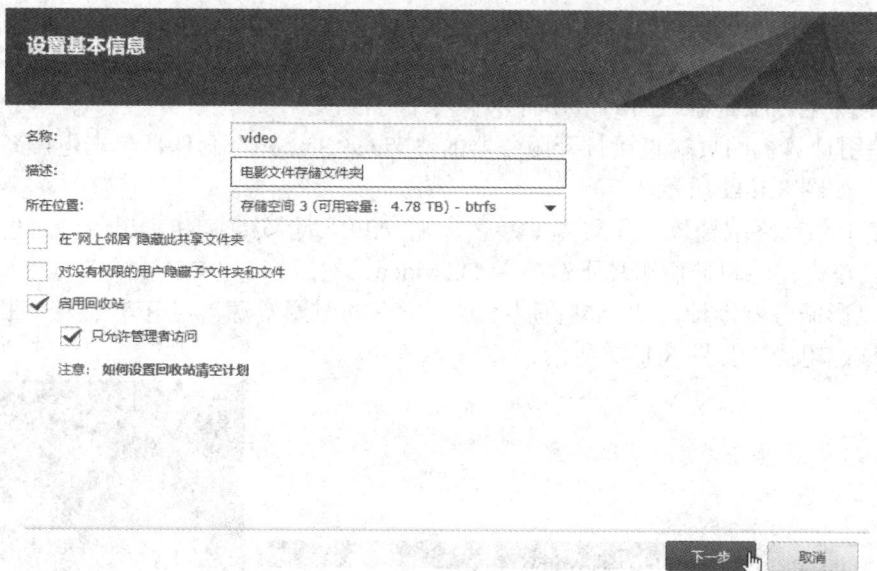

图 8.1.40　创建电影文件夹

(3) 单击"下一步"按钮，回到文件夹管理界面查看，发现已经新增了一个名为"video"的文件夹，这个就作为电影服务器的视频存储文件夹。然后点丌左上角的主菜单，选择"套件中心"，打开群晖套件管理界面，找到"video station"电影服务器套件(需提前安装该套件)，单击下方的"打开"按钮，即可打开电影服务器管理界面。

(4) 单击右上角的齿轮图标，弹出电影服务器设置窗口，在"视频库"选项卡里设置电影服务器视频库文件夹为刚才创建的"video"文件夹，如图 8.1.41 所示。

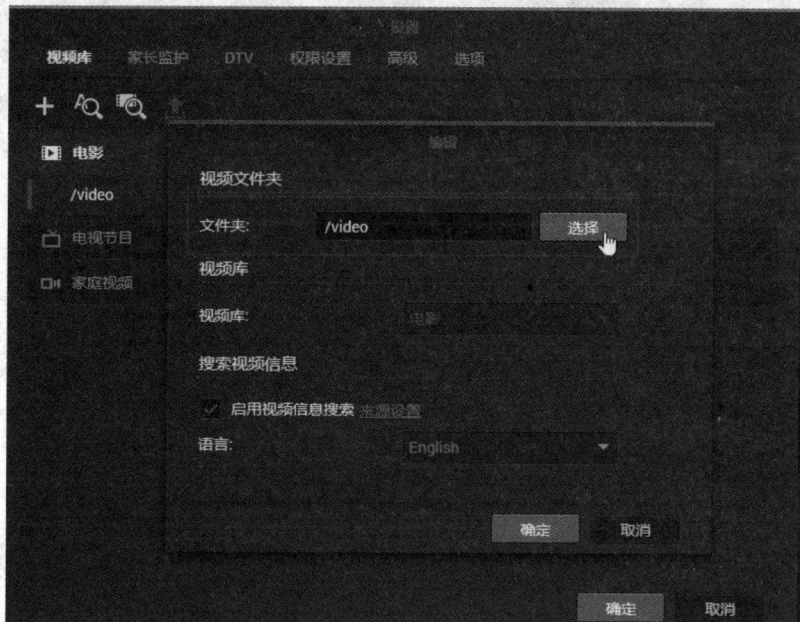

视频库　家长监护　DTV　权限设置　高级　选项

＋ 🔍 🔍

▶ 电影

/video

📺 电视节目

◻ 家庭视频

编辑

视频文件夹

文件夹:　/video　　　　　选择

视频库

视频库:　电影

搜索视频信息

☑ 启用视频信息搜索 来源设置

语言:　English　▼

确定　　取消

确定　　取消

图 8.1.41　设置电影服务器的存储文件夹为刚才创建的文件夹

在"高级"选项卡里还可以设置电影信息的刮削器，这样服务器便可以自动上网下载视频库里的电影海报、演员和内容简介等信息。电影服务器的关键设置都在"视频库"和

"高级"选项卡中。电影可以通过网上邻居共享文件夹复制，或者使用群晖自带的"Download Station"套件进行下载。

播放群晖电影服务器上面的电影有以下两个方法：

(1) 使用计算机网页端直接打开服务器的"Video Station"套件，单击电影海报即可播放该电影，如图 8.1.42 所示。

(2) 使用移动终端播放。需要先安装客户端 APP，有安卓版和苹果版，这里以安卓版终端为例。首先在手机应用市场下载安装 DS video，然后打开"DS video"APP，输入局域网内群晖电影服务器地址，即可浏览服务器上所有的电影资源。点开其中某一张电影海报即可播放该部电影，如图 8.1.43 所示。

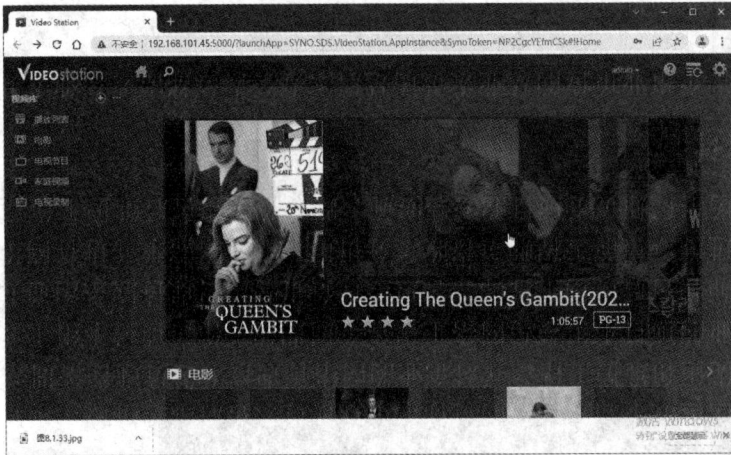

图 8.1.42　电脑播放服务器上电影的方法　　　　图 8.1.43　手机"DS video"APP 界面

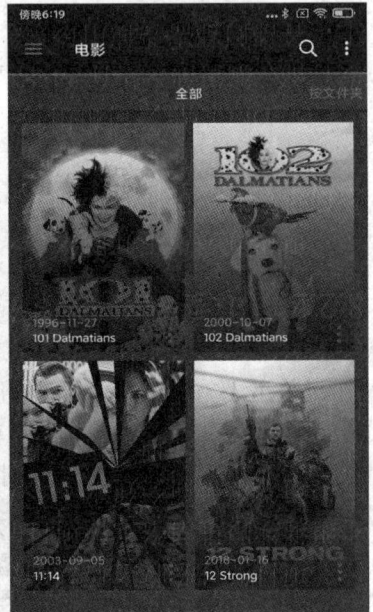

8.2　计算机网络方案设计

计算机网络的建设是一个大而复杂的过程，需要经过多个环节。计算机网络方案的设计属于网络工程项目规划阶段要做的工作，前期还需要进行项目需求的收集和分析。下面先介绍网络工程项目的相关概念。

8.2.1　网络项目工程概述

工程项目一般具有以下特点：要有相关的工程技术支持并具有可行的实施方法和实现的客观条件，有规划、设计、实施和验收等工程环节。网络工程同样也具有这些特点，其工程周期分为准备阶段、规划设计阶段、实施阶段、验收阶段和售后维护阶段。

1．准备阶段

企业通常在准备阶段发布网络工程项目的招标公告，承包商的项目小组响应标书的要求前去收集企业网络建设的需求，并进行分析，确定项目要达成的目标和预算。如果企业要对现有的网络进行升级，项目小组还需收集现有网络的信息。

2．规划设计阶段

规划设计阶段的主要任务是根据前期收集到的网络建设的需求和目标，评估现有网络的运行状态，开始进行网络项目的设计工作，制定项目设计规范和关键的工程里程碑，确定完成项目所需要的资源，明确甲乙双方的任务和责任范围。

3．实施阶段

项目设计获得批准或者项目招标成功中标之后，便进入实施阶段。工程实施阶段将根据工程设计文档的内容和进度进行网络工程的综合布线，采购网络设备，安装并上电运行测试。

4．验收阶段

经过前面的测试运行之后，本阶段项目所涉及的所有网络工程设备、无线射频信号、强弱电线路、设施、软硬件系统等开始全面上线进入试运营阶段，按设计文档制定的系统集成目标通过压力测试并验收。

5．售后维护阶段

项目经过验收之后，确定已达成了当初制定的目标，工程便进入售后维护阶段，项目小组继续跟进网络工程项目的优化和维护工作，并对企业的网络管理技术人员进行培训。

通常承包商会建立一个专业的项目小组参与网络工程各个周期的工作，项目小组主要成员包括客户经理、售前工程师和售后现场工程师。客户经理负责与用户保持联系沟通并协调组内的工作，监督项目的进度；售前工程师负责收集分析用户的网络需求并进行网络方案的设计撰写工作；售后现场工程师负责项目的安装实施、跟踪验收和售后维护工作。

8.2.2 小型网络方案设计

现代办公离不开网络，不管企事业单位的从业人员还是居家办公人员都需要与他人共享信息资源，进行分工协作。

下面以实际案例讲解网络方案的设计。

某 DM 广告公司租用写字楼一层来办公，一共有四间房，公司设有财务部、市场部、发行部、编辑部，共有 24 名工作人员。公司有 DM 广告管理业务系统，安装在一台服务器上，各部门都需要使用该系统。组网要求如下：

(1) 每位员工所配备的计算机都需要接入互联网。

(2) 业务系统服务器和网络打印机需要局域网内部共享访问。

(3) 在办公区内可以无线上网。

(4) 公司网络建设预算有限，希望能以较低的成本满足业务需求。

1．需求分析

(1) 员工每人配备的计算机接入网络的主要应用是收发邮件，登录 DM 广告业务管理系统，访问互联网，用 QQ 实时通信等。网上业务量较小，考虑降低互联网接入的成本，采用 ADSL 宽带接入，以较低的成本满足日常办公需要。随着公司发展，当网络业务需求较大时，再考虑升级为光纤接入。

(2) 在内部局域网中，为了确保数据的传输，在网络主干采用六类双绞线实现 1000 Mb/s 数据传输，用户终端采用 100 Mb/s 的超五类双绞线。

2. 规划 IP 地址

在这个办公网络中，网络节点共有 26 个，其中 24 个节点为员工的计算机，1 个节点为服务器，1 个节点为网络打印机。IP 地址规划在一个子网内就可以满足实际的需要，因此可以采用 C 类 IP 地址。

根据实际情况，ADSL 宽带路由器的 WAN 接口可以使用 PPPoE 拨号方式从 ISP 动态获取互联网的公有 IP 地址，内部用户配置 C 类私有 IP 地址段(192.168.1.0/24)进行网络地址转换，从而实现内部用户访问互联网。ADSL 路由器内部接口 IP 可以设置为 192.168.1.1/24。

3. 绘制网络拓扑图

绘制网络拓扑图之前，首先要分析建筑平面图，选择放置网络设备的最佳位置，以减少室内敷设线缆的工作量和线缆的总使用长度。

该公司 4 个部门的 24 名员工，分布在 4 个办公室内，可以根据每个部门拥有的员工数量设计每个房间内的网络接口数。楼层内的局域网组建可以使用以太网技术，而扩展的星型拓扑正是以太网使用最多的网络拓扑结构，星型中心设备可以采用以太网交换机，网络边缘使用宽带路由器连接互联网，组网模式为"互联网宽带→ADSL MODEM→宽带路由器→交换机→用户计算机"。

绘制该网络结构图的操作步骤如下：

(1) 启动 Visio 2003 软件。

(2) 单击选择"文件"→"新建"→"网络"→"基本网络图"命令。

(3) 绘制建筑平面框架图。

① 在"绘图"工具栏上，单击"铅笔"工具 ✐ 或"线条"工具 ╱ (如果看不到"绘图"工具栏，请单击常用工具栏上的绘图工具 按钮以显示"绘图"工具栏)。指向希望线条开始的位置，拖动以绘制该线条。

② 用鼠标右键单击所绘制的线条，选择"格式"→"线条"，即可修改线条的粗细及颜色等。

③ 用线条绘制的方法完成建筑平面图，如图 8.2.1 所示。

(4) 添加并编辑形状模块。

① 将调制解调器、路由器、PC、交换机、服务器、打印机、无线访问点等设备的图标拖入编辑区。

② 用连线将上述图标连接起来。利用绘图工具栏上的线条工具画线。点击常用工具栏中的指针工具 ▸，选中所画线条，可对其进行修改(包括粗细、长短、颜色等)。

图 8.2.1 建筑平面框架图

(5) 输入文字标识。在常用工具栏上点击文本工具 A▾，在要添加文字的位置点击后出现一个文本框，即可输入说明文字。

(6) 对拓扑图进行美化。美化方法一般包括调整大小、组合图形、添加标题和背景等。

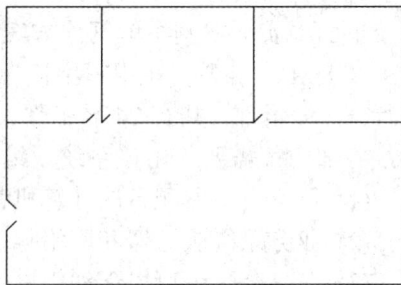

(7) 存盘。存盘操作不应该留到最后才进行，每一个主要步骤完成后都要进行存盘，以防止出现断电后数据丢失等情况(根据需要选择保存格式)。

至此，绘制的网络拓扑图如图 8.2.2 所示。

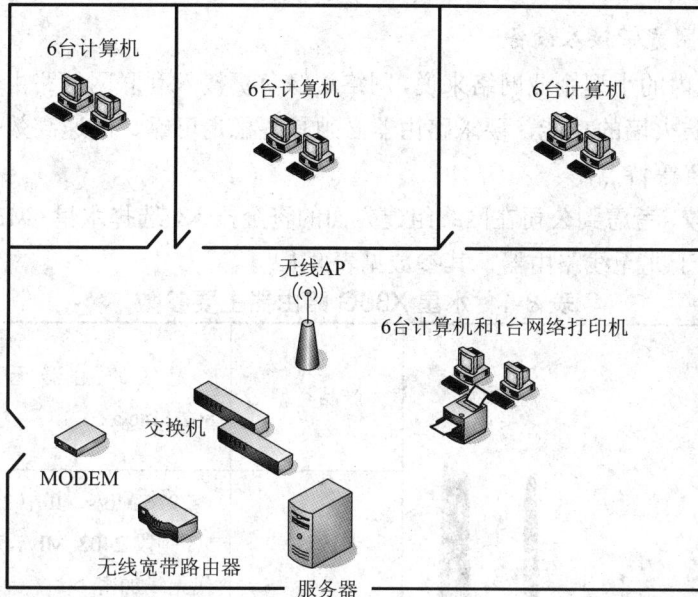

图 8.2.2　DM 广告公司网络拓扑图(未完成)

(8) 设备连线。

在常用工具栏上点击连接线工具 ，以交换机为星型网络的中心，辐射连接周边的用户计算机和其他设备。最后完成整个网络拓扑图的绘制工作，保存文件，如图 8.2.3 所示。

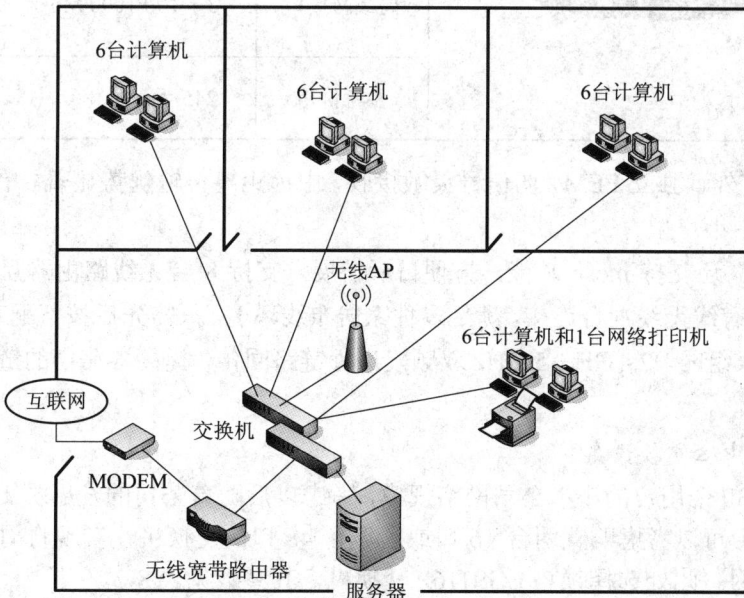

图 8.2.3　DM 广告公司网络拓扑图

4. 网络设备选择

目前市场中有着数量众多的网络设备提供商，常见的厂商有华为、锐捷、中兴、思科(CISCO)、瞻博网络(Juniper)、华三通信(H3C)、D-Link、TP-Link 等。

1) 选择互联网宽带接入设备

对于 30 人以内的小型企业网络来说，网络边缘负责接入互联网的路由器需要具有宽带接入的功能以及防火墙的功能，要求路由器必须具备稳定可靠、高速高效、信息安全、操作简单、节约投资等特点。

经过性价比较，考虑到公司在网络组建方面的资金投入，选择水星（MERCURY）X30G WiFi6 AX3000 全千兆无线路由器，其参数见表 8-1。

表 8-1　水星 X30G 路由器主要参数

产品类型	无线路由器无线标准：IEEE 802.11ac/ax
无线速率	2976 Mb/s，其中 2.4 频段 574 Mb/s，5G 频段 2402 Mb/s，支持 WPA3 新一代无线加密
防火墙	有
广域网接口	1 × 100/1000 Mb/s
局域网接口	3 × 100/1000 Mb/s
参考价格	245 元

X30G 拥有外置独立 FEM，弱信号灵敏接收，中远距离传输优势显著。单台路由，WiFi 就能完整覆盖中小户型。

水星 X30G 还支持 mesh 功能，方便日后扩展，支持 8 台无线路由器互联，可有线互联、无线互联、有线无线混合连接，满足多种家居布线环境，只需先后按下配对路由的 mesh 按键，即可完成组网。2.4 GH+ 5 GHz 双频段进行链路回传，提高各路由的链路带宽，保证 mesh 网络稳定性。

2) 局域网中心交换设备

对于具有 30 个用户的小型公司网络规模，考虑以后随着公司的发展员工会增加，可能需要扩展网络，可以考虑购置两台 16 口或者一台 48 口的交换机，实现将用户计算机和其他设备连接入网。此处选择领势 LGS116P 交换机，其参数见表 8-2。

表 8-2　领势(LINKSYS)LGS116P 交换机主要参数

产品类型	千兆以太网交换机
网络标准	IEEE802.3，IEEE802.3u，IEEE802.3x，IEEE 802.3az
接口数量	16 个 10/100/1000 Mb/s 自适应以太网端口，第 1～8 口支持 POE 供电
背板带宽	32 Gb/s
参考价格	849 元

3) 无线 AP

从公司办公场地的大小来看，如果之前配置的无线宽带路由器的无线信号接收效果不理想，有两个方案可以选择：第一个方案是购买表 8-1 同型号的宽带路由器组建无线 mesh 网络(具体方法可参考本章前面的知识点)；第二个方案就是购买一台专业的无线 AP 以实现更好的无线覆盖效果。可以选择华为企业级无线 AP 产品 AirEngine5762S-12SW，作为移动办公用户或者公司客户临时上网的无线接入点，配合领势交换机的 POE 功能，布置简单，其参数见表 8-3。

表 8-3　华为 AirEngine5762S-12SW 企业级无线 AP 主要参数

	无线标准	IEEE 802.11ac/ax
	无线速率	双频 3000 Mb/s
	最大用户数	64
	网络接口	RJ45 接口，CONSOLE 口
	安全标准	WPA3
	参考价格	689 元

4) 网络通信介质选择

宽带路由器、楼层内的信息点与中心交换机相连接的线缆采用 100M 五类非屏蔽双绞线，服务器与交换机之间可以采用六类非屏蔽双绞线连接到交换机的 1000Base-T 以太网端口。

5) 设备安装和综合布线

根据网络拓扑图规划的位置安装网络设备，考虑到维护管理和综合布线的方便，可以购置一个小型机柜将设备安装进去。综合布线方面，电力线、电话线和网络线采用走暗线方法铺设，选择在装修办公室的同时进行综合布线的施工，每个信息点的墙座提供网络和电话接口。

6) 网络设备统计

根据以上设计规划，此网络采用的设备见表 8-4。

表 8-4　网络设备统计

设备名称	设备型号	数量
互联网接入设备	D-Link DIR-629	1
局域网中心设备	华三 S1016R	2
无线 AP	华为 AP3010DN	1
小型机柜	—	1

7) 网络设备配置

网络设备的配置任务主要是无线宽带路由器的 DHCP、NAT、PPPoE 拨号、无线安全的配置操作，可以参考本书第 6 章 6.5 节的实训——"无线宽带路由器的配置"的知识点的内容，此处不再赘述。

8.3　大中型网络方案设计

限于本书所传授的知识难度，大中型网络方案的设计只介绍相关的概念，感兴趣的读者可以参阅相关资料。

8.3.1　网络的分层

设计大中型的网络时，由于网络的规模较大，需要考虑分层，也就是将网络分成逻辑上分离的层，每层提供特定的功能，这些功能界定了该层在整个网络中扮演的角色，从而实现网络设计的模块化，有利于提高网络的扩展性。网络的分层如图 8.3.1 所示。

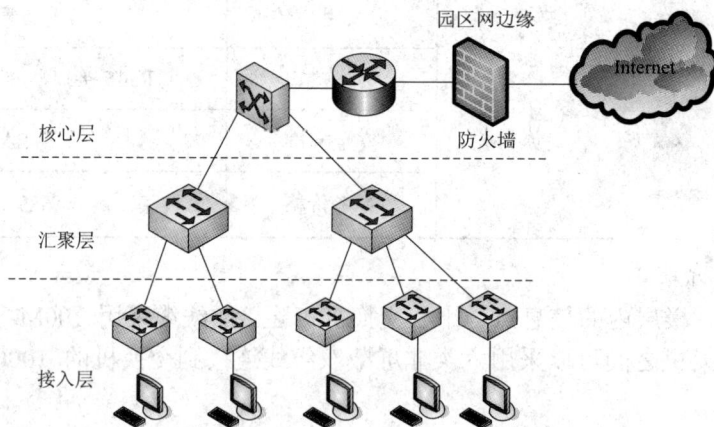

图 8.3.1　网络的分层

1. 核心层

核心层为网络的主干，负责整个网络在核心处的互联，所以要求该层的设备和通信链路在性能上高速可靠。

2. 汇聚层

汇聚层将接入层的数据汇聚整形，并使用 VLAN、ACL 等策略过滤和路由流向上层的数据包，通常在此层开始建立网络的冗余链路。

3. 接入层

接入层负责连接终端设备(例如 PC、网络打印机和 IP 电话)，以提供对网络中其他部分的访问。接入层的主要目的是将设备连接到网络，并控制网络上的哪些设备可以进行通信。

8.3.2　路由与交换

中大型网络由于网络内部需要大量的数据通信，所以要考虑内网所配置的路由协议，还有采用的交换技术。

1. 路由

路由就是数据包从一个网络到另一个网络的转发路径，分静态路由和动态路由两种。静态路由是指网络管理员手工输入，人为指定的静态网络路径。动态路由是由路由协议自动生成的，可以根据网络拓扑变化而进行路径的动态调整。动态路由的生成依赖路由协议的两个基本功能：自动维护路由表和路由信息的交换。

2. 交换

交换是数据链路层的概念，区别于早期网络使用集线器作为局域网的中心设备，现代网络都使用交换机。使用集线器的网络是一种全局共享带宽的网络，网络中所有的数据帧都以广播方式转发；而使用交换机的网络是一种高效的带宽独享的网络，网络中的交换机根据 MAC 地址表记录的终端 MAC 地址所对应的端口来转发数据帧。当原本属于网络二层的交换增加了路由功能之后，称为三层交换。

8.3.3　网络的安全设计

中大型网络涉及的通信数据比较敏感、重要，所以需要认真考虑网络的安全问题。实现网络安全通常需要如下技术和设备。

1. 虚拟局域网

虚拟局域网又称为 VLAN(如图 8.3.2 所示)，是一种将一个大的物理网络划分成多个逻辑上独立的网络的技术，可以达到将网络分段的目的。默认不同 VLAN 的终端不能互相访问，从而将一些网络中的敏感资源隔离保护。

2. 访问控制列表

访问控制列表又称为 ACL，它通过一系列的语句设置数据包过滤策略，然后应用在相应的网络设备上，对经过该设备的网络流量进行控制，从而达到只有授权的用户才能访问网络资源的目的。

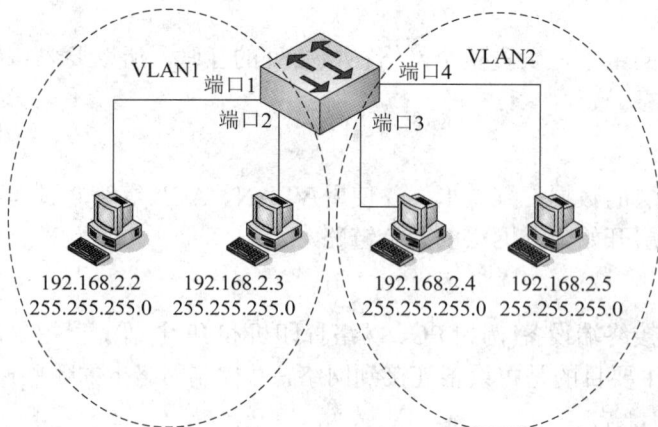

图 8.3.2　虚拟局域网(VLAN)

3. 防火墙

防御网络攻击最有效的措施就是架设防火墙,通常将防火墙布置在外部 Internet 与内部局域网之间。防火墙的工作原理就是通过设置访问规则,对流经防火墙的网络流量进行筛选,符合规则的就执行相应的放行操作。防火墙也可以是软件形式的。

4. 入侵检测设备

入侵检测设备又称为 IDS、网络入侵检测系统,用于对网络的访问状况进行监视,尽可能发现各种攻击企图、攻击行为或者攻击结果,从而保证网络系统资源的机密性、完整性和可用性。不像防火墙要布置在网络边缘干路出口上,容易造成网络瓶颈,IDS 通常布置在受保护网络的旁路,连接在交换机的镜像端口上。

8.3.4　子网划分

一个中型以上的机构通常拥有一个大容量的 IP 网段,比如 172.16.0.0/16,可以容纳 $2^{16}-2$ 台主机,而该机构需要为多个部门和下属单位分配 IP 地址,这个时候就需要使用子网划分方法将这个大的 IP 网段划分成多个小的 IP 子网,每个子网分配给一个部门或下属单位使用。所谓子网划分,就是利用 IP 地址的子网掩码的变化,定义每个子网的网络位和主机位的长度,即按实际需要来划分每个子网的大小,从而可以谨慎分配有限数量的 IP 地址。通常了网划分配合 VLAN 技术一起使用。

8.3.5　QoS 保障机制

在大中型网络中,由于存在着多种网络业务,特别是现在的融合网络是主要的发展趋势,所以网络中可能存在语音、直播视频、在线交易和网页浏览等应用的数据流需要传输。但各个数据流的传输要求并不一致,例如语音和视频应用的数据流要求传输质量最高且传输不能中断,但对于其他例如浏览网页和电子邮件等传统的网络应用程序来说,则没有这方面的要求。如果网络带宽一直都是宽裕的,那么所有的数据流都能流畅传输,无须实行 QoS(服务质量)保障机制。但实际情况是网络带宽总是有限的,当网络发生拥塞时,所有的数据流都有可能被丢弃。因此,要确保服务质量就需要一套技术来管理网络资源的使用状况。为了保障各种网络应用的数据流传输得到相应的服务质量，有必要确定哪些类型的数据包必须优先传送，哪些类型的数据包在网络拥塞时可以牺牲、延迟或丢弃。表 8-5 给出了 QoS 保障机制的重要性。

表 8-5　QoS 保障机制的重要性

网络应用类型	无 QoS 保障机制	有 QoS 保障机制
音频或视频，优先级最高	画面出现卡顿时断时续，用户无法忍受	即使在网络使用高峰时段，仍然能流畅播放清晰的画面
在线交易	订单无法及时提交，导致用户无法享受优惠或者交易失败	关键业务得到保障，用户抢购成功
浏览网页，优先级最低		用户等待时间较长，但看到的结果一样

8.4　常　见　问　题

本章提到的 NAS，是架设网络存储服务器时无法回避的技术问题，即硬盘阵列使用什么样的模式。硬盘阵列(简称 RAID)是一种应用于服务器的磁盘冗余技术，即把多块独立的物理磁盘按不同的阵列组合成一个磁盘组。从逻辑上看，RAID 是一块大的磁盘，可以提供比单个物理磁盘更大的存储容量或更高的存储性能，同时又能提供不同级别的数据冗余备份。RAID 可以分为 RAID 0、RAID 1、RAID 5 和 RAID 10，还有群晖 NAS 特有的 SHR 阵列模式。下面具体介绍这几种模式。

1．RAID 0 模式

RAID 0 是把连续的数据分散到多个磁盘上存取，因此，系统有数据请求时就可以被多个磁盘并行执行，并且每个磁盘会执行属于它自己的那部分数据请求。这种数据上的并行操作可以充分利用总线的带宽，显著提高磁盘的整体存取性能，并具有读/写性能极快、存储空间利用率高的优点。其缺点是，RAID 0 磁盘阵列中任何一块硬盘的损坏，都会导致其他硬盘数据的丢失。RAID 0 只是单纯地提高了读/写性能，并不能为数据提供可靠的保证，而且其中的任何一个物理盘失效都将影响到所有数据，因此，不建议将 RAID 0 模式应用于数据安全性要求较高的场合。

2．RAID 1 模式

RAID 1 至少需要两块硬盘，一块硬盘存放主数据，另一块硬盘以镜像原理备份资料。RAID 1 具有安全性好、技术简单、管理方便、读/写性能佳的优点。其缺点是无法单块硬盘扩容，RAID 1 只利用了一半的磁盘容量，数据空间浪费大，并且 RAID 1 是所有 RAID 等级中组成成本最高的一种。尽管如此，人们还是会选择 RAID 1 来保存关键性的数据。

3．RAID 5 模式

RAID 5 至少需要三块硬盘，并且将数据和相对应的奇偶校验信息平均存储到每块硬盘上。因此，只要 RAID 5 磁盘阵列上的任意一块硬盘上的数据丢失，都可以利用剩下的数据和相对应的奇偶校验信息推算出来。RAID 5 具有数据安全、读/写速度快、空间利用率高的优点。其缺点是，如果一块硬盘出现故障，则整个系统的性能将会大大降低。

4．RAID 10 模式

RAID 10 实际是将 RAID 1 和 RAID 0 两个标准结合，在连续地以位或字节为单位分割数据并且并行读/写多个磁盘的同时，为每一块磁盘做镜像冗余。由于 RAID 10 利用了 RAID 0 极高的读/写效率和 RAID 1 较高的数据保护、恢复能力，因此能同时拥有 RAID 0 的超凡速度和 RAID 1 的数据高可靠性。其缺点是，构建 RAID 10 磁盘阵列的成本投入大，CPU 占用率高，数据空间利用率低。

5．群晖 SHR 模式

Synology Hybrid RAID(SHR)是 Synology 的自动 RAID 管理系统，也是基于 Linux RAID 的管理系统，可快速和方便地部署存储卷，并可使存储卷部署比传统的 RAID 系统更加轻松。SHR 可让用户进行 RAID 管理、扩充存储器、使存储容量最大化。另外，在寻求存储数据保护方面，SHR 不仅使传统 RAID 系统的专家用户受益，也能使没有太多技术背景的新手用户受益。

对于 NAS 本身而言，不同磁盘阵列提供的性能、安全也各不相同，合理选择适合自己的方式，可让数据存储安全无忧。

8.5　本章实训——小型计算机网络建设方案

李明家新建一栋三层住房，一楼放电视的位置需要安装一个网络接口，二楼的三间卧室和一间书房都需要安装一个网络接口，三楼的两间客房分别安装一个网络接口。家里拥有的所有台式机、一台带无线网卡的笔记本、一台智能电视和六台智能手机都能共享上网。请以李明家的住宅为例，打造一个安全、灵活的家庭网络环境。设计这个家庭组网方案的要求如下：

(1) 选择互联网的宽带接入方式要合适。

(2) 用 VISIO2003 绘制该家庭网络拓扑图。

(3) 网络设备的选购要求高性价比，给出组网设备品牌型号和预算。

(4) 设计该家庭网络终端的 IP 地址方案。

试完成此家庭的网络组建任务。

参考本章小型网络组建方案的设计思路，大概步骤如下：

(1) 需求分析。根据李明家楼房需要安装的固定网络接口数、无线终端的数量确定大概的上网用户数，用户使用网络的目的和常用的网络业务，还有所采用的网络拓扑结构。

(2) IP 地址规划。根据第一步的需求分析得到的上网用户数量，确定该家庭网络使用哪一类的 IP 地址，并分配好网段，例如哪些是客人使用的，哪些是固定终端使用的，哪些是无线终端使用的。

(3) 绘制网络拓扑图。根据第一步选择的网络拓扑结构，选择放置网络设备的最佳位置、网络线缆的铺设方式，以减少所需的交换机和网线的数量。

(4) 网络方案报价。确定本方案所采购网络设备的型号和数量，还有网线的长度及工程所需的其他辅材，列一张具体的报价表，表项目包括设备（材料）的型号、数量、价格和用途。

参 考 文 献

[1]　谢希仁. 计算机网络. 北京：电子工业出版社，2018.

[2]　甘勇，李新荣，刘利民，等. 大学计算机应用基础. 北京：高等教育出版社，2013.

[3]　胡伏湘. 计算机网络技术实用教程. 北京：电子工业出版社，2015.

[4]　程书红，张智. 计算机网络基础. 北京：电子工业出版社，2015.

[5]　葛丽娜，陈尚飞. 计算机网络基础与实验. 北京：电子工业出版社，2015.